KB164511

푸름아빠
거울육아

푸름아빠 거울육아

최희수 지음

엄마의 감정을
거울처럼
비추는 아이

한국경제신문

네 아이를 키우고 있습니다. 예전엔 아이들이 울고 짜증을 내면 못 하게 혼냈습니다. 그러나 《거울육아》를 읽고 난 뒤 이렇게 말합니다. "많이 울어. 더 화내. 속상했구나. 그래, 감정 표현 다 해. 잘한다." 아이들이 이제껏 부모 눈치 보느라 억눌러두었던 감정을 드러내면 반갑습니다. 분노가 나오는 것은 변화가 시작되었다는 축복의 신호임을 알기 때문입니다. 퇴행해서 온 집 안을 엉망으로 만들면 기쁩니다. 퇴행 없이는 치유도 없기 때문입니다.
천둥 번개가 아무리 쳐도 때 되면 맑은 하늘이 드러나는 것처럼 결국 사랑만 남게 됨을 알기에 평온합니다. 《거울육아》를 통해 집은 세상에서 제일 안전한 곳, 어떤 감정을 드러내도 버림받지 않는 곳, 존재 자체로 사랑해주는 곳이 되어야 한다는 것을 알게 되었습니다. 이제야 깊은 숨을 쉬며 사람답게 삽니다. 35년간 상처받은 내면아이 치유에 대해 연구한 내용을 나눠주신 최희수 소장님 덕분입니다. 감사합니다.
_김새해 《내가 상상하면 꿈이 현실이 된다》 저자

"엄마 울어?" "응… 하은이한테 미안해서… 엄마 감당하느라 많이 힘들었지?" "으이그, 아니야. 괜찮았어. 나 사랑해서 그런 거 안다니까." 18년 내내 엄마의 거울 역할을 하느라 너덜너덜해졌을 녀석의 내면이 왜 이리도 단단하고 보드라운지 이 책에 다 있네요.
지옥과 천당을 수없이 오갔던 아이와 나의 시간들이 낱낱이 이해가 됩니다. 두려움은 '모름'에서 기인하는 법. 온통 난해한 것투성이인 육아의 답안지와도 같은 이 책 한 권을 옆구리에 딱 끼면 세상 무서울 게 없겠습니다. 왜 이제야 이런 책을 내셨는지 억울할 지경입니다. 이제 엄마도 살고, 아이들도 살고, 남편들도 살았군요. 까꿍이 엄마들은 참 좋겠습니다.
_하은맘 김선미 《십팔년 책육아》 저자

아이 셋을 키우는 평범한 전업주부가 어떻게 여러 채의 집을 사고 베스트셀러 작가, 방송인이 될 수 있었을까요? 저는 2007년에 푸름이교육을 만나 저 자신을 영재, 즉 무한계 인간으로 성장시켰습니다. 모든 아이가 영재로 태어나듯 저 또한 무한한 가능성을 지닌 사람임을 알게 되었습니다. 힘들고 두려울 때가 많았지만 소장님과 대표님의 강연과 코칭을 따라다니며 극복해서 이 자리에 올 수 있었습니다.
오랫동안 시행착오를 겪으며 힘들게 배운 성장의 비밀이 이 책 한 권에 담겨 있다는 것이 놀랍습니다. 누구나 이 책을 읽으면 한계 없는 사랑과 부를 선택하는 삶을 살게 될 것입니다. 강력 추천합니다.
_김유라 《나는 마트 대신 부동산에 간다》 저자

13년 전 푸름 아버님은 책 2만 권을 중국 옌볜에 보내 푸름이독서사라는 도서관을 만들어 주셨습니다. 지금은 크게 확장되어 푸름이가정교육관이라는 이름으로 바뀌었고, 푸름이교육을 알리는 데 앞장서고 있습니다. 푸름이교육을 실천한 지 13년, 놀라운 일들이 생겼습니다. 중국 옌볜 역사상 그렇게 많은 아이가 중국의 명문 대학에 들어간 적이 없었기 때문입니다.
이제 《거울육아》를 통해 한발 더 나아가 육아가 의식 성장의 통로임을 깨닫게 될 것입니다. 이 책은 푸름이가정교육관을 중심으로 중국의 많은 가정에 의식 성장 지침서로 사용되며 성장의 붐을 일으킬 것이 확실합니다.
_박해란 중국 푸름이가정교육관 관장

프롤로그

치유는 관점이 변화하는 것입니다

아이의 의식은 영롱하고 순수해서 부모의 억압되어 있는 감정과 상처를 거울처럼 비추어줍니다. 억압은 무의식에 자리 잡고 있기에 자신은 그것이 있는지 없는지도 모릅니다.

우리는 잉태되는 그 순간부터, 그리고 태어나서 지금까지의 모든 기억을 무의식에 가지고 있지요. 기억은 나지 않지만, 부모가 되어 아이를 키우다 보면 자신의 어린 시절이 어떠했는지를 알게 됩니다. 아이를 키우면서 분노가 올라오거나 아이를 있는 그대로 사랑할 수 없다면, 우리의 기억 저편 어딘가에 해결되지 않은 상처가 있는 것입니다.

아이는 언제나 부모의 스승으로 오지요. 아이만큼 부모의 상처를 그대로 비추어주는 사람은 없습니다. 아이는 부모를 사랑해서 이 땅에 왔어요. 아이는 어떤 부모든 있는 그대로 사랑합니다.

우리 존재의 근원은 사랑입니다. 사랑은 생명이며, 고귀하고 장엄하지요. 사랑을 경험한 사람은 이를 바로 알지요. 사랑은 증명할 수는 없어도 누구나 알아요.

우리는 지금 여기에 존재합니다. 우주에 단 하나라도 어긋남이 있었다면 우리가 존재한다는 것은 불가능합니다. 우리는 부모의 정자와 난자가 수정되어야 태어날 수 있지요. 우리 부모가 태어나려면 조

부모의 만남이 있어야 하고요. 그래서 우리는 존재하지요.

나뭇잎 하나가 떨어지려 해도 바람이 불어야 하고, 바람이 불려면 지구가 돌아야 합니다. 지구가 돌려면 우주의 균형이 잡혀야 하지요. 우주 전체가 우리의 존재와 관련이 있고, 그 어긋남 없음이 바로 사랑입니다.

우리 존재의 근원이 생명을 살리는 사랑이라는 말이 이해되지요? 일어날 것들이 일어나도록 통제하지 않고 놔두면 사랑에 의해 창조가 시작되지요.

우주의 이런 속성을 언어로 표현할 때는 '신성'하다고 합니다. 아이는 이런 신성을 내면에 가지고 태어나지요. 종교 이야기는 아니지만, 저는 인류 역사상 아이를 가장 잘 키운 사람은 성모 마리아라는 말을 자주 합니다. 성모 마리아는 예수님을 어떻게 키웠을까요? 하나님을 대하듯 배려 깊은 사랑으로 키웠을 것입니다. 잠재성은 그것을 비추어주는 사람에 의해 구체적인 모습으로 표현됩니다. 만일 우리 부모가 자신이 고귀하고 장엄하며 신성하다고 믿고 우리를 그대로 비추어주었다면, 우리 또한 그렇게 믿을 것입니다.

그런데 우리 부모가 자신이 조부모에게 받은 그대로 자신을 하찮고 지질하며 쓸모없다고 믿었다면, 우리 또한 부모에게 받은 그대로 자신이 그렇다고 믿겠지요. 그 믿음은 당대에서 끝나지 않습니다. 적어도 5대까지 이어집니다. 한 세대에서 자살이 나왔을 때, 그 가계도를 조사해보면 5대까지 자살이 나오는 것을 볼 수 있지요.

알지만 증명할 수 없는 것을 '믿음'이라고 합니다. 생각이 의식이라면, 감정은 무의식이지요. 빙산의 위쪽이 의식이라면, 보이지 않는 거대한 아래쪽이 무의식이지요. 의식인 생각과 무의식인 감정이 부딪히면 감정의 힘이 훨씬 셉니다. 감정에 휩싸이면 생각은 바로 멈추게 됩니다.

매를 맞고 자란 사람은 내 아이는 절대 때리지 않겠다고 다짐합니다. 그렇지만 어느 순간, 어린 시절에 부모에게 맞았던 감정이 무의식에서 떠올라 요동치면 자기도 모르게 아이를 때리고 있지요. 몸이 기억하는 것은 생각 없이 바로 반응합니다. 정신을 차리고 보면 '과연 나 같은 사람을 엄마라고 할 수 있나' 싶어 죄책감이 들고 고통스럽지요. 생각과 의지로 통제하려고 하지만, 일정한 한계를 넘어가면 또 되풀이됩니다.

감정은 크게 두 가지로 나눌 수 있지요. 사랑과 두려움이 그것입니다. 사랑은 평온, 기쁨, 자유, 행복을 포함하는 긍정적이고 높은 의식의 감정입니다. 두려움은 수치심, 죄책감, 무기력, 슬픔, 욕망, 분노, 자부심을 포함하는 부정적이고 낮은 의식의 감정이지요.

사람은 자신이 믿는 그대로 세상을 보게 됩니다. 이를 믿음이 감정의 증인을 불러온다고 말하지요. 세상은 우리 눈으로 보는 그대로가 아닙니다. 만일 부모가 아이를 있는 그대로의 사랑으로 비추어주어 아이가 자신이 사랑 자체라고 믿는다면, 아이 눈에는 사랑만이 보이게 되지요. 자신이 사랑의 특성인 고귀함과 장엄함 자체이기에 말과 행동이 언제나 고귀하고 장엄합니다. 자신이 사랑을 가졌다는 걸 알게 되며, 사랑은 나눌수록 확장되지요. 가지지 않은 것을 나눌 수는 없습니다. 자신이 사랑이라면 남도 사랑입니다. 자신이 고귀하고 장엄하면 당연히 남도 고귀하고 장엄하지요. 사랑에는 분리가 없기에 서로 하나가 됩니다.

지크문트 프로이트는 그런 배려 깊은 사랑을 주는 부모에게서 태어난다는 건 운이 좋은 거라고 말했지요. 축복받은 것입니다. 그런데 모든 사람이 운이 좋게 태어나지는 않습니다.

만일 두려움이 가득한 부모가 아이를 두려움으로 비추었다면, 아이는 자신을 하찮고 지질하고 쓸모없다고 믿을 것입니다. 그 아이의 눈에는 세상이 두려움으로 물들어 있겠지요. 두려움의 세상은 '네가 가지면 내가 빼앗겨. 네가 이기면 내가 져'와 같은, 이기고 지는 싸움을 하는 곳이지요. 두려움의 세상에서는 비교와 판단, 평가로 마음이 늘 불안합니다. 경쟁, 죄와 벌, 죽음이 삶을 지배하니까요. 두려움에는 늘 분리가 있고, 정도와 차이가 보입니다.

믿음에 따라 세상은 그렇게 달라 보입니다. 옛날 사람들은 지구가 평평하다고 믿었지요. 그래서 배를 타고 나갔다가도 멀리 가지 않고 다시 돌아왔지요. 멀리 가면 떨어져 죽는다고 생각했거든요. 장미 알레르기가 있다고 믿는 사람은 종이로 만든 장미만 보아도 알레르기를 일으킵니다. 믿음이 그 믿음대로 선택하고 행동하게 하지요.

우리는 이 세상에 배우러 왔습니다. 세상은 학교와 같아서 우리는 살면서 자신이 누구인지 배우지요. 내가 믿는 것이 곧 나입니다. 인간의 마음은 진실과 거짓을 구별하지 못한다는 약점이 있습니다. 인간의 두뇌는 강하게 상상하면 환상과 현실 간에 차이를 느끼지 못합니다.

부모가 은연중에 한 말과 행동에서 아이들은 두려움이라는 감정을 흡수하고, 자신이 하찮고 쓸모없는 죄인이라는 믿음을 형성합니다. 그 믿음이 진실인지 거짓인지 알아보려 하지 않은 채 그 믿음에 기초한 삶을 살게 됩니다.

배려 깊은 사랑으로 아이를 키우면, 아이의 강렬한 사랑의 빛이 부모의 그림자를 건드리게 됩니다. 사랑과 두려움은 추상이기에, 알기 쉽고 감각으로 느낄 수 있는 빛과 그림자로 비유하지요. 사랑은 빛이고 두려움은 그림자입니다. 두려움은 애초에 존재하지 않는 허상입니다. 그림자는 언어상으로만 존재하지요. 사실은 빛이 부족한 상태를 그림자라 합니다.

부모로서 내 아이만은 있는 그대로 배려 깊게 사랑하겠다고 선택하면, 그 배려 깊은 사랑을 막는 모든 것이 의식으로 올라옵니다. 아이의 강렬한 사랑의 빛은 부모가 자신도 몰랐던 내면의 그림자를 만나게 합니다. 아이가 두 살이면 부모는 내면에 있는 제1 반항기인 두 살짜리 내면아이의 상처를 만나게 되지요. 상처는 거짓의 믿음인 그림자를 말합니다. 아이가 다섯 살이면, 부모는 전능한 시기에 황제가 되지 못해 받은 다섯 살 무렵의 상처가 건드려지지요.

우리는 두 번의 삶을 살게 됩니다. 첫 번째는 부모가 길러준 삶이고, 두 번째는 아이를 키우면서 재양육되는 삶이지요. 재양육되는 삶은 진실을 찾아가는 과정입니다. 두려움은 거짓이기에 '허상'이라고 하지요. 허상은 실체가 없기에 대면하면 사라집니다. 두려움은 겪기 전에나 두렵지, 막상 겪고 나면 별것 아닙니다. 사랑은 실체이기에 대면하면 커지지요. 빛이 들어오면 어둠은 바로 사라집니다.

아이를 키우면서 분노가 나온다면 그 지점에 부모의 상처가 있는 것이지요. 이를 자각하고 안전한 환경에서 분노를 대면하여 몸으로 겪고 통과하면, 사랑이 원래부터 그 자리에 있다는 것을 알게 되지요. 구름에 가려진다고 해서 맑은 하늘이 사라지는 것은 아닌 것과 마찬가지입니다. 구름이 사라지면 맑은 하늘은 저절로 드러나지요.

치유는 두려움의 믿음에서 사랑의 믿음으로 관점이 바뀌는 것을 말합니다. 아이를 키우면서 분노가 나온다면, 변화가 시작되고 있다는 축복의 신호이지요. 두려움에서 사랑으로 가는 과정을 '성장'이라고 합니다.

저는 지난 24년 동안 5,000번이 넘는 강연을 하면서 푸름이교육의 배려 깊은 사랑을 실천하는 수십만의 사람을 만났습니다. 어떤 분들은 이 교육을 그대로 실천하여 지성과 감성이 조화로운 무한계 인간을 길러냈고, 저에게 깊은 감사의 인사를 보내주셨지요. 그런데 씨앗이 옥토에 떨어지는 경우도 있었지만, 돌밭이나 풀밭에 떨어져 자라다 성장이 멈추는 경우도 수없이 보았습니다.

지난 10년은 과연 어떻게 해야 아이들뿐만 아니라 부모도 행복한 교육을 할 수 있을지 깊이 고민하면서 저 자신도 성장했습니다. 배려 깊은 사랑을 통해 육아와 성장이 함께 일어날 수 있다는 것을 알게 됐어요. 이제 성장의 열매를 함께 나누려 합니다.

푸름이교육으로 아이를 시인의 감성과 과학자의 두뇌를 가진 행복한 인재로 길러낼 때 부모도 치유하고 성장하여 깊은 평온함에 이를 수 있습니다. 지난 24년의 푸름이교육을 이 한 권으로 정리하여 세상에 내놓습니다.

이 책을 읽는 모든 분이 자신이 누구인지 알아 세상이 빛으로 충만하고, 모두가 행복하기를 바랍니다.

푸름아빠
거울육아
차례

1장
아이를
키우는 일이
이토록
어려운 이유

2장
자각과 대면
상처를
인지하고
감정을
만나는 시간

자각: 무의식의 상처를 인지하는 과정

대면: 무의식의 감정을 만나는 과정

방어기제

상실을 애도하라

3장
성장
나를
알아가는
시간

4장
아이의 발달에는 일정한 법칙이 있다

잉태부터 출산까지: 환영받아야 하는 시기

태어나서 18개월까지: 애착 형성의 시기

18~36개월: 제1 반항기

36~72개월: 전능한 자아가 우세한 무법자 시기

엄마의 내면에 슬픔이 있다면
아이는 엄마의 슬픔이 다
해결될 때까지 운다

1장

아이를 키우는 일이 이토록 어려운 이유

슬픔과 분노

부모의 눈빛에서 이글거리는 분노를 보고 두려움에 떨면서 자랐다면, 내 자식에게는 그런 두려움을 주지 않겠다고 결심한다. 자신의 부모와는 다르게 키우겠다는 결심을 하는 것이다. 하지만 저도 모르는 사이에 자신의 눈빛에서 부모와 같은 분노가 나오는 것을 발견하고는 종종 놀란다.

엄마의 슬픔을 비추어주는 아이

왜 사랑하는 아이를 키우는 것이 그토록 어려울까? 다른 사람에게는 친절하면서 왜 아이에게는 날것의 분노를 쏟아낼까? 우리의 무의식에 상처받은 내면아이가 있기 때문이다.

상처받은 내면아이는 '부모가 인정하지 않아 나도 인정할 수 없기에 무의식에 그림자로 남아 있는 욕구와 감정'을 말한다. 상처받은 내면아이는 치유하지 않으면 사라지지 않는다. 또한 무의식에는 시간과 공간이 없기에 시공을 초월하여 존재한다.

상처는 부모가 인정하지 않는다는 것에서 출발한다. 예를 들어 아이가 울면, 불편함을 느끼는 부모는 "뚝! 그만 울어!"라고 한다. 그러면 아이는 울음을 그친다. 그다음부터는 우는 것이 수치스러워 울지 못한다. 울지 못한 감정이 어디로 가겠는가. 그 감정은 무의식에 그대로 억압되어 있다.

아이를 낳기 전까지는 이 슬픔의 감정을 만나지 않을 수 있다. 여러 가지 방어기제를 통해 대면을 회피할 수 있기 때문이다. 그러나 아이가 생기면 더는 피할 수 없는 막다른 골목에 몰린다.

아이들 중에는 유독 우는 아이들이 있다. 아무리 달래주어도 울음을 그치지 않는다. 공감받은 아이들은 잘 울지 않는다. 울어도 잠깐 울고, 울고 나면 감정의 찌꺼기가 남지 않기에 언제 그랬냐 싶을 정도로 해맑게 웃으며 뛰논다. 그런데 **엄마의 내면에 슬픔이 있다면, 아이는 엄마의 슬픔이 다 해결될 때까지 운다.**

아이가 울면, 그 울음은 엄마의 무의식에 억압되어 있는 슬픔을 바로 건드린다. 엄마는 아이에게 공감해주라는 것을 배웠기에 말로는 "우리 아이가 슬프구나, 그래 울고 싶은 만큼 울어라"라고 할 수 있다. 그러나 표정은 아니다. 눈빛도 아니다. 목소리 톤도 아니다. 엄마의 무의식에서는 아이가 우는 것이 불편하다. 속마음은 이렇다.

'아이고 지겹다, 그만 울어라. 그 정도 했으면 됐지, 뭘 더 어쩌란 말이냐.'

엄마는 아이의 감정에 공감해주기보다는 자신의 감정을 달래기도 바쁘다. 아이와의 연결이 끊어진 것이다. 이를 감지한 아이는 부정적인 관심이라도 받으려고 또다시 울기 시작한다.

그림자가 됐다는 것은 이제 자신의 의식에서는 찾을 수 없다는 것이다. 그러면 아이에게서 찾게 된다. 가장 믿을 수 있고, 친밀하며, 엄마가 무엇을 해도 있는 그대로 사랑해주는 아이가 대신 표현하기 때문이다. 엄마의 슬픔이 억압되면 무의식의 그림자가 되어 의식에서는 찾을 수 없지만, 엄마의 슬픔을 거울처럼 비추어주는 아이에게서 어린 시절 자신의 슬픔을 보게 된다.

아이는 언제까지 울까. 엄마를 사랑해서 이 땅에 온 아이들은 엄마가 자신의 슬픔을 다 울어낼 때까지 운다. 어린 시절의 슬픔을 해결하지 못하고 그대로 간직한 채 엄마가 된 사람에게 아이는 이렇게 말한다.

"엄마 으앙 하고 울어봐."

엄마의 분노를 비추어주는 아이

어릴 때 부모님이 무서웠다면 화를 내지 못했을 것이다. 원래 화는 내 경계를 지키는 감정으로, 길어야 1분을 넘지 않는다. 화가 1분을 넘어가면 '묵은 화'인 분노가 된다.

내 욕구가 채워지지 않으면 화가 난다. 화가 날 때 공감을 받으면 곧 사라진다. 화는 감정의 에너지이기에 끝이 있다. 그런데 부모님이 엄격하고 무서우면 화를 표현하지 못하고, 분출되지 못한 화는 무의식에 억압되어 분노가 된다.

분노가 많은 사람에는 두 부류가 있다. 하나는 누가 보아도 분노가 가득 차서 여기저기 분노를 흘리고 다니는 부류다. 다른 하나는 분노를 완전히 억압하여 분노가 없는 착한 사람처럼 보이는 부류다. 그런데 얼굴에는 표정이 없고 행동에 생기가 없다. 분노를 억압하는 데 모든 에너지를 쓰기에 삶에 기쁨이 없는 것이다. 이런 사람은 두려움이 많다. 다른 사람이 나를 찌를 것 같아 두렵다고 느끼지만, 사실은 반대다. 분노가 넘쳐 누구를 찌르고 공격하고 싶은 마음을 통제할 수 없어 두려운 것이다. 그래서 접촉 자체를 피한다.

아이들 중에는 엄마의 억압된 분노를 대신 표현하는 아이가 있다. 어떤 엄마들은 이런 말을 한다.

"우리 애는 꼭 내가 힘들 때 맞을 짓을 해요."

아이들이 맞을 짓을 하는 이유가 무엇일까? 진짜 맞을 짓을 하는 걸까?

아이들은 엄마의 억압된 분노의 수위가 높아져 위험해지면, 이를 바로 감지해서 엄마가 분노를 풀어낼 거리를 만들어준다. 그것도 모르는 엄마는 마구 소리를 지르면서 "너 때문에 못 살아"라고 아이를 야단친다. 한바탕 소란이 지나가면 분노의 수위가 어느 정도 낮아진다. 그러다가 엄마의 분노 수위가 높아지면 아이는 다시 말썽을 피워 수위를 낮추는 행동을 반복한다.

다른 사람을 때리는 아이도 있다. 때린다는 것은 외롭기에 연결을 요청하는 것이다. 그냥 아무나 때리는 것은 아니다. 자신처럼 외롭거나 비난받아 주눅이 든 듯한 사람이 보이면 자신도 모르게 주먹이 나간다. 그 사람의 모습에서 자신의 상처가 보이기에 그 감정을 피하려고 행동하는 것이다.

아이의 학교 폭력과 연관되어 학교에 오는 엄마들 중에는 막돼먹은 엄마들보다는 언뜻 교양 있게 보이는 사람이 많다. 분노가 억압된 엄마들은 아이가 화를 내면 그 화에 공감해주지 못한다. 공감하다가는 내 안의 분노가 먼저 폭발할 것 같아 아이의 감정을 회피하고 외면한다.

그러면 아이는 두 가지 방식으로 행동한다.

어떤 아이는 엄마가 무의식에 있는 분노를 다 해결할 때까지 분노한다. 엄마가 이를 알아채고 무의식에 있는 분노를 안전하게 해결하면 아이도 더는 분노하지 않는다. 엄마 내면에 있는 분노가 사라지면 사랑이 저절로 나오고 아이와도 자연스럽게 연결된다. 그러면 아이는 떼를 쓰거나 누구를 때려서 부정적인 관심을 받으며 연결의 욕구를 채울 이유가 없어진다.

반면 어떤 아이는 엄마가 했던 방식 그대로 착한 아이가 되어 엄마가 내면에 있는 분노를 대면하지 않게 한다. 억압된 분노는 그런 식으로 다음 세대인 자식에게로 넘어간다.

분노가 올라오는 지점

아이를 키우다 보면 분노가 올라온다. 분노가 올라오지 않는 사람은 이미 신의 영역으로 간 사람이다.

분노의 지점에 상처가 있다

분노가 올라오면 어떤 상황에서 그러는지 적어라. 그러면 일정한 패턴이 있다는 것을 알 수 있다. 아이를 키우면서 분노가 올라오는 지점을 자각한다면, 이는 축복이다. 그 지점에 자신이 해결해야 할 상처가 있다는 것이고, 그 상처를 치유하면서 성장의 기회를 맞이할 수 있기 때문이다.

정신분석을 통해 꿈을 해석하고 자유연상을 하면서 기억하지 못하는 어린 시절의 상처 지점을 찾아내고 치유하는 것도 좋지만, 시간이 많이 걸린다. 그러나 아이를 키우면서 내 아이를 있는 그대로 사랑하고 싶은 마음에 부모는 용기를 내어 두려움을 대면하고 상처를 치유한다. 아이를 키우면서 부모도 다시 양육되기에 자신이 받지 못한 것이 무엇인지를 알게 된다.

분노는 안전한 사람에게만 발산된다. 밖에서는 착한 사람이지만 집에만 들어오면 분노한다. 누가 가장 안전하고 믿을 만한가. 어떤 경우에도 배신하지 못하는 사람이 누군가. 자신의 아이들 또는 배우자다.

어느 집이든 이런 사람이 꼭 한 명은 있다. 우리 어머니는 아버지를 가리켜 '지나가는 까마귀에게도 술 사줄 양반'이라고 말하곤 했다. 아버지는 밖에서는 법 없이도 살 사람이라는 소릴 듣는 착한 사람이었다. 지독하게 가난해서 양복이 한 벌밖에 없었지만, 그것조차 친구에게 빌려줬다. 양복을 빌려 간 후 친구는 소식이 끊겼다고 한다. 그렇게 착한 사람이지만 술만 먹으면 물건을 집어 던지고 아내를 때리고 소리를 질렀다.

나는 어릴 때 그 모습을 보고 자라왔기에 지금도 큰 목소리가 들려오면 긴장된다. 요즘엔 중국에 강연하러 갈 일이 많아 중국 식당에서 밥을 먹을 때가 자주 있다. 중국 사람들은 대화를 나눌 때 목소리가 한국 사람보다 한 톤 높다. 그러면 싸우는가 싶어 나도 모르게 돌아다본다. 목소리는 높지만 사람들은 유쾌하게 웃고 있다.

분노가 올라오는 시기는 아이의 성장에 따라 달라진다. 엄마는 예쁘고 사랑스럽기만 한 아이를 보면서 분노가 올라오면 '어떻게 엄마가 자식한테 분노할 수 있지?' 하고 자책할 수 있다. 그러나 분노는 일어난다. 당연한 일이니 자책하지 말자. 그보다는 **분노가 올라올 때 이것이 나의 어린 시절과 어떤 연관성이 있는지를 살펴보아야 한다.**

분노가 올라오는 지점은 사람마다 다르다. 아이를 가졌을 때 축복하지 못하고 환영하지 못하는 엄마가 있다. 아이가 밥을 안 먹을 때 분노가 올라온다는 아빠도 있다. 어떤 엄마는 아이가 잠을 안 자려 할 때 분노한다. 머리를 감지 않으려 하거나 양치질을 안 하면 아이와 힘겨루기를 하다 폭발하는 엄마도 있다. 인사 안 하면 힘들어하는 아빠, 아이가 징징대는 것을 참지 못하고 큰 소리로 야단치는 부모도 있다.

손톱을 물어뜯거나 틱 증세를 보이면 엄마 마음은 불편하다. 아이와 노는 것을 힘들어한다. 어떤 엄마는 아이가 책을 읽어달라고 하면 어느 한계까지는 괜찮지만 그 이상을 넘어가면 화를 낸다. 아이에게 한글이나 숫자를 가르칠 때 몇 번 알려주어도 잘 모르는 것 같으면 갑자기 분노가 나온다.

학교에 들어가기 전에는 잘 키우다가 학교 들어갈 무렵이 되면 내 아이가 왕따당하는 건 아닌지 걱정한다. 다른 사람과 어울리지 못하는 것 같고 말도 없고 소심해 보이면 말 좀 하라고 재촉한다. 아이가 느려도 화가 나고, 어질러놓기만 하고 치우지 않으면 대신 치워주면서 꼭 한 소리 한다. 학교 성적이 나오면 아이와 부딪히는 엄마도 있다. 하나일 때는 잘 키우다가 아이가 둘이 되면서 육아를 힘들어하는 부모도 있다. 엄마는 이래도 걱정, 저래도 걱정이다.

아이를 환영하고 축복하기 어려워요

아이가 엄마에게 왔을 때 환영하고 축복하기 어렵다면 내가 환영받고 축복받았는지 돌아볼 필요가 있다. 아이는 이생을 얻기 위해 엄마를 따라온다. 그냥 오는 것은 아니다. 그 아이의 의식에서 자신이 누구인지를 배울 수 있는 최적의 환경인 사랑하는 엄마를 선택하여 온다.

아이가 왔을 때 엄마는 준비되지 않은 혼전 임신으로 결혼을 준비하는 상태일 수 있다. 또는 지긋지긋한 원가족에게서 탈출하기 위해 충동적으로 결혼했지만, 남편과 갈등이 이어지는 중에 갑작스럽게 임신임을 알게 되었을 수도 있다.

엄마가 남편의 관심을 잡아두기 위해 아들을 낳고 싶어 했지만 딸 많은 집에 딸로 태어날 수도 있다. 아니면 반대로 아들 많은 집에서 딸을 원했지만 아들로 태어난 경우도 있다. 노산이라 지우고 싶었지만 어쩔 수 없이 낳았다는 말을 어린 시절에 들었다면, 아이가 자신에 대하여 어떻게 느끼겠는가. 어떤 경우든 아이는 존재 자체로 환영받거나 축복받지 못하고 태어났다.

엄마가 어떤 마음으로 아이를 낳았는지 아이는 기억하지 못한다고 생각할 수도 있다. 그러나 엄마의 마음은 호르몬의 변화 등을 통해 몸에 영향을 미친다. 엄마의 몸과 탯줄로 연결된 아이는 엄마의 마음 상태를 무의식에서 감지한다. 코칭을 하면 의식에서는 기억하지 못하지만, 무의식에는 모든 기억이 저장되어 있다는 것을 알게 된다. 머리로는 모르지만 몸은 알고 있는 것이다.

어떤 조용한 아빠가 있다. 말투도 조곤조곤하고 행동도 부드럽다. 이 아빠는 아들 많은 집에 아들로 태어났다. 이 아빠가 자주 쓰는 말은 "그래서 내가 귀찮다는 거야?"다. 물론 그 아빠는 자기 말버릇을 잘 모른다. 그런 말을 반복적으로 하면서 가까운 사람에게 자신이 귀찮은 사람이냐고 묻는다면, 엄마로부터 환영받지 못한 것일 수 있다. 엄마가 임신한 아이를 귀찮아했다면 아이는 태어나서 엄마를 귀찮게 하지 않으려고 있는 듯 없는 듯 조용히 지낸다. 엄마가 환영하지 않으면 아이는 이생을 얻지 못할 수 있기에 왜 그러는지도 모른 채 깊은 불안을 느낀다.

나도 내면으로 들어가기 이전에는 푸름엄마와 다투다가 분노가 올라오면 종종 이런 말을 했다.

"당신이 우리 엄마 같은 환경에서 아이를 키웠다면 벌써 아이를 버렸을 거야."

그러면 푸름엄마는 자신이 아이를 버린 적이 없는데 무슨 말을 하는 거냐고 화를 내곤 했다.

왜 이런 말을 입버릇처럼 했는지는 나중에 내면 여행을 하면서 알게 됐다. 아기 때 엄마에게 버림받은 경험이 감정의 상처가 되어 내 무의식에 억압되어 있었다.

상처는 그 의미를 이해하여 치유되기 전까지는 일상에서 반복되어 나타난다. 어떤 아빠는 늘 깊은 수렁으로 빨려들어 갈 것 같은 환상이 떠올라 불안이 심했고 생활하기도 힘들었다. 코칭을 하면서 슬픔과 분노의 감정을 충분히 겪게 했다. 그러다 보면 갑자기 고래에 잡아먹혀 캄캄한 곳으로 들어가거나, 물에 휩쓸려 어딘지 알 수 없는 어둠 속으로 빨려들어 가는 이미지가 떠오른다고 했다. 그때 "거기가 어디야?" 하고 물으면 "엄마 배 속이야" 하고 답한다.

엄마가 기다리고 환영해준 사람은 엄마 배 속에서 부처님이 깊은 명상에 들어간 것처럼 평온하게 있다. 그런데 아들을 원하는 집에 딸로 왔거나 딸을 원하는 집에 아들로 온 사람은 자신이 온 것을 감추고 숨죽이고 있다.

아이를 지우려고 약을 먹었는데도 태어났다면 아래로 휩쓸려 내려가는 이미지가 떠오르고, 병원에 가서 지우려 했지만 마음을 돌려 낳았다면 손발이나 목이 잘리는 이미지가 그려진다. 물에 휩쓸려 내려가는 환상 때문에 고통스러웠던 그 아빠는 탯줄을 잡고 버티고 있기에 늘 긴장했고, 언제든지 떨어질 수 있다는 두려움 때문에 삶이 고통스러웠던 것이다.

모든 두려움의 근원은 몸이 죽는다는 것이다. 두려움은 허상이기에 그냥 손을 놓아버리고 떨어지는 경험을 생생하게 하면, 두려움은 사라진다. 몸으로 겪으면 허상이라는 것을 바로 알게 되기 때문이다.

몸이 죽는 것을 경험하는 사람은 없다. 죽음을 경험한 주체가 이미 몸을 떠났기 때문이다. 인간의 두뇌는 아주 강하게 상상하면 환상과 현실 간에 아무런 차이를 느끼지 못한다. 강한 상상 속에서 손을 놓으면 실제로 떨어지는 것과 똑같다. 손을 놓는다는 것은 몸에 대한 집착을 놓는다는 의미다.

손을 놓아버리고 비명을 지르며 죽음과 같은 두려움을 겪은 그 아빠의 얼굴에는 깊은 평온이 어렸다. 두려움을 겪는 시간은 아무리 길어도 30분을 넘지 않는다. 그 시간을 피하고 싶어 평생을 긴장과 불안 속에 사는 것이다.

어떤 엄마가 있다. 이 엄마는 늘 웃고 활발하다. 결혼을 하고 첫아이를 가졌을 때 아이를 축복할 수 없었는데, 자신은 그 이유를 도무지 알 수가 없었다. 둘째 아이를 가졌을 때는 태교의 핵심이 환영이고 아이를 축복하는 것임을 배워 알고 있었지만, 여전히 축복의 마음으로 환영하기가 어려웠다.

이 엄마는 첫째 딸이기에 당연히 자신은 사랑받았을 것이라는 환상을 가지고 있었다. 자신이 사랑받았다는 환상을 가지면 자신의 어린 시절이 어떠했는지를 부모님에게 물어보기 어렵다. 부모님에게 물어보면, 자신이 거짓을 믿고 있었고 진실이 드러나리라는 것을 이미 알고 있기 때문이다.

자식을 환영하고 기다리는 부모는 아이가 태어나기 이전부터 아이와 관련하여 어떤 꿈을 꾸었는지, 아이가 자라면서 어떤 말을 하고 어떻게 행동했는지 물어보면 소상히 알고 있고 다 이야기해준다. 아이를 키우면서 얼마나 행복했는지도 이야기해주고 싶어 한다. 하지만 그렇지 않은 부모는 자식이 물어봐도 그냥 두리뭉실하게 이야기하지 구체적으로 어떻게 사랑하고 환영해주었는지는 기억조차 못한다.

이 엄마는 용기 내어 진실을 보기를 선택했다. **자신이 사랑받았다는 환상을 깨니, 그동안 환상 뒤에 가려져서 느껴지지 않던 감정이 다 올라왔다.** 자신이 배 속에서 환영받지 못했을 때 느껴야 했던 슬픔과 분노에 그간 살아오면서 쌓였던 감정까지 한꺼번에 북받쳐 올라왔다. 이 엄마는 짐승처럼 울부짖으면서 이렇게 말했다.

"엄마, 결혼을 신중하게 해야지. 아이를 가졌으면 환영해주어야지. 엄마, 아이를 낳았으면 잘 키워야지."

폭풍이 지나가고 감정이 평온해지자, 이 엄마는 배 속 아이에게 걱정할 것 아무것도 없으니 잘 있다 나오라고 진심으로 축복할 수 있었다.

아이가 밥을 안 먹어요

우리 사회에서 최고의 엘리트라 부를 만한 아빠가 있다. 극한의 상황에서도 임무를 수행하는 직업이기에 인내심과 절제력이 강하고 매우 침착하다. 아무리 피곤하고 졸려도 아이가 책을 읽어달라고 하면 늘 웃는 얼굴로 책을 읽어주고, 모든 면에서 배려 깊은 사랑을 실천한다. 그런데 딱 한 가지, 아이가 밥을 안 먹으면 참지 못한다.

〈상처받은 내면아이 치유〉 강연에서는 어린 시절에 억압된 감정을 만나게 해준다. 하지만 참가자들이 손을 들지 않으면 시키지 않는다. 그런데 이 아빠가 손을 번쩍 들었다. 푸름엄마가 무대로 나오라고 했다.

"아이가 밥을 안 먹을 때 어떤 감정이 올라와?"

대면할 때 질문자는 반말로 한다. 그래야 대면자가 방어적이 되지 않고 무의식의 이미지를 바로 표현할 수 있기 때문이다.

"분노가 올라와요."

"배려 깊은 사랑을 전혀 모르는 아빠라고 생각하고, 올라오는 분노를 그대로 표현해봐."

이 아빠가 차분한 목소리로 말한다.

"밥 먹어라."

"아니, 보는 사람이 아무도 없다고 생각하고 집에서 아이에게 하는 대로 해봐."

"밥 먹어, 밥 먹으란 말이야. 밥 처먹어, 밥 처먹어."

목소리가 점점 높아지다가 분노에 걸린다. 배 속 깊은 곳에서 불덩이처럼 올라오는 분노에 몸을 떨면서 큰 목소리로 외친다. 분노 자체가 되기를 잠깐, 짐승처럼 오열한다.

"나는 네 나이 때 엄마·아빠가 이혼해서 새엄마가 쉰밥을 주어도 아무 말도 못 하고 먹었어. 그런데 너는 차려준 밥도 안 먹어?"

내 안에 상처가 없다면 아이가 밥을 먹든 안 먹든 편안하게 받아들일 수 있다. 오랜 인류사에서 충분히 먹었던 시간보다는 굶었던 시간이 많기에, 우리 몸은 적은 음식을 먹어도 오랫동안 살 수 있도록 굉장히 효율적으로 진화했다. 살을 빼기 위해 다이어트를 해보면 음식 조절을 하지 않고 운동만으로 살을 빼기는 어렵다는 것을 알 수 있다. 두 시간 동안 8킬로미터를 걸어도 짜장면 한 그릇을 먹어서 나오는 에너지를 다 소비하기 어렵다. 특히 아이들은 많이 안 먹는다. 좋아하는 음식만 편식한다. 하지만 한 달 동안 아이들이 먹은 것을 살펴보면 몸이 필요로 하는 것을 균형 있게 섭취했음을 알 수 있다. 먹을 것이 넘쳐나는 세상에서 영양이 부족할 것을 걱정할 이유는 없는 것이다.

아이들은 배고프면 먹는다. 배도 안 고픈데 엄마가 먹으라고 하면 아이들은 어떨까? 아이는 엄마 말을 따라간다. 그 대신 몸이 보내는 감각의 신호를 부정해야 한다. 감정은 감각의 조합이다. 감정을 느끼지 못하면 자신이 무엇을 좋아하는지 싫어하는지를 알 수 없다. 감정은 어떤 행동을 해야 하는지에 대한 판단의 근거를 준다.

살다 보면 위기의 상황이 올 수 있다. 그럴 때 감정이 억압되지 않은 사람은 자신의 감각을 믿고 직관적으로 위기를 피하는 행동을 한다. 그러나 어린 시절부터 자신의 감각을 부정한 사람은 어쩔 줄 모르다가 위기를 맞을 확률이 높다. 인간의 의식은 그렇게 쉽게 바뀌지 않는다.

말 못 하는 아이가 궁금한 것이 있어 저쪽으로 가자고 손으로 가리키면서 찡찡거리는데, 전화로 수다 떠느라 바쁜 엄마는 입에다 젖병을 물려준다. 아이가 심심해할 때마다 공갈 젖꼭지를 물려주는 엄마도 있다. **이렇게 자라면 감정을 느낄 때마다 먹는 것으로 대체한다.**

나는 당뇨병에 걸린 적이 있다. 1년에 100번 이상 강연을 하고 수많은 모임에 참석하면서 말을 많이 해야 하기에 늘 피곤했다. 몸이 피곤하면 영양이 부족해서 그렇다는 생각에 먹을 것을 찾았고, 그러다 보니 몸무게가 갑자기 늘었다. 그 시기에 당뇨병 진단을 받았다.

당뇨병이 나으려면 살이 찌면 안 된다. 살을 빼려면 살을 찌게 하는 무의식의 믿음이 무엇인지를 알아야 한다. 엄마의 말은 아이들에게 무의식적인 믿음을 형성시킨다. 엄마에게 "뚱뚱한 것은 우리 가족의 내력이야"라는 말을 들었다면 그 집 아이들은 모두가 뚱뚱해진다.

나는 내면 여행을 통해 당뇨병이 어린 시절 버림받음에서 왔다는 사실을 알게 됐다. 나는 피곤해서 음식을 많이 먹은 것이 아니었다. 해 질 무렵 마음속에 엄마가 그리워지고 공허함이 느껴지자 음식을 먹어 그 공허를 채우려 한 것이다. 정서를 음식으로 대체한 것이다.

많이 울고 분노하면서 상처받은 내면아이를 위로하고, 엄마를 놓아 보냈다. 그러고 나니 배가 고파서 먹는지 정서가 고파서 먹는지 명확하게 구별이 됐다. 식탐이 사라지고 음식을 조절하기가 쉬워졌다. 나도 아이처럼 배가 고프면 먹고 안 고프면 안 먹는다. 지금은 젊은 시절에 가장 좋았던 몸무게를 유지하고 있으며 당뇨도 사라졌다.

어떻게 해도 밥을 안 먹는 아이들이 있다. 밥을 주면 입에 물고만 있다. 밥 잘 먹게 해준다는 보약을 먹여도 보고, 쌀도 바꾸어보고, 반찬도 아이들이 좋아할 만한 것으로 이것저것 만들어본다. 튀기기도 하고 삶기도 한다. 그래도 안 먹기는 마찬가지다. 달래고 화내고 애원도 하지만, 한 순갈 먹이는 것이 전쟁이다. 그뿐이 아니다. 엄마가 정성을 다해 만든 음식은 안 먹으면서 엄마가 먹지 않았으면 하는 과자나 사탕, 초콜릿, 아이스크림 같은 것은 잘만 먹는다. 그러면 엄마는 참다 참다 주기적으로 폭발한다.

이런 상태가 됐다면 엄마와 아이 사이에 힘겨루기가 시작된 것이다. 아이는 자기 스스로 할 수 있는 것이 먹는 것밖에는 없기에 먹는 것으로 저항한다. 엄마가 아이에게 먹으라고 강제하지 않고 감정적인 압력을 주지 않았다면 아이는 엄마와 힘겨루기를 할 일이 없다. 혼자 먹을 기회를 만들어주면 두 돌 전의 아이들은 수저를 자유롭게 사용하여 먹을 만큼 먹는다. 그러면서 눈과 손의 협응력도 길러지고, 엄마는 아이의 먹는 문제를 걱정하지 않아도 된다.

과자나 사탕을 먹는 것이 걱정된다면 애초에 집에 그런 음식을 놔두지 않으면 된다. 유혹을 앞에 놔두고 참으라고 하면 아이들은 얼마나 힘들겠는가. 제철 과일이나 엄마가 주고 싶은 간식을 놔두고 먹고 싶을 때 먹게 하면 아이들은 스스로 조절하여 먹는다. 보여주고 먹지 못하게 하면 아이에게 그 음식은 특별한 것이 된다. 먹지 못하게 하면 할수록 먹고 싶다는 욕망은 강해진다.

어떤 엄마가 아이스크림 먹는 것을 제한했다. 아이가 달라고 떼를 쓰면 어쩔 수 없이 찔끔찔끔 주었다. 아이는 끝없이 달라고 했다.

어느 날 엄마가 깨달은 것이 있어 아이와 힘겨루기를 멈추고, 아이가 아이스크림을 먹고 싶은 만큼 먹도록 허용했다. 아이는 배가 터지도록 먹더니 나중에는 토하기까지 했다. 그렇게 충족되니 아이스크림 먹는 것을 멈추고, 냉장고에 있는 걸 보고도 안 먹는다고 한다.

아이가 밥을 안 먹는 것이 엄마에게 왜 그렇게 큰 문제가 되는가. 엄마의 무의식에 어떤 믿음이 있는지 자각해야 한다.

어릴 때 안 먹어서 키가 크지 않았다는 말을 들었다면, 내 아이가 나처럼 안 먹어서 키가 작을까 봐 먹는 문제에 매달릴 수 있다. 의식에서는 아이에게 많이 먹어서 키가 크라는 메시지를 주지만, 아이는 엄마의 속마음인 '안 먹으면 나처럼 키가 작다'라는 메시지를 먼저 받는다. 기도를 할 때 '나는 무엇이 부족하니 이것을 주세요'라고 기도하면, 우주가 부족한 것에 집중하고 부족함을 창조하는 것과 같은 이치다.

아이가 먹는 것은 아이에게 충분하다. 먹는 것에 대한 엄마의 감정적인 압력이 없으면, 아이는 자유스럽고 충분히 음식을 탐험하면서 섬세한 미각을 발달시킨다.

음식을 먹는 것은 몸의 생존과 관련이 깊다. 에고는 자신을 생존의 주체라고 믿기에 몸을 잘 보고 있으면 에고가 어떻게 움직이는지 알 수 있다. 부모가 원하지 않았던 아이로 태어나서 젖이나 음식을 제대로 못 먹었거나, 부모가 바빠 음식을 제대로 챙겨준 적이 없다면 자기 아이의 먹는 문제에 매달릴 수 있다.

어떤 엄마가 있다. 이 엄마는 아무리 운동을 하고 다이어트를 해도 일정 수준 아래로 살을 뺄 수가 없었다. 자신의 내면을 잘 들여다보니 그 이상 살을 빼면 약해지고 병에 걸려서 죽는다는 믿음이 있었다. 그 믿음을 버리니 바로 살이 빠지고 날씬해졌다.

날씬해지면 위도 줄어들고 감각도 섬세해지기에 일정 수준 이상의 음식을 먹으면 몸이 불편함을 느낀다. 그래서 많이 먹지 못한다. 이 엄마는 몸이 가벼워지고 활력이 넘쳐 좋았으나 다시 살이 찌는 것이 아닌가 하는 불안이 늘 있었다. 그래서 내면으로 더욱 깊이 들어갔더니 무의식에 있는 '생존을 위해서 먹어야 한다'라는 아이 때의 굶주린 욕구를 만나게 됐다. 그때의 채워지지 않은 욕구와 감정을 충분히 위로하고 몸으로 겪으면서 통과하자, 살이 다시 찔지 모른다는 불안이 비로소 사라졌다. 혹시 살이 찌더라도 음식을 조절해서 다시 빼면 된다. 의식에서 선택이 가능한 것이다.

강연을 할 때 엄마들에게 종종 이런 질문을 한다.

"아이들은 엄마에게 매를 맞는 것이 무서울까요. 아니면 밥을 안 주는 것이 무서울까요?"

매 맞은 사람은 매가 무섭다고 하고, 엄마가 부재하여 먹지 못했던 사람은 굶는 것이 무섭다고 한다.

아이들은 매를 맞아도 부모가 죽도록 때리지는 않는다는 것을 안다. 그러나 먹지 못하면 죽는다. 가난해서 굶주렸던 사람, 엄마가 없거나 있더라도 제대로 챙겨주지 않아서 굶주렸던 사람은 아이가 먹지 않으면 미친다. 그래서 항상 더 먹이려 한다.

나는 어릴 때 너무 가난해서 굶었던 기억이 많다. 먹을 것이 없어 자식을 사흘 동안 굶겼다는 말을 엄마한테 들은 적도 있다. 그래서 그런지 다른 것에는 화를 낸 적이 없는데 푸름엄마가 아이를 부실하게 먹이는 듯하면 나도 모르게 분노가 올라오곤 했다.

눈치 빠른 푸름엄마는 내가 집에 들어올 때쯤에는 있는 반찬 없는 반찬을 다 끌어내 아이들을 먹이곤 했다. 고추장, 된장, 먹지 않는 밑반찬을 잔뜩 꺼내놓고 풍요롭게 먹는 것처럼 꾸몄지만 나는 전혀 눈치채지 못했다. 그저 푸름엄마가 잘 차려주어 아이들이 마음껏 먹는구나 생각하며 고마워하고 기뻐했다.

엄마가 일찍 돌아가셔서 어릴 때부터 혼자 밥을 챙겨 먹어야 했다면 아이들에게 밥을 챙겨주는 것이 힘들 수 있다. 엄마의 내면아이는 자신의 엄마가 챙겨주는 따뜻한 밥을 먹고 싶어 한다. 이 마음을 남편이 알고, 단 한 번이라도 정성을 다해 밥을 차려주면 아내는 만족한다. 아무리 서툴러도, 음식 맛이 없어도 괜찮다. 내면아이의 욕구가 충족되면, 아내는 비로소 엄마가 되어 아이에게 기쁜 마음으로 밥을 챙겨준다.

아이가 잠을 안 자요

아기는 24시간 내내 거의 잠을 자면서 보내는 것 같지만, 세상이 행복한 아이들은 잠을 많이 안 잔다. 책을 읽어주면 아이는 깊은 몰입에 들어간다. 책 한 권을 다 읽어주고 엄마가 다른 책에 손을 뻗는 그 짧은 시간에 잠든다. 자신이 가진 모든 에너지를 쓰고 깊게 잠드는 것이다. 아침에 일어나면 피로에서 회복되는 힘이 얼마나 강한지 부모는 아이의 에너지를 따라갈 수 없다.

아이가 잠을 안 자면 엄마들은 키가 안 클까 봐 걱정한다. 초저녁에 잠을 안 자면 성장 호르몬이 적게 나오기 때문에 키가 자라지 않는다는 오해가 있다. 특히 부모의 키가 작으면 더 신경이 쓰인다. 성장 호르몬은 잠들고 두 시간이 지나면 나온다. 잠이 안 오는데 억지로 자는 것보다 고역은 없다. 어린이집에 가서 모두 함께 자야 하는 시간을 지키는 것은 세상이 너무 흥미로워 깨어 있는 것이 좋은 아이들에게는 힘든 일이다. 잠은 자고 싶을 때 자는 것이 순리다. 어른도 잠이 안 오는데 자야 한다고 생각하기에 수면제를 먹는 것 아닌가.

상식적으로 생각해보자. 아이가 책을 읽어달라고 한다. 부모가 책을 읽어주어 욕구가 충족돼 만족스럽게 잠들 때 성장 호르몬이 잘 분비되겠는가, 아니면 일찍 자라는 야단을 맞고 울면서 잠들 때 성장 호르몬이 잘 분비되겠는가?

기능이 구조를 결정한다고 한다. 이는 건물을 지을 때 물건을 만드는 공장이라면 그 기능에 맞는 구조의 건물을 지어야 한다는 의미다. 우리 몸의 구조 역시 두뇌의 기능에 따라 발달한다. 무거운 물건을 드는 역도 선수와 빠르고 섬세하게 공을 치는 탁구 선수의 근육은 다르게 발달한다. 뇌성마비를 앓은 아이들 대부분이 왜소한 이유는 두뇌의 일정 부분이 기능을 못 하기에 그에 대응하여 신체도 발달하지 못해서 그렇다. 그래서 뇌성마비 아이들의 신체 발달을 위해 가장 좋은 방법이 책을 읽어주는 것이라고 한다.

어릴 때 밤늦게까지 책을 많이 읽어 두뇌가 발달하면 그에 대응하여 키도 큰다. 푸름이도 그렇게 밤을 새워 책을 읽었는데 키가 186센티미터 정도다. 물론 아빠 키가 크니 아이도 키가 클 것으로 생각할 수 있다. 키는 유전의 영향을 많이 받는다. 그러나 유전은 잠재적인 것으로 어느 정도 상한선과 하한선을 정해줄 뿐 어느 위치에 있게 하는지를 정하는 것은 환경이다.

부모의 말은 아이에게 믿음이 된다. "일찍 안 자면 키 안 커"라고 말하면 말 그대로 키가 안 큰다. 아이의 생체 리듬은 25시간이다. 아이를 그냥 자연스럽게 자게 하면 점점 한 시간씩 늦게 잔다. 그래서 초등학교 들어갈 때쯤이면 밤에는 자고 낮에는 일어나 활동하는 정상적인 주기로 돌아온다. 문제는 부모의 체력이 아이를 따라가지 못한다는 것이다. 게다가 너무 늦게 자면 아이가 아침에 일어나기 힘들어해 유치원이나 학교에 지각할 것이라는 두려움 때문에 아이를 억지로라도 재우려 한다.

부모는 자기도 모르게 자신이 어린 시절에 받은 그대로 아이에게 주려 한다. 배려 깊은 사랑을 실천하는 한 엄마는 다른 것은 다 받아들일 수 있는데 아이가 잠을 안 자면 분노가 나 견딜 수가 없다고 한다.

코칭을 하면서 그 엄마는 하나의 실마리를 찾았다. 어릴 때 이 엄마의 부모가 김치 장사를 했는데 새벽에 곤히 자고 있는 착한 딸을 깨워 같이 시장에 가곤 했다. "엄마 싫어요, 나 더 자고 싶어요"라고 자신의 욕구를 표현해본 적이 없기에, 늘 잠이 부족해서 피곤하다는 믿음을 가지고 있었다. 그런 믿음이 있기에 아이가 어느 시간을 넘어가도 오히려 더 생생해지는 모습을 보면 '이 정도 해주었으면 됐지, 더는 못 해줘'라는 마음이 든다. 그 순간 분노가 폭발한다.

어릴 때 잠을 충분히 못 잔 기억 뒤에 숨겨진 억압된 감정을 대면하고 나서야, 이 엄마는 아이가 잠 안 자고 노는 것을 편안하게 바라볼 수 있었다.

아이는 낮에 여러 활동을 하면서 상처받거나 스트레스를 받을 수 있다. 아이가 자기 전에 엄마 앞에서 우는 시간을 갖게 해주는 것이 좋다. "오늘 울 일 없니?" 하고 물어봐 주는 것이다. 아이가 "응, 없어" 하면 그냥 자면 된다. "엄마, 오늘은 이런저런 일 때문에 울고 싶어"라고 말하면 "그래, 울고 자자"라고 말해준다. 아이는 엄마 앞에서 울면서 치유하고 편안하게 푹 잔다. 이런 감정적인 치유 없이 상처를 그대로 억압한 상태로 잠들면 꿈을 사납게 꾼다.

생각은 감정에서 파생되는데 밤새 감정과 관련된 이미지가 떠올라 스토리를 쓰게 된다. 그러면 오래 자도 피곤하다. 부모의 체력이 아이들을 따라가지 못하는 이유는 부모의 무의식에 억압된 감정이 많기 때문이다. 자기도 모르게 긴장하고 악을 쓰면서 살고 있는 것이다. 무언가를 하면서 실제로 쓰는 에너지보다 감정을 억압하는 데 쓰는 에너지가 더 크다. 낮의 얼굴과 밤에 깊이 잠들었을 때의 얼굴이 어떻게 다른지를 살펴보면 자신이 방어하는 데 얼마나 많은 에너지를 쓰는지 알게 된다.

아이들이 받은 상처로 분노가 억압되면 야뇨증의 형태로 표현될 수 있다. 야뇨증은 화를 내고 공감받지 못하는 환경에서 분노를 참고 있다가 방어기제가 풀리는 잠든 시간에 무의식적으로 분노를 풀어내는 행동이다. 일부러 그런 것이 아니라 잠자면서 싼 것이기에 엄마는 뭐라고 할 수가 없다.

이 세상에 온 것을 부모로부터 환영받지 못하면 아이는 엄마를 귀찮게 하지 않으려고 무기력하게 잠만 자기도 한다. 나는 손위로 큰누나, 작은누나가 있다. 나는 아들을 원하는 집에서 큰아들로 태어났기에 환영받았다. 큰누나는 딸로 태어났지만 첫째라 받은 사랑이 있기에 에너지가 높다. 그런데 둘째 누나가 태어났을 때 아버지가 어머니를 미워했다는 이야기를 들었다. 엄마는 종종 이런 말을 했다.

"둘째 누나는 어릴 때 온종일 잠만 자서 혹시 죽었는지 살펴보곤 했어."

둘째 누나는 늘 실수를 해 야단을 맞거나 욕을 먹었다. 역기능 가정에서 온 가족이 수치심을 느끼지 않도록 감정의 배출구 역할을 한 것이다. 역기능 가정이란 가정의 설계자인 부모가 제 기능을 하지 못하기에 아이들이 그 역할을 맡아 유지되는 가정을 말한다. 그렇게 무기력했던 작은누나는 자라면서 악바리가 되어 뭐든지 열심히 노력해 성취해냈다. 잠시도 가만히 있지 않고 부지런히 움직인다. 불안이 높기 때문에 외부에서 뭐라도 성취해서 내면의 무기력을 덮으려는 것이다.

무기력에는 두 가지가 있다. 하나는 자신을 수치스러워하고 죄인이라 믿어 꼼짝을 못 하는 무기력이다. 이런 경우 낮에는 에너지를 만들어 의지로 활동하지만, 저녁에 집에 돌아오면 녹초가 되어 손가락 하나를 움직이기도 어렵다. 남들이 보면 늘 웃는 것 같지만 진정한 기쁨을 느끼지는 못한다. 초인처럼 활동해도 에너지가 자연스럽게 뿜어져 나오는 것은 아니고 '죽으면 썩어질 몸 간수하면 뭐 하나' 하는 마음이다. 그렇게 바삐 움직이면서도 자신이 게으르다고 생각한다.

또 하나의 무기력은 치유의 과정에서 온다. 많이 울고 분노하면서 수치심과 죄의식을 깊이 대면하고 자신의 무의식에 억압된 감정이 해소되면, 그동안 불안해서 움직이고 무리해서 몸을 썼던 행위를 멈추게 된다. 그러고 나면 잠이 그렇게 쏟아진다. 이런 경우는 답답함이 없고 기분은 좋은데 움직일 힘이 없다. 이때는 푹 쉬면서 무기력을 받아들여야 한다. 그리고 많이 울면 무기력이 사라지고, 그동안 두려워서 미뤘던 것을 무엇이든 하고 싶은 욕구가 올라온다. 고목에 꽃이 피려면 비를 흠뻑 맞아야 한다. 우울하고 무기력해서 밥조차 먹기를 거부하던 사람도 울고 나면 밥을 먹기 시작한다.

아이가 잠을 늦게 자서 학교에 지각하는 것은 아이의 책임이다. 아이가 어떤 행동을 선택하면 그에 따른 책임이 온다는 것을 알려주어야 한다. 학교에 늦으면 아이는 꾸중을 듣는 등 불쾌한 경험을 한다. 그러면 아이는 좀더 일찍 자고 일찍 일어나야겠다는 것을 자연스럽게 배우고 자신의 선택에 의해 행동한다. 엄마가 아침마다 발을 동동 구르며 깨우면, 아이는 일찍 일어나서 학교에 가는 것을 자기 책임이 아닌 엄마의 책임으로 돌린다.

아이에게 칭찬이 안 나와요

칭찬은 아이가 어떤 일을 할 때 그대로 인정해주는 것이다. 결과가 아니라 시도하는 과정을 인정해주면, 아이는 결과를 두려워하지 않고 시도한다.

"이런 것을 시도하고 스스로 이루어내니 너도 기쁘지? 네가 이루어가는 과정을 보고 기뻐하는 모습을 보니 엄마도 기뻐."

아이들은 엄마가 웃는 모습을 보고 싶어 한다. 엄마가 행복하면 자신도 행복하다. 아이들은 자신의 모든 것을 다해 엄마를 행복하게 해주고 싶어 한다.

그런데 아이가 어떤 시도를 하고 무언가를 이루어냈는데도 칭찬을 해주면 자만할까 봐 마음껏 칭찬하지 않는 부모가 있다. 그러면 아이는 자신이 못해서 엄마가 칭찬해주지 않는다고 받아들인다. '내가 더 잘해서 놀랄 만한 결과를 내면 칭찬해주겠지' 하는 마음에 더 열심히 한다. 그렇지만 돌아오는 것은 자만하지 말고 더 열심히 하라는 말뿐이다.

이런 일이 반복되면 아이들은 지친다. 무의식에서는 자신도 모르는 사이에 방어기제를 만들고, 어떤 말을 하든 무엇이 돌아올지를 알기에 엄마 앞에서는 말을 하지 않는다. 예를 들어 공부를 열심히 하고도 다른 사람에게는 별로 하지 않았다고 말하는 사람이 있다. 이런 사람은 결과를 두려워하는 것이다. 공부 열심히 안 해도 성적이 좋으면 남들이 내가 원래부터 뛰어난 사람이라고 생각할 것이고, 성적이 안 좋으면 내가 공부 안 해서 그런 거라고 생각할 테니 실망이 최소화된다. 엄마가 기뻐하지 않을 때 자신이 느낄 실망을 피하려고 미리 방어막을 치는 것이다.

결과가 좋으면 남들 앞에서 자식을 칭찬할 때 자신을 닮아 그런 거라고 말하고, 정작 아이한테는 그런 결과를 이루기 위해 노력한 과정을 칭찬하거나 기뻐하지 않는 엄마도 있다. 그러면 아이는 자신의 기쁨이 다른 사람의 평가에 의해 이루어진다고 믿게 된다. 어떤 경우든 남들에 의해서 자신의 기분이 좌우되는 것이다.

이런 아이는 학교에서 좋은 성적을 받고 싶은 마음이 있지만, 그런 성적이 나와도 엄마를 만족시킬 수 없다는 것을 안다. 그래서 엄마가 미리 실망하여 "네가 그러면 그렇지. 뭘 더 바라겠니"라고 말할 정도의 기대를 주려 한다.

엄마는 그 이상을 요구하지 않는다. 더불어 그 정도를 유지하면 엄마에게 깊은 실망을 주지 않으면서 자식보다 낫다는 만족감을 줄 수 있다. 자만하지 말라는 말은 '네가 빛이 되어 나의 그림자를 건드리지 마라'라는 의미다.

아이는 최고의 결과를 내도 자신이 노력해서 이룬 것을 기뻐할 뿐 자신이 누구랑 비교해서 뛰어나다는 데 기쁨을 느끼는 것이 아니다. **아이에게 칭찬이 자연스럽게 나오지 않는다면 어린 시절에 부모에게 칭찬받은 경험이 있었는지 살펴보아야 한다.**

한 여자아이가 있다. 어린 시절에 무엇을 해도 엄마가 칭찬해준 적이 없었다. 엄마가 된 이후 자기 아이만은 자기처럼 키우고 싶지 않기에 칭찬을 해주려고 노력했다. 아이는 잘 자랐고 모든 분야에서 뛰어난 성취를 거뒀지만, 틱장애를 보였다. 이 엄마는 아이가 틱장애를 앓는 것을 자신의 죄책감으로 가져왔다. 내가 무엇을 잘못했기에 아이가 이러는지 괴로워했다.

어느 날, 학교에 가서 아이가 발표하는 것을 들었다. 만나는 사람마다 어떻게 아이를 저토록 잘 키웠느냐고 칭찬이 자자했다. 그런데

이 엄마는 진정으로 기뻐하지 않았다. 아이가 발표 중에 "우리 엄마는 핸드폰 게임을 좋아해요"라고 한 말이 마음에 걸려 계속 머릿속에 맴돌았기 때문이다.

"아버님, 어떻게 아이가 많은 사람 앞에서 내가 게임을 좋아한다고 말하면서 망신을 줄 수 있어요?"

푸름이교육연구소의 회원들은 나를 아버님이라고 부른다.

"그거 아이가 망신 준 것 아니야. 엄마를 믿으니까 말할 수 있는 거지."

"엄마에 대해서는 좋은 것만 말해야 하는 거 아니에요?"

"그러면 아이는 감추는 것이 많아지고 자신의 감정에 대한 확신이 없어져."

아이 엄마한테 말했다.

"따라 해봐. 나 게임을 하는 엄마다. 그래서 어쩌라고!"

그리고 어린 시절이 어떠했는지 물어보았다. 그러자 이 엄마의 입에서 강한 분노의 말이 나왔다.

"우리 엄마는 뭐든지 자기가 잘났어요. 난 무엇을 해도 비난만 받았지 잘했다는 칭찬을 받아본 적이 한 번도 없어요."

"너도 지금 아이에게 그렇게 하잖아."

"예? 칭찬해주려고 노력하는데요?"

"노력한다는 것은 의지로, 억지로 한다는 거잖아. 네 엄마가 비난할 때 자신은 하찮고 쓸모없다고 믿었지? 지금은 그 반대로 아이를 칭찬해주려고 노력하지만, 아직도 아이는 자신을 엄마가 비추어준 대로 믿는 거야."

그 엄마는 믿을 수 없다는 표정이다.

"아이는 자신이 무엇을 해도 엄마가 말로는 잘했다고 하지만 웃지 않고 행복한 표정이 아니니까 불안한 거야. 아이가 손톱을 물어뜯거나 틱장애를 보이는 것은 그 불안을 해소하면서 치유하려는 행동이야. 아이의 틱을 신경 쓰지 말고 아이를 있는 그대로 사랑해줘. 그냥 자신이 어린 시절에 받은 하찮고 쓸모없다는 믿음을 취소하고, 자신이 고귀하고 장엄한 존재임을 믿어. 그러면 아이를 마음껏 칭찬해주고 함께 기뻐할 수 있어. 무엇을 잘해서 칭찬하는 것이 아니야. 그냥 존재함을 감사하고 함께함을 기뻐하는 것이지."

그런 대화를 나누고 얼마 안 가 이 엄마의 표정이 밝아지는 것을 느낄 수 있었다. 어린 시절에 받은 상처로 인한 분노를 풀어내면 얼굴이 밝아지고 표정이 풍부해지며 빛이 난다. 누구든 그 사람이 예뻐지는 것을 알 수 있다.

"아버님, 감사해요. 우리 아이 틱이 사라졌어요."

"우와, 네가 기뻐하는 모습을 보는 나도 기쁘다!"

칭찬은 고래도 춤추게 한다고 하지 않는가. 아이를 통제하려고 칭찬하는 것이 아니다. 아이가 한 행동을 인정하는 것이다. 아이가 양치질을 하려고 하면 엄마가 모델이 되어 보여주면서 아이에게 칫솔을 주자.

"밥을 먹고 양치질을 하면 음식 찌꺼기가 남지 않아. 그러면 이가 건강해서 맛있는 음식을 배불리 먹을 수 있어. 잘 봐봐, 칫솔질은 위아래로 하고 잇몸을 깊게 닦아주어야 해. 혀도 이렇게 닦아주는 거야."

아이는 엄마를 따라 하면서 배운다. 아이가 양치를 시도하면 진심으로 칭찬해주자. 아이가 두려워하지 않고 도전한 것이니 말이다. 작은 일이지만 이런 경험이 쌓여 인생의 방향이 달라질 수 있다. 양치질을 시키려고 강압적으로 입을 벌리게 하면 아이들은 저항한다. 입을 벌리는 것이 수치심을 주기 때문이다.

이에는 삶의 흔적이 고스란히 나타난다. 나는 어릴 때 칫솔을 어떻게 사용하는지를 배우지 못해 칫솔질을 옆으로 했다. 그렇게 수십 년을 닦다 보니 이 윗부분이 많이 패였다. 게다가 어릴 때 너무 가난해서 이를 악물고 살다 보니 어금니가 다 상해서 임플란트를 해야 했다.

사업을 하다가 망하기는 했어도 나는 어떤 것을 시도하는 데 주저하지 않았다. 푸름이교육을 만들었을 때도 남이 뭐라 하든 20년 넘게 변함없이 밀고 나갔다. 돌이켜보면 엄마의 칭찬이 있었다. 대학에 들어간 후에 우연히 엄마와 아빠의 대화를 들은 적이 있다.

"여보, 희수는 당신과 나의 좋은 점만 가지고 태어났어요."

무엇을 해도 못 할 거라고 생각한 적이 없다. 못 하는 것이 아니라 두려워서 안 하는 것이다. 어떤 것이든 주의를 기울여 시도해보면 곧 잘하게 되고, 10년 몰입하면 그 분야에서는 대가라는 소리를 듣게 된다.

어릴 때 손으로 물고기를 잡아 오면, 엄마는 반찬거리를 마련해 왔다고 기뻐하시며 매운탕을 끓여주시곤 했다. 비린내 난다고 갖다 버리라거나 옷을 버렸다고 야단을 맞은 적이 없다. 초등 2학년 때는 잡아 온 물고기를 시장에 가져가 팔아 누나들과 내가 학교 소풍을 간 적이 있다. 그때 들은 엄마의 칭찬과 감사는 늘 내 안에 있어 삶이 지치고 힘들 때 위로를 준다.

아이를 칭찬으로 키우자. 그러면 잘 큰다. **내 아이에게 해주는 칭찬은 깊게 들어가면 결국 나의 내면아이가 듣고 싶어 하는 말이다.**

아이가 바보 같아요

푸름이교육을 하는 엄마들은 내 아이가 어린 시절에 책을 많이 읽었기에 학교에 들어가면 좋은 성적을 받아 오겠지 하는 믿음이 있다. 엄마 자신도 아이를 키우면서 어느 정도 성장했다고 생각하기에 설령 성적이 낮게 나와도 개의치 않고 흔들림 없이 갈 것이라는 마음이 있다. 그런데 막상 아이의 받아쓰기 점수가 형편없으면 믿음이 우르르 무너지고 엄마는 불안해한다.

학교 성적이 뭐라고 점수 몇 점에 부모는 마음이 왔다 갔다 할까.

내 아이만 행복하면 된다던 부모도 막상 성적을 받아보면 평정심을 유지하기가 어렵다. 마음속으로는 늘 다른 아이들과 비교를 한다. 어쩌다 100점을 받아 오면, 아이가 스스로 이룬 성취를 기뻐하는 모습을 보면서 부모도 기뻐하는 것이 아니라 이렇게 묻는다.

"반에서 100점 맞은 아이들이 몇 명이나 되니?"

아이의 학교 성적 때문에 분노가 올라온다면, 엄마의 무의식 깊은 곳에 바보가 있는지를 살펴보아야 한다.

어떤 엄마가 있다. 이 엄마는 어릴 때 매를 많이 맞았다. 이 엄마의 엄마가 냉장고에서 요리 재료를 찾아오라고 했는데 못 찾으면 칼 넓은 면으로 머리를 때렸다. 학교 성적이 나쁘면 발로 얼굴을 밟았다.

학교 성적이 나쁠 때마다 야단맞고 매를 맞았다면 자신의 아이에게는 그렇게 안 할 것 같지만, 아이가 취학해 성적이 나쁘면 자신의 부모가 했던 방식을 그대로 하게 된다. 내 아이만은 내가 당한 고통을 겪지 않기를 원하기에 아이 잘되라고 자신도 모르게 공부에 대한 압력을 주는 것이다. 어떻게 해야 아이가 배움을 좋아하고 아이의 능력에 맞는 도전을 줄 수 있을지 방법을 모르기 때문에 대를 이어 반복한다.

바보는 우리 모두가 가지고 있는 원형이다. 부모가 일상의 말과 행동에서 '너는 고귀하고 장엄하며 빛이고 사랑이다'를 비추어주지 않으면 아이는 자신을 바보라고 믿는다. 바보는 자신이 지질하고 무가치하다고 믿는다.

자신을 바보라고 믿으면 아이들은 주의를 기울여 무엇을 하는 것이 아니라 안 할 이유만 찾는다. 부모가 요리를 하면 대개는 아이도 하고 싶어 한다. 어떤 부모는 안전하게 할 수 있도록 기회를 만들어주고 아이가 시도한 것을 격려하고 칭찬한다. 그런데 어떤 부모는 두려움 때문에 시작도 하기 전에 막고, 귀찮다고 기회조차 주지 않는다.

예를 들어 엄마가 부엌에서 칼을 쓰면 아이도 "나도 할래"라고 하면서 엄마에게 다가온다. 두 돌 전의 아이라면 엄마는 날카롭지 않은 빵칼을 먼저 주어 빵을 썰게 하면서 서서히 익숙해지게 한다. 아이는 점점 날카로운 진짜 칼을 사용하고 싶어 한다. 엄마는 칼을 잘못 사용하면 손을 벨 수 있고 위험하다는 것을 알려준 다음, 손을 잡아주면서 사용할 수 있도록 기회를 준다. 엄마가 있을 때만 진짜 칼을 사용해야 한다고 말해주면, 아이는 그 약속을 지키고 어린 나이에도 칼을 능숙하게 사용하게 된다. 그러면서 자신은 뭐든지 잘할 수 있다는 유능감을 획득한다.

엄마가 어린 시절에 수학을 못해 야단맞은 경험이 있다면 내 아이도 수학을 못하면 어쩌나 하고 염려한다. 그래서 자신이 못한다고 믿는 분야는 애초에 아이에게 기회를 주지 않는다. 일상에서 아이에게 수학의 기초를 가르쳐줄 기회는 많다. 블록을 쌓으면서 공간 지각 능력을 발달시킬 수 있고, 자동차 번호판을 보면서 수 개념을 획득할 수 있다. 또 사과를 자르면서 2분의 1, 4분의 1처럼 자연스럽게 분수 개념을 가르쳐줄 수 있다. 엄마가 눈만 돌리면, 아이에게 가르친다는 개념 없이 함께 재미있게 놀았을 뿐인데 아이는 이미 다 배워버린 상황을 만들 수 있다.

수학에 대한 두려움을 가진 엄마는 눈을 돌려 자신의 두려움을 대면하지 않기에 그 두려움을 아이에게 물려준다. 아이와 수학 문제집을 푼다고 하자. 아이가 이해하지 못하는 것 같으면 분노가 올라온다. 엄마는 참으려 하지만 아이는 엄마의 분노를 다 느낀다. 그러면 수학 문제를 푸는 것에 집중하지 못한다. 결국에는 아이와 싸우고, 야단치고, 아이가 울면서 끝난다. 이 과정을 통해 엄마의 두려움은 대를 이어 아이에게 전달된다.

아이가 수학 문제를 풀면 엄마는 문제의 정답을 맞히건 못 맞히건 무조건 동그라미를 쳐주면 된다. 틀린 것은 나중에 학교 선생님이 제대로 가르쳐줄 테니 걱정할 것 없다. 아이가 자신은 수학을 잘하는 사람이라고 여기는 것이 중요하기 때문이다. 틀린 것을 바로잡아 완벽하게 하려다 보면 아이들은 100점을 받아도 자신은 수학을 못한다고 믿는다. 그러면 수학이 재미없고 억지로 해야 하는 과목이 된다.

엄마가 빨간 색연필로 무조건 동그라미를 쳐주면, 나중에 아이가 틀린 것에 동그라미가 쳐져 있는 걸 발견해도 '엄마도 모르는 것이 있네'라고 생각하지 자신이 수학을 못한다고 생각하지는 않는다.

어린 시절에 방치당하여 외로웠던 엄마들은 자신을 바보라고 믿는다. 어릴 때 외로웠던 엄마들은 누군가가 자신의 유능함을 비추어준 적이 없고 늘 두려움에 갇혀 있었기에 시도해본 적도 없으면서 자신은 못 한다고 믿게 된 것이다.

믿음은 늘 믿음의 증인을 불러온다. 못 한다고 믿기에 실제로 못함을 창조하고 '역시 나는 못 해'라는 믿음을 강화한다. 스스로 바보라고 믿는 사람은 남에게 바보로 보이지 않으려고 자신을 채찍질한다. 노력의 선수가 되어 하루도 쉬지 않고 아등바등 살아간다.

이런 엄마들은 아이가 학교에 들어가면 다른 아이들과 끊임없이 비교한다. 자식은 나처럼 고통받지 않게 하겠다는 마음에서 "너 잘 되라고 그러는 거야"라고 말한다. 그렇지만 깊이 들어가면 '네가 공부를 잘해서 엄마의 어린 시절 고통을 대면하지 않게 해달라'라는 메시지를 전하는 것이다.

이런 엄마들은 정보를 부지런히 모으지만, 정작 아이가 무엇을 하고 싶어 하는지 아이의 눈빛은 보지 않는다. 예를 들어 초등 4학년이 읽어야 할 외부의 추천 도서에 대한 정보를 모아 아이에게 읽으라고 한다. 하지만 아이가 좋아하는 분야에서 엄마가 알 수 없는 깊이로 가면, 책도 안 사주고 "다른 것도 봐야지"라고 하면서 막아버린다. 자신도 모르는 사이에 한계를 지어버리는 것이다.

강연 중에 "진짜 공부를 잘하는 아이로 키우고 싶어요?"라고 질문하면 모두가 "네"라고 대답한다. 그러면 다시 묻는다.

"아이가 진짜 공부를 잘하면 여러분의 곁을 떠나서 훨훨 날아갈 텐데 그래도 괜찮아요?"

어릴 때 외로워서 자신을 바보라고 믿게 된 엄마들은 그렇게는 못

할 것 같다고 대답한다.

나는 늘 아이는 키워서 독립시키는 것이 교육이라는 말을 했다. 푸름이가 고등학교를 마치고 일본으로 유학 가는 날 장대비가 내렸다. 김포공항에서 비행기를 타고 떠나는 모습을 보고 돌아서는데 울음이 터졌다. 집으로 돌아오는 내내 그 장대비만큼 통곡하면서 왔다. 부모가 자식을 떠나보내는 것은 가슴을 쥐어짜듯 고통스러운 일이다. 그러나 자식을 사랑하기에 그 고통을 감내하는 것이다.

어린 시절에 외로웠던 사람은 자식이 정말 똑똑하면 자기 곁을 하루라도 빨리 떠난다는 것을 알고 있다. 의식에서는 '그러면 좋지요'라고 생각하지만, 무의식에서는 아이가 떠나면 어릴 때의 지독한 외로움이 떠오르리라는 것을 알기에 아이가 좋아하는 것을 더 좋아하게 허용하지 않는다. 책을 선택할 때도, 엄마가 통제할 수 없는 더 깊은 곳으로 가려 하면 가지 못하게 막는다.

중국에 책을 엄청나게 읽고 게임 관련 책도 많이 읽은 아이가 있다. 그 아이의 꿈은 게임을 설계하는 것이다. 엄마는 학교 관계자였는데 아이가 게임 쪽으로 진로를 잡는 걸 절대 허용하지 않았다. 앞으로 게임의 세계가 온다고 설득해도, 자신이 알고 있는 분야가 아니기 때문에 두려웠던 것이다. 아이의 욕구와 엄마의 두려움이 충돌해 아이는 엄마의 한계를 벗어나려고 하고, 엄마는 아이를 더욱 강하게 잡아두려고 했다. 그 과정에서 아이가 심하게 분노하니 엄마가 아이 앞에서 무릎을 꿇고 아이에게 죄책감을 주어 신경안정제를 먹기를 간청했다. 결국 아이는 엄마의 말을 따라 자신의 꿈을 접었다. 이후에는 무기력해져서 공부고 뭐고 아무것도 안 한다.

이 엄마가 아이를 코칭해달라고 요청하기에 엄마가 대면하는 일이 먼저라고 했다. 하지만 이 엄마는 거부했다. 아이를 희생시키는 한이 있어도 자신의 두려움은 대면하고 싶지 않은 것이다.

자신이 바보라는 믿음을 형성한 엄마들은 남들에게 똑똑한 사람으로 보이기 위해 뭐든지 빠르게 하고 완벽하게 해내려 한다. 그래서 정말 뭐든지 똑 소리 나게 하는 능력을 획득하지만, 자신을 여전히 바보라고 믿는 한 마음은 늘 불안하다. 나중에 성장하여 그 믿음이 허상이라는 것을 알고 버리면 바보가 자산이 되지만, 의식이 아직 거기에 이르지 못하면 바보는 수치스럽고 고통을 준다.

자신을 바보라고 믿는 사람은 아이가 느리고 여유로운 것을 못 봐준다. 아이가 옷을 천천히 입으면 화가 나고, 밥을 먹다 이것 하고 저것 하다 다시 밥을 먹으면 분노가 올라온다. 학교 갈 시간이 다 됐는데 그제야 이것저것 챙기고 있으면 큰 소리로 재촉한다. 아이가 할 기회를 주지도 않고 엄마가 뭐든지 먼저 해준다. 학교 숙제도 아이가 꾸물거리는 것을 봐줄 수가 없어 대신 해준다.

아이를 위한다고 먼저 해주는 것이지만 아이는 내가 할 일을 왜 엄마가 먼저 해주는지 그 이유를 자신에게 물어야 한다. 아이가 내릴 수 있는 결론은 이렇다.

'내가 못나서 엄마가 해주는 거야.'

엄마는 아이에게 무엇이든 해주는 좋은 엄마라는 이미지를 가지고 가지만, 그럴수록 아이에겐 '나는 아무것도 못 하는 바보'라는 믿음이 강화된다. 엄마가 먼저 나서서 도와줄수록, 자신이 정말 주고 싶지 않았을 '바보'를 자식에게 넘겨주게 된다.

그렇다고 아무것도 도와주지 말라는 말은 아니다. 아이는 어른의 도움을 받으면서 무엇인가를 할 때 가장 빠른 성취를 한다. 어떻게 하는지 부모가 먼저 보여주고, 아이가 스스로 하려 할 때는 뒤로 빠져 지켜보면 된다. 아이가 스스로 하는 모습을 보며 기뻐하고, 도움을 요청하면 다시 개입해 도와주면 좋다. 그러나 아이에게 무언가를 해주는 것이 자신의 바보를 감추고 좋은 엄마라는 이미지를 유지하기 위해서라면, 아이는 엄마의 바보를 자신의 것으로 가져간다.

아이가 징징거리면 미쳐요

아이가 징징거리는 것은 자신의 욕구가 무엇인지 잘 모르고, 욕구를 안다고 해도 부모에게 어떻게 표현해야 할지를 모르기 때문이다. 이전에 부모에게 자신의 욕구를 표현했다가 거부당한 경험이 있기에, 더는 상처받지 않으려고 수동적으로 자신을 방어하면서 끈질기게 요구하는 것이다. 하지만 아이의 의사 표현이 분명하지 않기에 부모도 무엇을 해줘야 할지 모르고 아이도 자신의 욕구를 충족하기 어렵다. 만일 부모가 아이의 욕구를 흔쾌히 들어주고 아이의 감정에 공감해주었다면, 아이는 말과 행동으로 분명하게 무엇을 해달라고 요청하고 자신의 감정을 자유롭게 표현했을 것이다.

우리 부부는 푸름이의 욕구가 남에게 피해를 끼치거나 생명과 안전에 관계되는 것이 아니라면 무엇이든 해볼 수 있게 해주고 흔쾌히 들어주었다. 어릴 때 푸름이가 울면서 뭐라고 하면 푸름엄마는 이렇게 말하곤 했다.

"푸름아, 네가 울면서 말하면 엄마는 잘 못 알아들어. 엄마는 네가 원하는 것을 잘 듣고 해주고 싶은데, 못 알아들으니 속상하네. 분명하고 또렷또렷하게 말로 해주겠니?"

그러면 푸름이는 다 울고 나서 자신의 의사를 분명하게 표현하곤 했다. 이것이 공감 대화다.

공감 대화는 관찰, 욕구, 느낌, 요청의 네 요소로 구성된다. 공감 대화는 누구를 비난하거나 지레짐작하지 않고 나를 표현할 수 있으며 서로가 소통할 수 있는 좋은 대화 방법이다.

관찰은 사실을 그대로 말하는 것이다. 푸름엄마는 '네가 울면서 말하면 엄마는 잘 못 알아들어'라고 말했다. 엄마의 감정은 '못 알아들어 속상하다'라는 것이고, 엄마의 욕구는 '푸름이 말을 잘 알아들어서 원하는 것을 해주고 싶다'라는 것이다. 요청은 '말로 또렷하게 의사 표현을 해줘'라는 것이다.

책을 많이 읽어도 책 내용을 일상에 적용하는 데는 시간이 걸린다. 우리 부부도 공감 대화를 나누기까지는 오랜 시간이 걸렸다.

나는 아이들과 놀아주거나 책을 읽어주는 것은 힘들지 않고 몇 시간이라도 할 수 있었다. 그런데 아이들이 울거나 조금이라도 징징거리면 이상하리만큼 마음에 걸렸다.

내면 여행을 하기 이전에는 아이들이 울면 무조건 "우리 푸름이가 슬프구나", "우리 초록이가 슬프구나"라고 말하곤 했다. 책을 읽고 이해했다고 생각했는데, 막상 아이들이 울면 머릿속이 하얘지고 생각나는 거라고는 '~구나'밖에 없었다.

그래선지 푸름이가 이렇게 말한 적도 있다.

"아빠, 이제는 '~구나', '~구나' 하지 마세요."

우리 아이들은 사실 자라면서 징징거린 적이 거의 없다. 푸름엄마는 아이들이 울거나 징징거려도 크게 개의치 않고 봐주는데, 나는 그렇게 책을 많이 읽고 훈련을 했는데도 조금만 징징거리면 마음이 힘들었다.

강연을 할 때마다 엄마 · 아빠들이 많이 운다. 그러면 나는 휴지를 주었다. 남들에겐 언뜻 예의 바르고 배려하는 사람처럼 보일 것이다. 그런데 지금 생각해보면 그 행위는 '당신이 우는 것을 보기 힘들어요. 이제 그만 우세요'라는 메시지를 주기 위한 것이었다.

이제는 누가 짐승처럼 통곡하고 울어도 휴지를 주지 않고 마음껏 울도록 지켜봐 준다. 내면 여행을 시작하고 성장하면서 나도 3년을 그렇게 울면서 다닌 적이 있기에 그 마음이 이해가 된다. 슬퍼서 울고 있을 때는 누군가가 아무런 판단이나 편견 없이 그 모습을 지켜만 봐도 살 수 있다. 그 울음이 끝나면 마음이 가벼워지고 평온해진다.

아이가 징징거릴 때마다 미칠 것 같다면 어린 시절에 울지 못한 내면아이가 있는지 살펴보아야 한다. 버림받은 사람은 징징거리거나 울지 못한다. 아이는 울면 바로 "뚝!"이라는 말을 듣는다. "경찰이 잡아간다", "망태 할아버지가 잡아간다" 같은 말도 듣는다. 울면 바보란다. 울면 부모가 죽는단다.

자기중심적인 아이들은 버림받은 이유를 자신에게서 찾는다. '내가 울지만 않았어도 엄마가 나를 버리지 않았을 거야'라는 마음이 무의식 깊은 곳에 깔려 있다.

어릴 적 나는 아빠가 술 먹고 들어와 밥상을 뒤엎고 밤새 주정을 하면서 엄마를 때리면, 어서 커서 빨리 어른이 되기를 간절하게 기도하곤 했다. 어른이 되면 엄마가 더는 고생하지 않게 해드리겠다고 결심했다.

나는 무엇이든 혼자서 했다. 십이지장 궤양으로 학교에서 공부하다 피를 토하고 세 번을 기절했어도 엄마가 걱정할 것 같아 알리지 않고 참았다. 십이지장 궤양은 위산이 분비되어 십이지장을 녹이는 것이기에 자다가 새벽에 통증 때문에 소스라쳐 깰 정도로 고통스럽다. 갈비뼈 안쪽 깊은 곳을 예리한 칼로 도려내는 듯한 통증이 2년 동안 계속됐는데도 참고 참았다. 지금도 위 내시경 검사를 하면 상처의 흔적이 있다.

아버지가 이북에서 홀로 내려와서 의지할 친척도 없고, 외딴집에서 자랐기에 이웃도 없었다. 집안에서는 소년 가장이고 영웅이었다. 힘들어도 힘들다고 말해본 적이 없고, 너무 일찍 철이 들어 울거나 징징거려본 적도 없다. 그러니 얼마나 많은 슬픔이 나의 무의식 안에 억압되어 있었겠는가.

내면 여행을 시작하면서 그동안 못 울었던 울음이 터졌다. 한번 터지니 울음을 그칠 수가 없었다. 하지만 우는 것이 낯설어서 한두 방울 흘리고 나면 눈물이 쏙 들어갔다. 차를 타고 가면서 시도 때도 없이 눈물이 났다. 어린 시절 상처받은 내면아이의 슬픔을 그대로 느끼면서 짐승처럼 울부짖었다면 울음이 오래가지 않았을 텐데, 그때는 몰라서 오랜 시간을 울어야 했다.

아이가 징징거리고 매달리는 것이 싫다면, 어린 시절에 엄마가 귀찮다고 저리 가라고 해서 혼자 외롭게 살아온 외로운 내면아이가 있는지 자각해야 한다. **징징거린다는 것은 아이가 엄마와 연결을 시도하고 소통하려는 표현이다. 아이들은 누구나 징징거리는 표현을 한다. 그러나 자신의 엄마로부터 공감받지 못한 엄마는 자식에게 공감해주기가 어렵다.**

아이들이 징징거리는 것이 힘들다면 나처럼 어린 시절부터 소년 가장이나 소녀 가장이 되어 부모를 정서적으로 돌봤을 가능성이 크다. 또는 부모가 귀찮아하거나 부재해서 어떻게 해서든 조금이라도 사랑받고 싶어 자신의 욕구와 감정을 닫아버리고 부모 말 잘 듣는 착한 사람이었을 것이다.

착한 사람은 자신의 욕구와 감정이 무엇인지 모른다. 착한 사람은 자신의 욕구와 감정이 채워지지 않고, 누가 자신의 경계를 침입할 때 스스로를 지키는 감정인 '화'를 억압한 사람이다. 자연스러운 화를 억압하면 누군가를 공격하고 싶어지는 '묵은 화'인 '분노'로 변한다. 여기서는 화와 분노를 구분해서 사용한다.

분노를 억압하면 분노만 억압되는 것이 아니라 기쁨도 억압된다. 그래서 분노가 많은 사람의 얼굴에는 기쁨도 생기도 부족하다. 기쁨이 부족한 상태를 우울하다고 한다. 분노만 해결해도 우울증이 사라지는 경우가 많다.

착한 사람에게만 중독과 강박감이 온다. 감정이 억압되면 평소에는 아무것도 느낄 수 없기에 답답하다. 중독과 강박 상황에서 강한 자극을 받을 때 감각이 느껴지기에 중독과 강박에 의존하는 것이다.

착한 사람은 누가 자신에게 '착하다, 천사 같다' 같은 말을 하면 속으로는 이런 생각이 든다.

'네가 나를 잘 몰라서 그래. 내 속이 얼마나 울퉁불퉁한데.'

아이를 착하게 키워서는 안 된다. 착한 아이는 자신이 없는 순응된 아이다. 그러면 모든 것을 외부의 평가에 의존한다.

착하다는 말을 듣고 자란 사람은 아이를 착하게 키우지 말라고 하면 혼란스러워한다. 이렇게 묻기도 한다.

"그러면 나쁘게 키우란 말이에요?"

착하지 않으면 나쁜 것인가? **아이는 고유하게 키워야 한다. 고귀하고 장엄한 그 아이의 고유함이 발현되도록 키우려면 욕구와 감정을 억압해서는 안 된다.**

어릴 때 자신의 욕구와 감정을 억압하고 엄마를 귀찮게 하지 않으려고 조용하고 착하게 살았다면 마음속 어딘가 어두운 방에 고립된 내면아이가 있을 것이다. 이 내면아이는 친밀함을 어색해한다. 엄마가 됐을 때 아이가 안아달라고 다가오거나 손을 잡아달라고 하면 뿌리친다. 그런 행위가 반복되면 아이는 버림받을 위협을 느끼기에 엄마와 더 밀착하려고 한다. 잠을 잘 때도 아이는 엄마의 귀나 손, 가슴 등 꼭 어딘가를 잡고 잠든다. 엄마는 자신이 아이를 안아준다고 생각하지만, 사실은 아이가 엄마를 안아주어 어릴 때 엄마가 채우지 못한 내면아이의 욕구를 채워주는 것이다.

이것을 엄마가 몰라 자꾸만 매달리고 징징거린다고 야단치거나 때리면 아이는 다른 아이들을 때리거나 밀치면서 접촉을 시도한다. 외로운 것보다는 부정적인 관심이라도 받는 게 낫기 때문이다.

초등학교 들어가기 이전에 "엄마, 친구들이 없어 심심해요. 같이 놀아요" 하면서 끝없이 함께하기를 원하는 아이들이 있다. 그런데 잘 살펴보면 다른 아이들과도 잘 논다. 이런 말을 할 때도 아이는 엄마를 위로하는 것이다. 그 말의 뜻은 이런 것이다.

"엄마. 나는 친구하고 놀아서 심심하지 않은데, 내가 친구하고 놀면 엄마 혼자 남아 심심하지요? 엄마도 친구를 사귀어서 이제 외로움에서 빠져나오세요."

아이를 때리고 싶어요

아이가 어릴 때는 무엇을 해도 예쁘다. 이렇게 예쁜 내 자식에게 어떻게 손을 댈 수 있겠는가. 남들은 몰라도 나에겐 영원히 그럴 일이 없을 것 같다. 하지만 아이가 18개월을 넘어가면서 제1 반항기에 접어들면, 엄마는 자신의 통제 안에 들어오지 않는 아이를 어떻게 해서든 잡고 싶어 한다. 엄마는 일단 참는다. 말을 부드럽게 하려고 인내하고, 한 대 때려주고 싶은 마음이 올라와도 참는다.

아이가 한 명일 때는 때리고 싶은 유혹이 올라와도 참으면서 넘어갈 수 있다. 하지만 아이가 둘이 되면 육아가 점점 힘들어진다. 첫째가 무법자의 시기(36개월부터)로 들어가고 둘째가 제1 반항기(18개월부터)로 접어들면 육아는 전쟁이 될 수 있다. 일단 엄마가 체력적으로 버티기 어렵고, 아이 둘이 사랑을 달라고 매달리면 어느 순간 자신도 모르는 사이에 손이 나갈 수 있다. 손이 나가지 않더라도 말이 차가워진다. 마음에 분노가 차면 말을 친절하고 부드럽게 하지 못한다. 아이는 차가운 말 뒤에 있는 엄마의 억압된 분노를 느낀다.

그렇게 예쁘던 아이가 미워진다. 첫째가 둘째를 밀치거나 싫어하는 행동을 하면 엄마 눈에서는 이글거리는 불이 나간다. 중국에서는 그런 눈을 시퍼렇다고 표현하고, 한국에서는 시뻘건 눈이라는 이미지로 그린다.

분노의 감정 안에서 이성은 마비된다. 그럴 마음이 없었지만 손이 먼저 나간다. 감정의 폭풍이 지나가고 울며 잠든 자식의 눈가에 말라붙은 눈물 자국을 보면 죄책감이 밀려온다.

'어떻게 나라는 사람을 엄마라고 할 수 있는가.'

자기 비난과 죄책감으로 밤새 고통스럽게 울며 다시는 아이를 때리지 않겠다고 결심하지만, 그게 쉽지가 않다. 일상에서는 아이에게 미안하다고 수없이 말하면서도 같은 행동이 반복된다. 절대 우리 부모처럼은 안 키우겠다는 결심을 하고 그렇게 노력하지만, 어느새 부모가 나를 대했던 방식과 같은 방식으로 아이를 대하는 것이다.

아이를 때리면 죄책감으로 고통스럽지만, 그 고통에 동반되는 미묘한 쾌감을 손을 통해 느낄 수 있다. 손에 쾌감이 기록된다. 이 쾌감에는 이겼다는 마음과 이해받고 싶다는 마음이 섞여 있다. 어린 시절 매를 맞을 때 부모를 이기고 싶었지만 그렇게 할 수 없었다. 그런 환경에서 굴복했던 그 순간을 이제 내 아이를 통해 보상받는다. 무의식에서는 이제 내가 이긴 것이고 내 힘이 세다. 내가 굴복했으니 나도 굴복시키고 싶은 것이다.

의식에서는 마음이 아프지만 아이를 잘 키우기 위해 훈육하려고 때렸다고 포장할 수도 있다. 아이에게 손이 나갈 때는 부모의 절망을 느낄 수 있다. 어릴 적 매를 맞아 소통이 끊어졌을 때의 절망감은 누구도 이해하지 못한다. 부모가 되면 사랑하는 아이만이라도 내 고통을 이해해주었으면 하는 무의식의 마음에서 아이를 때린다. 부모의 내면에는 자식보다 더 어린 내면아이가 있는 것이다.

《천재가 될 수밖에 없는 아이들의 드라마》의 저자 앨리스 밀러는 어린 시절에 매를 맞은 사람이 어떻게 다시 자신의 아이를 때리게 되는지를 자세하게 설명했다. 매를 맞지 않았던 사람은 애초부터 아이를 때리고 싶다는 욕구 자체가 올라오지 않는다. 아이를 훈육하려면 매를 들어야 한다거나 생각하는 의자에 앉혀야 한다는 주장에 끌린다면, 분명히 매를 맞았거나 사랑이 아닌 두려움을 선택한 사람이다.

한번 생각해보자. 부부가 의견이 다르다고 남편이 아내에게 "당신, 생각하는 의자에 가서 앉아"라고 말하면 얼마나 큰 굴욕감을 느끼겠는가. 그런 남편하고 살기는 힘들 것이다. 그런데 아이에게는 그런 말을 한다. 아이는 살기 위해서 엄마 말을 들을 것이다. 하지만 생각하는 의자에 앉아 있는 동안 느끼는 수치심과 내가 뭔가를 잘못해서 엄마를 힘들게 했다는 죄책감은 훗날 그 아이가 행복한 삶을 선택하는 데 결정적인 방해물이 된다.

강연 중에 어린 시절에 매 맞은 사람 손 들어보라고 하면 매 맞은 얼굴인데 손을 들지 않는 사람들이 있다. 매 맞은 사람의 얼굴에는 긴장감이 있고, 표정이 풍부하지 않으며, 무슨 말을 하든 믿지 못하겠다는 뉘앙스가 풍긴다. 몸은 뻣뻣하게 경직되어 있다.

"정말 한 번도 맞아본 적이 없어요."

"부모님은 많이 싸우셨지만 내가 매를 맞은 적은 없어요."

부모님이 싸우다가 아버지가 어머니를 때리는 것을 보았다면 자신이 매를 맞은 것과 같은 두려움을 느낀다.

역기능 집안에는 말썽꾸러기가 꼭 한 명씩 있다. 내가 직접 매를 맞지 않았지만 말썽을 피우는 형제자매가 매를 맞는 것을 보았다면 그 충격은 더 크다. 이전에는 '매타작'이라는 것이 있었다. 막상 매를 맞으면 별것 아닌데 내 차례가 오기 전에 느끼는 두려움이 크다. 형제자매가 매를 맞는 것을 보면서 '나도 저렇게 부모 말을 안 들으면 매를 맞는다'라는 불안감과 나만 매를 맞지 않아 미안하다는 죄책감을 동시에 습득한다.

손으로 때리는 것만 때리는 것이 아니다. 독하고 차가운 말도 마찬가지다. 지겨운 잔소리, 자기만 옳다는 설교, 늘 부정하고 걱정하는 것도 아이를 때리는 것이다. 강연 중에 아빠들에게 아내의 어디가 가장 무섭냐고 물어보면 한결같이 '입'이라고 답한다. 아내는 자신이 고양이처럼 부드럽게 말한다고 생각하지만 남편은 호랑이가 입을 쩍 벌리고 물려고 하는 것처럼 느낀다. 모든 사람은 엄마가 낳았기에 남편은 자신도 모르는 사이에 아내를 엄마로 투사한다. 어린 시절에 엄마가 무서웠다면 아내도 무서운 것이다.

아이들이 정말 무서워하는 것은 엄마의 눈빛이다. 엄마의 분노에

찬 눈빛은 늘 강력한 이미지로 몸에 기억된다. 표정을 바꾸고 분노를 누르고 숨을 참아가며 말도 교양 있게 할 수 있고 나가는 손을 붙잡을 수 있지만, 이 눈빛만은 어쩌지 못한다. 아이들은 속지 않는다.

육아를 통한 성장을 시작한 엄마들의 경험담을 들어보면, 자신을 표현하기 시작하면서 아이들에게 화를 더 낸다고들 한다. 당연한 일이다. 그동안 억압되어 있던 분노가 풀어지는 과정에서 자신의 욕구를 표현하고 아이에게 경계를 지키라고 요청하기에 더 화가 날 수밖에 없다. 그런데 아이들은 오히려 밝아진다. 엄마의 눈빛이 따뜻해졌기 때문이다. 눈빛에는 분명하게 분노가 있는데 표정과 말은 분노가 없는 것처럼 행동하면서 이중으로 전달되던 모호한 메시지가 사라진 것이다.

아이를 낳기 전까지는
의식에서의 망각을 통해
어린 시절의 상처를 잊을 수 있다.
그러나 아이를 낳고 나면 반드시
이 상처를 만나야만 하는 시간이 온다

2장

자각과 대면

상처를
인지하고
감정을
만나는 시간

자각
무의식의 상처를 인지하는 과정

자각은 내 안에 상처받은 내면아이가 있다는 것을 알아차리는 것이다. 어릴 때 매를 맞은 사람의 얼굴은 늘 긴장되어 있다. 다른 사람에게 다가갈 때는 늘 주저하고, 눈을 마주치지 못한다.

내적 불행을 끝내려면

자신을 낳아준 부모에게 매를 맞았다면 세상의 누구를 믿겠는가. 매를 맞는 순간 아이는 투쟁(분노)과 회피(두려움) 중 한 가지 반응을 한다. 즉 싸우거나 도망가는 반응 중 하나를 택한다. 이는 아이만이 아니라 살아남기 위해 인류가 본능적으로 나타내는 반응이다.

사람들을 잘 관찰하면 늘 투쟁-회피 반응을 한다는 것을 알 수 있다. 한 부류의 사람은 늘 '한 놈만 걸려봐라, 그냥 두지 않겠다'라는 자세로 산다. 그래서 늘 위험한 곳으로 자신을 몰고 간다. 무의식 깊은 곳에서는 매를 맞는 순간 자신이 너무 수치스럽고 엄마를 힘들게 한 죄인이라 죽고 싶은데, 스스로는 죽지 못하겠으니 누가 나를 죽여 주었으면 좋겠다는 마음이 작동하는 것이다.

또 다른 부류의 사람은 늘 회피 행동을 한다. 조금이라도 갈등이 생기면 문제를 해결하는 것이 아니라 잠적해버린다. 투쟁 반응을 하는 사람과 마찬가지로 수치심과 죄책감이 있어 자신에게 좋은 것이 와도 도망을 간다. 직장에서 승진해 사람들 앞에서 말을 해야 하거나 회의를 이끌어가야 하는 중요한 자리를 주겠다고 하면, 승진을 거부하거나 직장을 그만둔다.

우리 두뇌에서 감정을 기록하는 부위는 두 군데다. 하나는 변연계라는 곳으로, 투쟁-회피 반응이 이곳에 기록된다. 이 부위는 생각 없이 바로 반응하게 한다. 쉽게 표현하면 몸에 기록된 것이다. 다른 하나는 감정을 다루는 전두엽이다. 이 부위에서는 즉각적으로 반응하는 것이 아니라, 감정을 이성적으로 이해하여 어떤 반응을 할 것인지를 선택한다.

아이가 느끼는 가장 큰 위험은 자신을 낳아준, 그래서 보호해줘야 하는 부모가 자신을 때리는 것이다. 이는 호랑이를 만나는 것보다 더 큰 두려움이다. 살면서 호랑이를 만날 일이 몇 번이나 있겠는가. 그러나 부모님은 매일 만나야 한다. 가정이 아이들에게는 천국이 될 수도 지옥이 될 수도 있다.

아이들은 이런 위기의 순간을 무의식의 변연계에 즉각적으로 기억하는데, 이를 '감정이 얼어붙었다'라고 표현한다. 호랑이를 만나면 생각을 하겠는가? 생각하다간 잡아먹히고 만다. 본능적으로 투쟁-회피 반응을 해야 살아남을 확률이 높기에 우리 유전자 안에 기록되어온 것이다.

단 한 번의 충격이었을지라도 그때의 감정은 무의식 안에 그대로 얼어붙어 있다. **어릴 때 얼어붙은 내면아이의 감정을 다시 경험하고, 맥락이 넓어진 어른의 시각으로 그 경험의 의미를 다시 해석하여 이해의 빛으로 가져오기 전까지는 언제까지나 그대로 있다.**

상처는 서로 친밀한 관계에서만 만들어진다. 한국에 사는 내가 아프리카의 밀림에서 사는 사람에게 상처받지는 않는다. 누가 사는지조차 모르는데 무슨 상처를 받겠는가.

결혼을 하고 아이를 낳기 전까지는 의식에서의 망각을 통해 어린 시절의 상처를 잊을 수 있다. 그러나 아이를 낳고 나면 반드시 이 상처를 만나야만 하는 시간이 온다.

내가 두 살 때 떼를 쓰고 운다고 매를 맞았다고 하자. 아이가 두 살이 되어 떼를 쓰고 울면 몸이 바로 반응한다. 자라한테 물린 경험이 있으면 솥뚜껑을 보고도 놀란다. 아마 이런 경험은 흔히 할 것이다. 오래전 푸름아빠 강연을 들었는데 아이를 키우다 보니 서서히 잊었지만, 유튜브나 푸름이교육연구소 카페를 우연히 접하면 그 시절이 저절로 떠오른다.

마찬가지로 아이가 떼를 쓰고 울면 무의식 안에 해결되지 않고 남아 있는 수치심과 죄책감이 떠오른다. 이 감정을 몸으로 겪고 대면하기가 고통스럽기 때문에 우리 부모가 했던, 몸이 기억하고 있는 방식 그대로 아이를 때려 울지 못하게 하려고 하는 것이다.

일부러 때리는 것이 아니다. 어떤 부모가 자신의 어린 시절 고통을 사랑하는 아이에게 주고 싶겠는가. 여기에는 이성이 작동하지 않는다. 아이가 울지 않으면 나는 고통을 대면하지 않아도 된다. 외부를 통제하여 내 안의 고통을 느끼지 않고, 문제를 해결하지 않고, 그대로 쥐고 있도록 즉각적으로 회피하는 것이다. 손이 나가는 시간은 1만 분의 1초다. 변연계에서 행동으로 가는 회로가 전두엽을 거쳐 행동으로 가는 회로보다 더 빠른 것이다.

어릴 때 매 맞으며 얼어붙었던 수치심과 죄책감, 슬픔, 두려움, 분노 같은 감정을 대면하여 그 감정들을 모두 없애기 전까지는 같은 행동이 반복된다. 어느 한 세대에서 내적 불행을 끊어내고 상처받은 내면아이를 치유하지 않으면, 그 상처들은 적어도 5대까지 내려간다. 한 세대에서 자살이 나왔을 때 그 가계도를 조사해보면 5대까지 자살이 나온다.

하늘이 맑아지면 지나가는 비행기를 볼 수 있다. 구름이 짙게 끼면 소리만 들리지 비행기는 볼 수 없다. 무의식의 감정을 대면하면 맑은 하늘에 비행기가 지나가는 것을 보듯이, 때리고 싶다는 욕구가 올라오는 것을 지켜볼 수 있다. 그러면 자신의 행동을 선택할 수 있다. 변연계에서 행동으로 나오는 회로보다는 전두엽을 거쳐 행동으로 나오는 회로를 택하게 된다.

앞에서 행동하는 자가 있고 뒤에서 그 행동을 지켜보는 자가 있다. 앞에서 행동하는 자를 '에고'라고 하고, 뒤에서 지켜보는 자를 '참나'라고 한다. 참나를 인지하고 자신과 동일시해야 비로소 대를 물려 내려가는 내적 불행이 끝난다.

억압된 분노는 투사로만 볼 수 있다

강연을 할 때 '저 사람은 어린 시절에 야단이나 매를 맞았겠구나'라고 짐작하고 매 맞은 사람 손 한번 들어보라고 하면 실제로 대부분이 손을 든다.

"왜 매를 맞았어요?"라고 질문하면, 매를 맞은 사실은 기억하지만 이유를 아는 사람은 없다. 그냥 이렇게 말한다.

"내가 잘못해서 우리 부모가 나 잘되라고 때린 것이지요."

아이가 잘되라고 때린 거라면 때리는 것이 이미 좋은 것이라는 뜻이 된다. 부모는 자식에게 좋은 것만을 주고 싶어 하므로, 매를 맞고 자란 사람에게는 자신의 아이를 때리는 것이 당연한 일이다. 아니, 매를 맞고 자란 사람만이 아이를 때린다. 배려 깊은 사랑을 받고 자란 사람은 애초에 때리고 싶다는 마음 자체가 들지 않는다. 아이를 때리는 부모는 어떻게 아이를 키워야 하는지 모르는 사람이다. 부모에게 아이 키우는 방법을 배운 적이 없다.

매를 맞고 자란 사람은 자신의 존재를 벌레처럼 여긴다. 우리는 안다. 매를 맞는 것이 얼마나 비참하고 굴욕감을 주는지를…. 아이들은 부모가 아이 키우는 방법을 몰라 혼란스러워서 자신을 때렸다고는 생각하지 않는다. 자기 잘되라고 때렸다고 생각한다. 그리고 어린 시절은 망각을 통해 잊힌다.

의식의 기억에서는 사라졌지만 무의식에는 모든 것이 기록되어 있다. 머리로는 모르지만 몸은 알고 있는 것이다. 태어나자마자 고아원에 온 아이들이 특정한 날만 되면 그렇게 울고 불안해하는 것을 보고, 과학자들이 조사해본 일이 있다. 그 결과 아이들은 자신이 버려진 날을 몸으로 기억한다는 사실을 알아냈다. 현대 과학은 아이들의 태아 시절 경험이 DNA를 바꾸지는 못하지만, DNA를 발현시키는 RNA는 변화시킨다는 것을 알고 있다.

결혼을 하고 아이를 낳으면 아이의 말과 행동이 자신의 무의식에 억압되어 있는 욕구와 감정을 건드린다. '저렇게 예쁜데 때릴 곳이 어디에 있는가'라고 하다가 자각이 일어난다. 자신의 어린 시절, 매를 맞을 때 얼마나 비참하고 두려웠는지. 매를 맞는 것이 당연하다고 생각할 때는 알 수 없었지만, 아이를 키우면서 내 안에 해결되지 않아 그대로 남아 있는 욕구와 감정인 상처받은 내면아이가 있다는 것을 자각한다.

내면아이는 그 자리에서 성장을 멈추었다. 몸은 어른이 됐지만 내 안의 어두운 방에는 홀로 울고 있는 아이가 있다. 이런 비유를 한다.

올챙이가 개구리가 되어야 하는데 개구리로 성장하지 못했다. 몸은 개구리가 되어 낮에는 사회생활을 하면서 개구리 노릇을 하지만, 밤에 집에 오면 올챙이가 된다. 내 아이보다 더 어린 아기가 부모의 내면에 있으니 아이를 키우는 일이 얼마나 힘들겠는가.

아이를 키우면서 분노가 올라오는 지점을 잘 보고 있으면 내 상처가 어디에 있는지 알 수 있다. 이것이 '자각'이다.

투사 없이 분노 없다는 말이 있다. 누가 당신에게 "야, 이 개새끼야!"라고 욕을 했다고 하자. 그러면 분노가 올라오는가? 분노가 올라오는 사람도 있을 것이고, '저 사람이 지금 힘들어서 저런 말을 하는구나' 하고 덤덤하게 바라보는 사람도 있을 것이다.

분노가 올라오는 사람은 어린 시절에 그런 욕을 들었던 사람이다. 욕을 먹던 당시 "나는 개새끼가 아니다"라는 말을 할 수 있는 맥락도 없었다. 설령 그런 말을 했다고 해도 돌아오는 것은 비난밖에 없는 가정이었다면, 아이가 할 수 있는 거라곤 참고 누르는 것밖에 없었을 것이다.

아이는 그때 자신의 감정을 표현할 수도 없었고, 존중받고 싶다는 욕구도 좌절되고 말았다. 욕구가 좌절되면 화가 난다. 화를 표현했는데 공감받지 못하면 분노가 되어 무의식에 억압된다. 억압되면 의식에서는 사라진다.

의식에서 사라지면, 자신이 억압한 것을 남에게서만 본다. 타인이 무서운 사람은 사실 자신의 내면에 억압된 분노가 많아 공격하고 싶은 마음이 강한 것이다. 그런데 자신의 의식에는 분노가 없기에 '저 사람이 나를 공격한다'라고 인식하고 저 사람 때문에 무섭다고 말한다. 내 안에 있는 것을 외부에서 보고, 그 탓을 하는 것이 바로 투사다.

어린 시절에 욕을 먹은 적이 없는 사람은 애초부터 욕에 반응할 것이 없다. 매를 맞지 않았다면 때리고 싶은 욕구가 올라오지 않는다고 한 것과 같은 말이다.

어떤 사람은 이런 말을 한다.

"나는 어린 시절이 기억나지 않아요. 기억하고 싶지도 않아요."

현대 심리학의 가장 큰 공로는 어린 시절의 관계가 어른이 되었을 때 관계의 90퍼센트 이상을 지배한다는 사실을 밝혀낸 것이다.

대면
무의식의 감정을 만나는 과정

내 안에 어린 시절 상처받은 내면아이가 있다는 것을 자각하면 변화가 시작된다. 내가 달라졌음을 주변 사람들이 먼저 알아차린다. 그러나 본격적으로 상처를 치유하고 두려움에서 사랑으로 가려면, 대면의 과정을 몸으로 겪어야 한다.

얼어붙은 감정을 다시 만난다

대면은 어릴 때 마땅히 겪어야 했지만 맥락이 없는 상태에서 놀라 그대로 얼어붙은 감정을 다시 만나 몸으로 느끼면서 통과하는 것을 말한다. 고통스러운 어린 시절로 다시 내려가 낯선 감정을 만나는 것이기에 누구나 피하고 싶어 한다. 그래서 대면을 하기 위해 코칭을 받으러 가야 하는데 이상하게 몸이 아프거나, 코칭 날짜를 깜박 잊기도 한다. 정작 도착해놓고도 주변을 뱅뱅 돌면서 될 수 있으면 대면을 늦추고 싶어 한다.

사실 아이를 키우는 입장이 아니라면 굳이 과거의 상처를 만나지 않아도 그럭저럭 살 수 있다. 마지막 바닥에 닿기 전까지 피할 수도 있다. 하지만 부모는 자신의 무의식에 억압된 감정을 만나지 않으면 그 고통이 아이에게 간다는 것을 알기에 용기를 내어 상처받은 내면 아이의 감정을 정면으로 만난다.

모든 대면이 한 번에 끝나는 것은 아니다. 방어기제가 해제되고 감정을 만나는 시간은 길어야 30분을 넘지 않는다. 이 30분을 마주하기 싫어 그렇게 회피하며 살아가는 것이다.

처음에는 대면을 해도 감당할 만한 수준의 감정이 올라온다. 대면을 계속 진행하다 보면 어느 순간 무의식 깊은 곳에 억압된 감정이 폭발한다. 깊은 대면이 이루어지는 순간이다.

처음 대면하면 이제까지 유지해왔던 믿음의 체계가 무너지기에 혼란스러울 수가 있다. 머리로 알고 있던 것과 몸이 알고 있는 것이 다르기에 자신이 쇼를 한 것이 아닌지 의심스럽기도 하다. 하지만 몸으로 겪은 것은 자신의 감각으로 느낀 것이기에 모든 것이 분명하다. **대면이 계속되면 과거에 자신이 왜 그런 말과 행동을 했는지, 모든 퍼즐 조각이 한순간에 맞춰진다. 삶을 관통하는 깨달음이 오고 모든 것이 이해되고 분명해진다.**

대면은 무의식의 감정을 의식으로 끌어올리는 것이다. 의식으로 올라와야 의지에 의한 선택이 가능해지고 비로소 치유가 일어난다. 그렇게 하지 못하면 무의식의 지배를 받기 때문에 자신이 왜 그러는지도 모르는 채 행동하게 된다. 무의식은 의식보다 22만 배 정도 빠르게 정보를 처리한다. 무의식은 그 사람의 운명을 지배한다.

코칭은 형상이 없는 무의식의 감정을 구체적인 언어로 잡아주는 과정이다. 자신도 알지 못하는 감정을 코치가 언어로 딱 때려주면 바로 상처받은 지점으로 내려가서 그 감정을 느끼며 통곡하기 시작한다.

무의식의 감정을 대면하지 못하면 생각이 많아진다. 밤에 잠을 잘 못 자는 사람은 잡생각이 많은 것이다. 생각이 꼬리를 물고 이어지니 잠들기 어렵다. 생각은 의식이고 무의식에 억압된 감정에서 만들어진다. 생각이 많다는 것은 그만큼 억압된 감정이 많다는 것이다.

우선, 생각을 없애기 위해 명상을 한다. 명상은 모든 의식의 초점을 숨 쉬는 것에 맞추어 다른 생각이 일어나는 것을 막는 방법과 모든 생각이 그냥 지나가도록 놔두는 방식 두 가지가 있다. 둘 다 생각이 사라지도록 하는 것이다.

명상이 건강에도 좋고 스트레스에 대처하는 힘도 길러준다는 사실은 널리 알려져 있다. 그런데 막상 명상을 하려고 앉아 있으면 생각을 안드로메다로 날려 보내는 속도보다 생각이 증식하는 속도가 빠르다. 억압된 감정을 만나는 것이 훨씬 빠르게 고요한 마음 상태에 이르는 방법이다. 대면하면서 감정을 표현하면, 더는 억압할 감정이 없을 때 마음이 맑아지고 고요해진다.

깊은 대면이 이루어지면 시간과 공간도 사라진다. 그 역시 생각의 프로그램이기 때문이다. 그래서 깊은 대면을 한 사람에게 이렇게 묻기도 한다.

"집은 찾아갈 수 있겠어?"

명상이 마음의 고요함에 이르는 데 도움을 주는 에스컬레이터라면 대면은 엘리베이터라고 할 수 있다.

대면은 자신의 감정을 표현하는 것이다. 치유는 자신의 감정을 만나서 온몸으로 법석을 떨며 표현하는 사람에게서 빠르게 일어난다. 자신과 거리가 멀수록 치유의 속도는 느리다. 예를 들어 자신이 너무 불쌍한 사람은 그 불쌍함을 대면하는 것이 너무 고통스럽기 때문에 자신의 감정을 고양이나 개에게 투사한다.

"우리 고양이를 남의 집에 보내야 해요. 어떻게 해요. 너무 불쌍해요."

이 말은 고양이가 불쌍하다는 의미가 아니다. 자신이 버려져서 너무 불쌍한데, 버려지던 때의 감정을 대면하기가 고통스러워 고양이 이야기를 하는 것이다.

강연이나 코칭 중에 다른 사람이 대면하는 것을 보면서 내 감정의 대면이 일어나기도 한다. 나는 다른 장면에서는 눈물이 안 나오는데 어린 시절에 부모가 아이를 놔두고 가버린 경우를 보면 나도 모르는 사이에 눈물이 흐르곤 했다. 내 안에 버림받은 내면아이가 있기에 그 장면에서 건드려지는 것이다.

대면의 현장

〈상처받은 내면아이 치유〉 강연에서 대면은 푸름엄마가 진행한다. 강연에 참가한 사람들 중에서 손을 들어 자발적으로 하겠다는 의사를 표현한 사람을 대상으로 하며, 억지로 시키지는 않는다.

무대로 나오면 푸름엄마가 몇 가지 질문을 한다. 따지거나 찾아내는 질문이 아니라 대면하는 사람이 무의식에 억압한 감정을 언어로 구체화해 의식으로 올릴 수 있게 하는 질문이다. 즉, '핸들'을 주는 질문이다.

앞서 잠깐 언급했듯이 존댓말보다는 반말을 사용하여 질문하는데, 이는 상대를 존경하지 않아서가 아니다. 반말을 사용하면 생각을 해서 미리 거르는 방어 없이 무의식의 이미지를 바로 표현할 수 있기 때문이다. 대면자 역시 반말로 해도 괜찮다.

다음은 대면이 이루어지는 보편적인 사례를 대화로 표현한 것이다.

푸름엄마 어떤 문제를 해결하고 싶어?

대면자 첫째 아이가 미워요.

푸름엄마 어떤 경우에 첫째가 미워?

대면자 동생과 싸울 때 동생을 밀치고 때려요.

푸름엄마 그럴 때 어떤 말을 하고 싶어?

대면자 그만 싸워, 그만 싸우란 말이야! 시끄러워.

푸름엄마 큰 소리로 말해봐. 배려 깊은 사랑을 하지 않고 마음 내키는 대로 소리 지르면서 아이를 키우면 아이들이 잘 큰다고 할 때, 어떤 말을 하고 싶어?

대면자 그 정도 참았으면 됐지. 나는 수도 없이 맞고 자랐단 말이야. 동생이 잘못해도 내가 동생을 잘못 돌봤다고 대표로 맞았어. 그만해. 시끄러워.

큰 소리로 말하면 눈물이 터지면서 감정이 격해진다. 한동안 슬픔과 분노를 몸으로 겪으면서 토해낸다. 이윽고 감정이 잦아들면서 조용해질 때 다시 질문한다.

푸름엄마 거기 어디야?

대면자 어두운 방이에요.

푸름엄마 갇혀 있어?

대면자 창살이 있어요. 사방에 둘러쳐져 있어요.

푸름엄마 언제 거기에 들어갔어? 정확하지 않아도 돼. 그냥 떠오르는 대로 말해봐.

대면자 다섯 살이에요.

푸름엄마 왜 그곳에 들어갔어? 그곳을 뭐라고 부르고 싶어?

대면자 감옥, 감옥이요. 다섯 살에 동생이 태어났어요.

푸름엄마 지금 몇 살이야?

대면자 마흔두 살이요.

푸름엄마 37년 동안 감옥에 있었네. 감옥에서 애를 낳고 키웠어. 이제 감옥에서 나와.

대면자 문이 없어요.

푸름엄마 감옥에서 나오면 안 좋은 이유가 뭐야? 안 좋은 이유 딱 하나를 말해봐.

대면자 사람들이 동생 해코지하는 년이라고 손가락질할 것 같아요.

푸름엄마 엄마가 안 나오면 아이들이 들어가. 아이들은 엄마 화장실까지 따라 들어가지. 내적 불행은 5대까지 간다잖아. 어서 나와.

대면자 문이 없어요.

푸름엄마 뒤에 있나 봐봐. 위쪽도 보고.

대면자 뒤에 있어요.

푸름엄마 그럼 나와. 나왔어?

대면자 나왔어요. 아이들과 남편이 있어요.

푸름엄마 손가락질하는 사람 있어?

대면자 아니요, 아무도 없어요. 사람들은 자기 일 바빠서 아무 관심도 없어요.

푸름엄마 이제 거기 다시 들어갈래?

대면자 아니요, 감옥이 작아져서 사라졌어요.

푸름엄마 지금 있는 곳은 어디야?

대면자 풀밭이에요. 나비도 있고 나무도 있고 시원한 물도 있어요. 아이들이랑 남편과 함께 뛰놀고 있어요.

푸름엄마 해도 있어?

대면자 예, 해도 있어요. 따뜻해요.

푸름엄마 해님이 뭐라 그래? 감옥에 계속 있으라고 해?

대면자 아니요. 잘 나왔대요.

푸름엄마 이 기분을 뭐라고 표현하고 싶어? 표현하면 그 상황이 창조돼.

대면자 자유다.

푸름엄마 몸으로 한번 표현해봐.

대면자는 춤을 추며 자유의 기쁨을 몸으로 표현한다.

대면자는 동생이 태어났을 때 부모에게 자신도 있는 그대로 사랑해달라고 요청했다. 그런데 부모는 첫째가 의젓하지 못하다며 퇴행을 야단치고 매를 들었다. 그래서 대면자는 모든 잘못을 자신에게 돌리고 죄책감의 감옥에 갇힌 것이다.

대면자는 자신의 내면에 그런 감옥이 있는지 알지 못했다. 무의식에 있기에 죄책감의 감옥에서 아이를 키우고 있었다는 사실을 알 수 없었다. 그러다가 아이가 둘이 됐을 때 자신의 어린 시절이 재현되어 힘들었던 것이다. **이제 아이들이 싸우는 걸 지켜보는 것이 왜 힘들었는지 알기에 엄마로서 두 아이의 마음에 깊게 공감해줄 수 있다. 그러**

면 아이들은 엄마의 사랑을 놓고 다투지 않는다.

죄책감에서 나오면 자신 안에 있는 해님이 빛을 비춘다. 해님은 사랑이다. 위장된 분노인 죄책감이 사라지면 사랑이 나온다. 원래부터 있었던 사랑을 찾은 것이다.

풀밭은 자신의 내면에 있는 자원에 접속한 것이다. 풀밭일 수도 있고 잔잔한 해변일 수도 있으며, 제주도에서 낚시하는 것이 행복하다면 제주도가 나올 수도 있다. 드넓은 초원이 나오기도 한다. 초원에 그림 같은 집이 있고, 그 집에 들어가서 자신을 있는 그대로 사랑해주는 신을 만나기도 한다.

죄책감이 깊으면 지하 더 깊은 곳으로 간다. 지옥불이라고 부르는 펄펄 끓는 용암 위에서 간신히 버티고 있는 무의식의 상태를 보기도 한다. 죄책감, 자부심, 두려움, 분노는 인간 에고의 구성 요소다. 그리고 에고의 핵심은 에고 자신이 몸의 생존을 책임지고 있다는 믿음이다. 몸이 살고자 용암 위에서 버티는 것이다. 그냥 손을 놔버리면 용암으로 빨려들어 가 몸이 재가 되어 사라지는 생생한 이미지를 경험한다. 이것이 유일하게 경험하는 죽음이다. 손을 놓는 것은 대상에 대한 집착을 놓는 것이다. 부모는 자기 아이들만은 그런 지옥불로 데려오지 않기 위해 손을 놓는다. 아이들에 대한 사랑이 생생한 두려움을 대면할 용기를 준다.

모든 두려움의 근원은 몸이 죽는 것이다. 두려움을 끝까지 파고들어 가면 몸의 죽음에 이른다.

"돈을 많이 벌고 싶다."

"돈을 많이 못 벌면 어떻게 되는데?"

"그러면 가난해지지."

"가난해지면 어떻게 되는데?"

"먹을 음식도 못 사지."

"음식을 못 사면 어떻게 되는데?"

"그러면 굶지."

"굶으면 어떻게 돼?"

"그러면 죽어."

손을 놓아 용암에 빠져 몸이 재가 되면, 더는 두려워할 것이 없기에 마음은 깊은 평온 상태로 들어간다. 이런 경험을 한 사람은 누구나 자신이 어둠 속의 지옥으로 들어가는 선택을 했다고 말하지, 신이 지옥에 보낸 것은 아니라고 증언한다. 지옥으로 보내는 신은 없다. 지옥을 선택하는 것은 자신이 몰라서 한 실수를 죄라 믿고 스스로 자신에게 벌을 주는 것이다. 자신을 죄인이라고 믿는 사람은 타인도 죄를 지은 자이기에 자신을 벌주는 만큼 타인도 정죄하고 벌을 주어야 한다고 여긴다.

삶이 불안하고 아슬아슬한 사람이 있다. 이런 사람은 높은 절벽 끝이나 건물 꼭대기 위에 있는 이미지를 그리는 경우가 많다. 아래를 내려다보라고 하면 덜덜 떨면서 안 보려 한다. 부모가 안 뛰어내리면 자식을 그곳으로 데려오게 된다고 말하면, 내 자식만은 그런 아슬아슬한 삶을 살게 하고 싶지 않다고 말하면서 뛰어내린다. 절벽에서 뛰어내린다는 것은 이제까지 방어기제 뒤에 숨어 회피했던 두려움을 직접 몸으로 겪는 것이다.

사막에서 쉬지도 못하고 계속 달리는 이미지를 떠올린 사람도 있다. 모래는 푸석푸석하고 달리면 달릴수록 몸이 바닥으로 빨려들어간다. 이들은 부모님의 뒷받침 없이 혼자서 모든 것을 개척한 사람인 경우가 많다. 그대로 계속 달리다가는 얼마 버티지 못하고 쓰러지리라는 것을 알고 있다. 달리는 것을 멈추어야만 한다. 멈추는 순간 모래 속으로 빨려드는데, 죽을 것 같은 두려움과 숨을 쉬지 못할 것 같은 답답함을 느끼지만 그런 시간은 오래가지 않는다.

대면은 감정을 경험하는 것이다. 중국에는 어린 시절에 말을 안 들으면 밤에 돼지 굴에 넣어 두려움을 겪게 해 굴복시키는 풍습이 있었다. 어린 시절에 돼지 굴에 들어갔던 엄마들은 금방 알 수 있다. 얼굴에 두려움이 가득하고, 행동은 위축되고 경직되어 있다. 다른 사람의 눈을 바라보지 못하고 금방이라도 통곡이 터질 것 같은 슬픔이 온몸에 가득 차 있다.

대면의 시간에 그런 엄마들 쪽으로 다가가면 벌벌 떨면서 구석으로 도망간다. 다가가서 손을 댈 필요도 없다. 그냥 입으로 "꿀꿀 꿀꿀 꿀" 소리만 내도 심장이 멈출 것 같다고 말한다. 저리 가라고 비명을 지르며 몸을 사방으로 휘젓고 난리를 친다. '꿀꿀'이라는 소리가 무의식에 억압되어 있던 상처받은 내면아이의 감정을 만나게 한 것이

다. 온몸으로 그 감정을 겪으면서 통과하면 된다.

"꿀꿀 꿀꿀꿀"이라는 소리를 반복해서 들려주는 것은 아픔을 떠오르게 하는 잔인한 짓이 아니다. 억압된 두려움 때문에 어른이 되어서도 매사가 두려워 늘 회피했던 삶에서 나와 용기 있고 당당하게 오늘을 살라고 대면시키는 것이다. 대면할 감정이 더는 남아 있지 않으면 "꿀꿀 꿀꿀꿀" 소리를 내도 무서워하지 않고 그냥 웃는다.

분노를 풀어내는 방법

우리 부부는 결혼 후 10년 동안은 싸움을 해본 적이 한 번도 없다. 나는 소년 가장 역할을 하면서 푸름엄마를 돌보고, 푸름엄마는 돌봄을 받으면서 눈치 빠르게 애교를 떠는 분위기 메이커 역할을 하면서 서로 의존적으로 잘 맞았다. 그런데 결혼 10년이 넘어가면서 사소한 것에서 부딪히기 시작했다. 추석 때면 푸름엄마는 고구마 줄기를 볶아서 반찬으로 만들곤 했는데, 나는 고구마 줄기를 보면 자신도 모르게 한숨이 나왔다.

"저거 땡볕에서 따다 시장에 가져가 팔려면 엄청나게 힘들어."

어떤 의도를 가지고 한 말은 아니다. 그런데 그 말을 들은 푸름엄마는 기분이 안 좋은지 "그거 몇 번이나 했다고 그래?"라고 대꾸하곤 했다. 안 그래도 사업이 망해서 힘들어 죽겠는데, 즐거운 추석날

굳이 그렇게 한숨을 쉬어가며 말할 필요가 있느냐는 뜻이다. 자기 딴에는 가장 싼 고구마 줄기로 나물을 만들면서 버티고 있는데 말이다.

하지만 나는 그 말을 듣는 순간 마음이 싸늘해지면서 분노가 올라왔다. 왜 그렇게 분노가 올라오는지 그때는 몰랐다. 분노가 올라오면 어떻게 해서든지 푸름엄마를 꺾고 복수하고 싶은 마음이 들어 말투는 거칠지 않지만 경멸을 담은 말을 던지곤 했다.

"소크라테스 부인이 왜 악처라고 불리는지 알아? 너 같은 여자라 그래."

"톨스토이가 왜 집 나가서 죽었는지 알아? 너 같은 여자가 있어서 그래."

지금 생각하면 지질하기 그지없다. 그냥 내가 한 말에 공감해달라고 요청하면 될 것을 그 말을 못 해서 공격하는 것이다. 부부 사이에는 서로 해선 안 되는 말이 있다. 어느 선을 넘으면 폭발한다는 것을 부부는 잘 알고 있다.

어린 시절에 말할 대상이 없이 혼자 외롭게 자란 아내라면 남편이 말을 안 하면 미친다. 그런데 희한하게도, 어릴 때 외로움이 친숙했기 때문에 말이 없는 남편을 만난다.

남편이 늦게 들어오면 온종일 아이와 씨름한 아내는 남편에게 위로도 받고 싶고 알콩달콩 대화도 나누고 싶어 말을 걸지만, 남편은 무뚝뚝하게 대답하거나 침묵으로 일관한다.

참다 참다 아내는 폭발한다. 그래도 남편은 말이 없다. 한바탕 회오리가 지나가고 아내가 혼자 지쳐 훌쩍훌쩍 울면서 매일 같은 패턴의 부부 싸움이 막을 내린다.

남편은 친구들 만나 술 한잔하면서 말한다.

"나는 아무 말도 안 했어. 그냥 혼자 우는 거야."

어느 추석날, 먼저 성장한 푸름엄마의 말이 달라졌다.

"당신 어릴 때 엄마를 도와 고구마 줄기 따다 파느라 고생했구나. 그때 엄마와 함께 얼마나 고생했는지 알아달라는 그 말이지?"

그 말을 듣는데 눈물이 나오기 시작했다. **공감은 죽어가는 사람도 살린다. 매번 싸우다가 가슴을 울리는 공감의 말을 들으니 눈물이 주체할 수 없이 흐른다. 꺼이꺼이 통곡이 터진다.** 정말 짐승처럼 울었다.

땡볕에 고구마 줄기를 따는 것도 힘들었지만 그게 전부는 아니다. 아버지가 술을 드시면 어린 내가 자전거에 고구마 줄기를 싣고 시장에 가야 했다. 한번은 시장에 가다가 자전거가 넘어지는 바람에 고구마 줄기가 엉망진창이 되고 말았다. 결국 상품이 안 돼 온 가족이 굶어야 했다. 가족 누구도 말을 안 했지만, 내가 자전거를 제대로 못 타 가족이 굶는다는 죄책감 때문에 심장을 찌르는 듯이 아팠다. 그 죄책감이 무의식 깊은 곳에 남아 있었던 것이다. 어린 나이에 혼자 감당하기는 힘들었다. 그때 "네 잘못이 아니란다. 괜찮아"라는 말을 들었다면 그토록 오랜 시간 무의식에 짐을 지고 있지 않았을 것이다.

단 한 번의 사건 때문에 그렇게 통곡한 것은 아니다. 엄마가 자식을 사흘 동안 굶겼다고 할 정도로 지독한 가난을 겪었는데, 그로 인한 고통을 놓아버리는 상실의 과정을 통과한 것이다. 짐승처럼 오열하고 난 이후부터 지금까지 고구마 줄기 가지고 푸름엄마와 싸운 적은 없다.

욕을 하는 것도 분노를 풀어내는 데 효과적인 방법이다. 욕을 남을 공격하는 수단으로 사용하라는 것이 아니다. 욕을 잘 사용하면 무의식에 억압된 분노를 풀어내고 사랑으로 갈 수 있기에 구별해서 사용하면 된다.

나는 욕하는 사람을 싫어했다. 아버지가 술을 먹으면 엄마에게 쌍욕을 했기에 나는 아버지처럼 욕하지 않겠다는 결심을 했고 그 결심대로 나이 들어서는 욕을 해본 적이 한 번도 없다.

그런데 푸름엄마가 성장하면서 욕을 하기 시작했다. 처음에는 아주 작은 목소리로 "이 개새끼야"라고 했는데, 간혹가다 '개' 자가 들릴 듯 말 듯 들렸다. 나는 신경이 쓰여서 욕을 못 하도록 은근히 막았다.

"당신 공인이야. 욕 한번 잘못 했다가 어느 순간 훅 갈 수 있어."

푸름엄마는 욕을 찬송가 뒤에 섞는다.

"내게 강 같은 평화, 내게 강 같은 평화. 음음. 이 개새끼, 음음. 이 개새끼."

욕을 하면서 분노가 풀어지고 답답한 가슴이 시원해지는 경험을 하면, 아무리 멈추려고 해도 멈출 수가 없다. 뱀의 혀처럼 나오는 욕은 가위로 자르려 해도 잘리지 않는다.

어느 날 푸름엄마가 대전 강연을 마치고 집에 들어왔는데 그날은 푸름엄마 눈에서 나에 대한 사랑이 반짝거리는 것을 느낄 수 있었다. 부드러운 말투와 미소 띤 얼굴이 사랑을 뿜어냈다. 무슨 일이 있었나 싶었는데 나중에 이야기하기를, 자기가 대전에서 금촌 집까지 오는 동안 한 번도 안 쉬고 내 욕을 하면서 왔다는 것이다. 얼마나 좋던지 욕하면서 옌벤까지 가고 싶었다고 했다.

분노가 빠지면 사랑이 나온다는 말이 맞다. 그 후부터는 푸름엄마의 욕에서 독이 빠지고 훨씬 마음의 여유가 생기고 유연해졌다.

푸름엄마가 욕하는 것을 막은 것은 내가 어릴 적에 들은 욕이 내 안에 있었기 때문이다. 아빠가 엄마에게 욕을 하던 비참한 어린 시절의 기억이 떠오르기에, 푸름엄마가 욕을 하면서 분노가 빠져 점점 편안해지는 것을 보면서도 막은 것이다.

푸름엄마의 욕을 들으면서 참다 참다 어느 날은 도저히 참을 수가 없어서 둘이 차에 들어가 문을 잠그고 푸름엄마에게 욕을 했다. 내가 욕을 했을 때 푸름엄마가 하지 말라고 했다면 바로 멈추었을 것이다. 그리고 나도 아버지와 똑같이 욕을 했다고 자책하고 깊은 죄책감에 빠졌을 것이다. 당시 푸름엄마와 내 엄마를 무의식에서 분리하지 못했기에 푸름엄마에게 욕을 한 것은 엄마에게 한 것이다.

그런데 푸름엄마는 자기에게 욕을 하는데도 나보고 욕을 더 하라고 했다.

"당신 욕 안 하면 죽어. 욕하고 풀어내야 해. 더 욕해."

한번 욕을 하고 입이 터지니 방언 터지듯이 계속 나온다. 아버지가 6·25 전쟁에서 사람을 죽이면서 했던 욕을 엄마에게 퍼부었는데 그 쌍욕이 이미 내 몸에 다 와 있었다. 한 번도 욕을 해본 적이 없는데 쌍욕이 입에 착착 붙는다.

두 시간이 지나도 욕을 그칠 수가 없었다. 평생 할 욕을 그날 다 한 것 같다.

그날 이후로는 푸름엄마가 욕을 해도 귀에 거슬리지 않는다. '저 사람 분노 풀어내는구나' 하는 생각이 들고, '저 분노가 빠지면 평온할 거야' 하는 마음에 들어주기가 힘들지 않다.

욕이 분노를 풀어내는 데 특효가 있다는 것도 해보고 나서 알게 됐다. 나는 푸름엄마에게 잘할 때는 누구보다도 잘한다. 가고 싶다고 하면 어디든지 모시고 다니고, 집안일도 시키면 군말 없이 잘한다. 그런데 어쩌다 한 번 분노가 일어나면 걷잡을 수 없다. 정말 사람을 아파트 고층에서 집어 던지고 모든 것을 끝내버리고 싶다 할 정도의 분노가 일어나곤 했다. 하지만 쌍욕을 두 시간이나 하고 난 후에는 배 속에서부터 치밀어 오르는 그런 분노가 사라졌다.

내 분노가 사라지니 이번에는 푸름엄마가 내가 받아줄 수 있는 범위 안에서 분노한다. 식탁을 사이에 두고 마주 앉아 대화를 하는 중이었다. 푸름엄마가 벌떡 일어나 수저를 밥상에 집어 던지고 두 손으로 허리를 빳빳하게 움켜잡더니, 분노로 이글거리는 눈빛으로 쳐다

보면서 한마디 한다.

"이 개새끼!"

"아유, 뭘 그런 걸 가지고 그러세요."

내 입에서 저런 말이 아무런 분노 없이 자연스럽게 나온다.

그러자 푸름엄마가 바로 깨닫더니 미안하다고 진심으로 사과한다. 어릴 때 밥상에서 아버지한테 잔소리를 들을 때 그렇게 한 번 수저를 집어 던지고 싶었다고, 당신을 아버지로 투사했다고.

네 잘못이 아니야

누가 당신에게 '개새끼'라고 욕을 하면 분노가 올라오는가?

분노가 올라온다면 뒤를 돌아봐라. 꼬리가 있으면 개새끼가 맞는 것이다. 개새끼를 개새끼라고 부르는데 분노할 이유가 뭐가 있겠는가. 뒤를 돌아봤는데 꼬리가 없으면 당신은 개새끼가 아니라 사람이다. 그런데도 분노가 올라오면 당신은 자신을 개새끼라고 믿고 있는 것이다. 꼬리가 없으면 그냥 신경 쓰지 말고 가라.

마찬가지로, **내 아이가 나를 분노하게 할 수는 없다. 아이의 말과 행동이 이미 내 안에 있는 것을 거울처럼 비추어주기에 분노를 선택하는 것이다.** 그러므로 아이에게 해주어야 하는 말은 "네 잘못이 아니야"다. 이 말을 듣지 못하면 아이들은 모든 것을 자기 책임으로 돌리고 죄인이 된다.

의존 관계에서 벗어나 서로 독립적인 관계로 '부부유별'이 되는 과정에서 푸름엄마와 많이 싸운 것도 이 말 때문이었다.

"잘못했다고 말해봐."

기분 좋게 서로 대화를 나누다가 푸름엄마는 뜬금없이 저 말을 한다.

"잘못했다고 말해봐."

기분이 확 나빠진다. 나는 소년 가장이고 영웅의 역할을 하면서 살아온 사람이다. 더욱이 엄마에게 버림받은 아기 때 이미 내가 뭔가 잘못해서 엄마가 버렸다는 무의식이 있다. 그런 나에게 스스로 잘못한 것을 고백하는 것이 아니라 '잘못했다고 말해봐'라니, 이것은 무릎을 꿇고 빌라는 말로밖에는 들리지 않는다.

"내가 잘못한 게 뭔데? 당신은 왜 남편을 이기려 해? 남편이 무릎 꿇어서 당신한테 좋은 게 뭐가 있어?"

이것이 부부 싸움의 주요 레퍼토리였다. 싸우다 지치면 나는 이렇게 말한다.

"그래, 내가 잘못했다."

"내가 잘못했네, 잘못했구나."

그래도 아니란다. 어떤 말을 어떻게 해주어야 풀릴지 알 수가 없다. 나중에는 기분 좋게 대화를 나누는 것조차 겁이 났다. 저러다 어떻게 변덕스럽게 변할지 모르니까….

그러던 어느 날, 프로이트의 책을 읽다가 푸름엄마가 나한테 왜 그렇게 '잘못했다고 말해봐'라고 요청했는지를 이해하게 됐다. 어린 프로이트는 동생이 죽기를 바랐는데 막상 동생이 죽자 자기 때문에 죽었다고 생각했고, 이 죄책감이 프로이트의 대인관계에 깊은 영향을 미쳤다고 한다. 이 글을 읽으면서 푸름엄마도 같은 경험이 있다는 생각이 번쩍 들었다.

푸름엄마는 1남 4녀 중에 셋째다. 태어날 때 '네가 아들이었으면 좋았을 텐데'라는 말을 들었다. 존재가 부정당한 경험이 있는 것이다. 그리고 다섯 살 때 남동생이 태어났는데 몇 달 만에 죽었다. 그 나이는 모든 것을 자기 책임으로 돌리면서 죄책감이 발달하는 시기다.

어린 푸름엄마는 엄마에게 가서 동생이 왜 죽었느냐고 물었다. 아들 귀한 집에서 아들을 잃은 엄마는 "네가 소리 질러 경기해서 죽었다"라고 말했다. 사실 이 말은 엄마가 너무 슬프니 조용히 있어 달라는 요청이지만 푸름엄마의 삶에 중대한 영향을 미쳤다. 그 말을 듣는 순간 푸름엄마는 동생을 죽인 살인자가 된 것이다.

그 순간, 어린 푸름엄마는 이런 말을 하고 싶었을 것이다.

"엄마, 사람이 어떻게 소리를 지른다고 죽어? 엄마가 잘못 말한 거지? 엄마가 잘못했다고 말해봐."

푸름엄마는 나를 자신의 엄마로 투사했다. 그래서 기분이 좋으면 그 에너지를 가지고 내면으로 내려가 이 문제를 해결하기 위해 그토록 '잘못했다고 말해봐'라고 요청한 것이다.

모든 것이 한 번에 이해됐다. 책을 읽다 말고 푸름엄마에게 다가가 "당신 무슨 말이 듣고 싶어?" 하고 물었다. 푸름엄마는 1초의 망설임도 없이 "잘못했다고 말해봐"라고 한다.

이 말은 나를 비난하는 말도, 나를 무릎 꿇리고 이기려는 말도 아니다. 사랑하는 아내를 위해 내가 해주지 못할 말도 아니다.

"그래, 내가 잘못했어."

내 말에 푸름엄마가 다시 말해달라고 요청한다.

"사랑하는 예쁜 내 딸아, 이 세상에 잘 왔다. 네 잘못이 아니야."

어린 푸름엄마의 아픔에 접속하면서 그 말을 해주었다.

"사랑하는 예쁜 내 딸아, 이 세상에 잘 왔다. 네 잘못이 아니야."

푸름엄마가 울기 시작한다.

"머리로는 하나도 안 슬픈데 몸이 울어…. 여보, 고마워요."

우리는 IMF 경제위기 시기에 두 개의 사업을 동시에 접고 빚에 허덕였다. 나와 푸름엄마는 강연을 하면서 조금씩 빚을 갚고 회복 중이었다. 아침저녁으로 하루에 두 번씩 강연을 하던 푸름엄마가 강연 도중에 쓰러진 후 공황장애에 걸려 신경안정제를 5년 동안 먹었다. 그때는 봄이 와도 봄이 온 것을 모르고 삶에 아무런 기쁨이 없었다. 누군가 사회적으로 이름 있는 사람이 자살을 하면 푸름엄마는 이렇게 말하곤 했다.

"저 사람 그냥 죽는 거 아니야. 더는 견딜 수 없어 죽는 거야."

이런 말을 들을 때 나는 섬찟했다. 언젠가는 끝이 나겠구나. 그래서 뿌리가 뽑힐 때까지 반복해서 말해주었다.

"사랑하는 예쁜 내 딸아, 이 세상에 잘 왔다. 네 잘못이 아니야."

이 말을 들으면서 푸름엄마는 침대에 누워 울기 시작하는데 눈물만 떨어지지 소리 내어 울지를 못한다. 나흘 낮 나흘 밤을 눈물만 흘린다.

이 울음이 끝나면 푸름엄마가 살 것 같은 느낌은 들지만 소리 없이 눈물 흘리는 푸름엄마의 손을 잡고 있는 나는 무서워 미치겠다. 소리라도 지르고 울면 괜찮을 것 같은데, 소리 없이 흐르는 눈물을 보니 낯설어 도망가고 싶고 외면하고 싶어 혀를 물었다. 어떻게 해서든 버텨야 산다.

푸름엄마는 나흘 밤낮을 울더니 눈물을 그쳤다. 그날 이후부터 신경안정제를 끊고 지금까지 약을 먹지 않는다. 죄의식에서 나온 그날 푸름엄마는 치유의 능력이 생겼다. 자신이 어둠 속에 오랫동안 있다가 나왔기에 다른 사람을 어둠 속에서 빛으로 끌어내는 탁월한 능력을 발휘한다.

사람들은 푸름엄마를 '대면의 천재'라고 부른다. 우리 부부가 진행하는 〈상처받은 내면아이 치유〉 강연에서 푸름엄마가 누구든 대면을 시키는 모습을 보면 그 말이 저절로 나온다.

오전에는 내가 강연을 하고 오후에는 푸름엄마가 대면을 하는데, 어느 날 푸름엄마가 오지를 않는다. 전화를 받지도 않고 연락이 안 돼 마음이 급한데 시간에 딱 맞춰 푸름엄마가 환한 얼굴로 강연장에 들어온다. 그날의 대면은 그냥 모든 것이 저절로 이루어지듯 모든 사람이 빵빵 터지면서 진행됐다.

강연이 다 끝나고 집에 가서 오전에 무슨 일이 있었는지 푸름엄마에게 물어보았다. 강연장에 가려고 샤워를 하는데 자신이 썩은 동아줄을 붙잡고 하늘 높은 곳에 매달려 있는 이미지를 보았다고 한다. 이 손을 놓으면 떨어져 죽을 것 같고 더 붙잡고 있으면 힘들어 죽을 것 같아 갈등하는데 내가 강연에서 한 말이 떠올랐다고 한다.

"치유는 관점이 변하는 것입니다."

그 말이 떠올라 손을 놓아버리니 수수밭에 떨어지는 것이 아니라 천국에 떨어져 마음 깊은 곳에서 기쁨과 사랑이 넘쳐나 춤추고, 두 손을 높이 들고 신에게 감사하고 영광 돌리느라고 늦었다고 한다. 강연장에 가지 않으면 계속해서 샤워를 하면서 춤추고 영광 돌리느라 멈추기 힘들었을 거라고 한다. 손을 놓는 순간 엄마가 떨어져 나가고 엄마 뒤에 있는 나도 함께 떨어져 나갔는데, 그때 "너는 치유할 수 있고 세계로 나갈 것이다"라는 명확한 마음의 소리를 들었다고 한다.

부처님 말씀 그대로 집착을 놓아버리고, 통제를 놓아버리면 모든 것이 저절로 이루어지면서 열반이 온다. 대면은 감정을 몸으로 겪어 흘러가도록 허용하는 것이고 펼쳐질 것이 펼쳐지도록 놔두는 것이다.

방어기제

대면은 방어기제가 무너지고 감정을 만나는 과정이다. 방어기제는 내가 아닌 다른 것이 되는 '척'을 하게 되고 진정한 자아를 대신한다.

'방어기제'라는 말은 프로이트가 처음 사용했지만 프로이트의 딸인 안나 프로이트에 의해 '부정', '투사', '억압' 같은 다양한 방어기제가 알려졌다. 그 외의 방어기제는 존 브래드 쇼의 《수치심의 치유》 같은 책을 보면 상세하게 알 수 있다.

방어기제는 자아가 위협받는 상황에서 감정적 상처로부터 자아를 보호하기 위해 무의식적으로 자신을 속이거나 상황을 다르게 해석하는 심리 의식 또는 행위를 말한다. 한마디로 방어기제는 내가 내가 아닌 다른 것이 되는 거짓, 즉 '척'이다.

방어기제는 자신의 진정한 자아를 대신한다. 예를 들어 일부러 그러는 것은 아니지만 부모가 자신의 부모로부터 받은 그대로 아이를 야단치고 매를 들었다고 하자. 그러면 아이들은 감정적 상처를 받았지만 이 상처를 어떻게 치유할 수 있는지는 모른다.

아이들이 받는 감정적 상처는 가시에 찔린 것처럼 아프다. 어른들은 가시에 찔리면 조금 따끔하게 아프더라도 가시를 빼내야 곪지 않는다는 것을 알지만, 아이에게는 그런 맥락이 없다. **가시에 찔리면 아이는 그 자리에 붕대를 감는다. 그러면 안 아프다고 느껴진다. 이 붕대가 방어기제다.** 가시에 찔릴 때마다 붕대를 감는다. 모든 것을 잘 방어했지만 결국에는 감정을 느끼기 어려운 미라가 되고 만다.

방어기제는 어린 시절에 살아남기에는 유용하다. 어른이 되면 불편한 것이기에 빨리 버려야 한다. 하지만 자신이 가지고 있다는 걸 모른다는 게 문제다. 방어기제를 가지고 있으면 두렵고 불편한데도 그것 외에 다른 것을 모르기에 그것이 삶인 줄 알고 산다. 예를 들어 부모가 싸울 때 귀를 막고 도망가서 살아남았다고 하자. 그래서 어른이 됐다면 갈등 상황에 들어가면 바로 귀를 막고 듣지 않는다. 갈등이 심해지면 아이 때 살아남았던 그 방식 그대로 상황에서 도망가 버린다. 가정을 설계한 두 기둥인 부모가 도망가면 아이들은 어떻게 하란 말인가.

예수님 말씀 중 "심령이 가난한 자는 복이 있나니 천국이 그들의 것임이요"가 있다. 방어기제라는 갑옷을 벗어 던져 가벼워지면 마음이 천국처럼 평온해진다는 의미다. 방어기제에는 여러 층이 있는데, 무의식의 깊은 곳에 있을수록 잘 드러나지 않고 영향력이 크다.

제1 방어층: 부정, 억압, 투사

제일 안쪽에 있는 제1 방어층은 부정, 억압, 투사 같은 심리학에서 많이 알려진 방어기제다. 이런 방어기제를 이론적인 용어로 배우더라도 일상에서 어떤 영향을 미치는지, 나아가 자신이 방어기제를 사용하는지 어떤지는 잘 모른다.

부정은 말 그대로 그런 일이 일어났지만 안 일어났다고 믿는 것이다. 꿩이 매에게 쫓길 때 대가리만 볏짚 속에 푹 박고는 아무 일도 안 일어난다고 믿는 것과 같다.

알코올 중독자는 자신이 알코올에 중독됐다는 것을 부정한다. 자신은 언제든지 술을 끊을 수 있다고 말한다. 그리고 하루 정도 술을 마시지 않는다.

"자, 봐라. 나도 의지를 발휘하면 이렇게 안 마실 수 있어."

그러고는 오늘은 울적해서 마시고, 오늘은 기분이 나빠서 마신다며 온갖 핑계를 대고 364일을 마신다. 자신이 알코올 중독자라는 걸 인정해야 비로소 치유가 가능하다.

가장 광범위하게 일어나는 부정은 부모가 아이를 사랑해서 때리고 야단친다는 것이다. 부모가 사랑으로 키우는 방법을 몰라 아이에게 상처를 주었는데, 아이는 자신을 낳아준 부모가 상처를 줄 리는 없다고 부정한다. 따라서 부모는 아이를 사랑하기 때문에 아이 잘되라고 때린 것이고 자신은 무엇을 잘못했는지 기억하지는 못하지만 아무튼 뭔가 잘못해서 맞은 거라고 받아들이고, 스스로 죄인이 되어 자신을 벌주게 된다.

억압은 부모가 인정하지 않아 자신도 인정할 수 없는 감정을 무의식에 밀어 넣는 것이다. 무의식에 넣었기에 자신에게 그런 감정이 있는지도 모른다. 예를 들어 아이에게 화를 내면 안 된다고 말하고 화를 내면 버리겠다고 위협하면, 아이는 화를 냄으로써 경계를 정하지 못하고 화를 무의식에 쌓아두면 분노가 된다. 분노는 여러 가지 얼굴을 가지고 있는데, 위장된 분노는 '죄책감'이 된다.

분노가 억압에 의해 눌리면, 지하실에 갇혀 밖으로 나가려고 으르렁거리는 개처럼 나갈 기회만을 엿보게 된다. 머릿속으로는 '화를 내면 안 되는 거야. 화 안 내고 좋은 엄마가 되어야지'라고 수없이 다짐하지만, 누르면 누를수록 올라오려는 힘도 강해진다. 물속에 공을 담그고 힘껏 누르면 부력에 의해 튀어 오르는 힘이 강해지는 것과 마찬가지다. 그러다가 어느 작은 것이 계기가 되어 가장 안전하고 보복당할 염려도 없는 아이나 배우자에게 분노를 폭발시키게 된다.

화를 억압하면 화만 억압되는 것이 아니다. 기쁨도 함께 억압되어 기쁨을 느끼지 못하게 된다. 그러면 우울해진다. 나중에는 어떤 감정이든 느끼는 것이 수치스럽다고 여겨진다. 감정이 억압되어 있다는 건 얼굴을 보면 바로 알 수 있다. 억압하는 데 많은 에너지를 쓰기에 얼굴이 찌들어 보이고 표정이 없다.

투사는 내 안에서 억압되어 분리된 것을 남에게 던지는 것이다.

예를 들어 내 안에 분노가 억압되어 있어 더는 견디기 어려우면, 자신의 분노를 던질 대상을 외부에서 찾게 된다. 정의를 주장하는 사람들 중에는 자신이 볼 때 정의롭지 않다고 생각되는 사람을 비난하고 평가하면서 자신의 억압된 분노를 다른 사람에게 던지는 경우가 있다. 깊이 들어가면, 자신의 부모에게 분노하고 싶었지만 그렇게 할 수 없어 대상을 바꾼 것이다.

사회에서 정의라는 이름으로 분노하고 공격하면 책임지지 않아도 되고 숭고하다는 느낌도 들 것이다. 하지만 분노는 분노일 뿐 정의로운 분노는 없다. 정의는 누구도 손해 보는 것이 없는 공평함을 말한다. 공평함 없이 포장된 정의는 결국에는 망신을 당한다. 정의로 포장된 분노 아래에는 수치심이 감추어져 있고 포장이 벗겨지면 수치심이 바로 드러나기 때문이다.

제2 방어층: 역할

방어기제의 두 번째 층은 역할 방어다. 역기능 가정에서는 가정을 설계한 부모의 역할이 충분하지 않고 경직되어 있기에 자동으로 자녀들이 부모의 역할을 대신 맡는다. 태어난 순서에 따라 또는 처한 환경에 따라 역기능의 공백을 메우기 위해 형제자매가 서로 다른 역할을 맡게 된다.

부부가 서로 실망하고 갈등하는 관계라면 아이들 중에 대리 배우자 역할을 하는 아이가 있다. 어떤 아이는 애교를 부리며 긴장을 완화해주는 마스코트의 역할을, 어떤 아이는 부모의 감정을 돌보고 부모의 수치심과 죄책감을 받아내는 감정의 쓰레기통 역할을 한다. 있는 듯 없는 듯 착하게 조용히 지내면서 잊힌 아이 역할을 하기도 하고, 늘 문제를 일으켜 집안의 말썽꾸러기나 돈 잡아먹는 하마 역할을 하기도 한다.

말썽꾸러기는 집안의 골칫덩어리지만 그 역할을 맡은 사람 덕에 가정이 유지되는 것이다. 부부간의 긴장이 높아지고 가정이 해체될 위기가 오면 아이 중 하나가 말썽을 부린다. 그러면 부모는 아이의 긴급한 문제에 공동으로 대처하기 위해 일시적으로 휴전을 하고, 그러다 보면 위기가 넘어간다. 부모의 내면에 긴장이 남아 있으면 아이는 자신도 모르는 사이에 같은 행동을 반복하게 된다.

우리 집에서 내 역할은 두 가지였다. 집안의 수치심을 줄이고 집안을 대표해서 남들에게 괜찮은 집이라는 것을 보여주는 영웅의 역할과 어릴 때부터 생계의 일부분을 감당해야 하는 소년 가장의 역할이었다.

나는 어릴 때부터 집안의 영웅이었다. 아버지는 술을 먹으면 정신을 놓고 논두렁에 처박혀 있곤 했다. 젊은 시절 아버지는 거의 매일 술을 마셨다. 동네 사람들이 '너희 아버지 저기 어디에 처박혀 있다'라고 알려주면 손수레를 끌고 아버지를 찾으러 가곤 했는데, 그 일이 그렇게 창피했다. 아주 어릴 때부터 나는 술집에 찾아가 술에 취해 시비 걸고 주정하는 아버지를 집으로 모시고 오곤 했다.

지독하게 가난한 집에 그런 아버지니 조그만 시골 동네에서 손가락질받고 무시당하는 수치스러운 집안일 수밖에 없었다. 그런 집의 장남이 할 수 있는 것이 무엇이겠는가. 나는 너무 일찍 철이 들었다. 공부를 하지 않으면 이 가난과 어려운 처지에서 벗어날 수 없다는 것을 알게 됐다. 그래서 피를 토하면서 공부했다.

어느덧 시간이 흘러 길을 가는데, 내가 서울대에 들어갔다는 소식을 들은 동네 아저씨가 나를 불러세우고 물었다.

"네가 서울대 합격했다면서…? 정말 서울대 들어간 것 맞냐?"

어릴 때부터 영웅의 역할을 맡았기에 그것이 내 모습이라고만 생각했다. 그러니 달려야 했다. 끊임없이 에너지를 만들어내면서 달려야만 했다. 쉬면 불안하기에 뭐라도 해야 했다. 시작하면 무엇이든 잘 해냈지만 마음이 평온하기는 어려웠다.

아버지는 6·25전쟁에서 부상을 당했기에 경제력이 없었다. 그래서 내가 엄마를 도와 먹고사는 문제를 해결해야 했다. 신문을 배달하고, 다른 학교 운동회날은 하드를 지고 가 팔았다. 물고기, 뱀, 우렁이를 잡아 시장에 내다 팔아 학교 소풍을 가고, 군 사격장에서 총알을 주워다 팔아 국수와 밀가루를 사 와서 가족이 끼니를 이었다. 7~8월의 땡볕에 고구마 줄기를 따다 시장에 가지고 가 팔면서 어린 시절을 보냈다.

내가 어린 시절부터 소년 가장 역할을 해왔다는 사실을 의식하지 못했을 때는 부모가 모든 것을 도와주는데도 꼼짝도 안 하고 "난 못 해'라고 말하는 사람들을 이해하기 어려웠다.

역할이 나는 아니다. 역할이 방어기제라는 것을 알고 영웅과 소년 가장의 역할을 내려놓는 것은 '나'라고 믿었던 것이 무너지는 상실의 과정이다. 그 과정에서 얼마나 울고 분노했는지 모른다. 이제는 마음이 평온해졌고, 영웅과 소년 가장의 역할을 자동으로 하지도 않는다.

제3 방어층: 성격

방어기제의 제일 바깥층은 성격 방어다. 성격은 유전의 영향을 많이 받는다고 알려져 있지만, 아들러 심리학에서는 '생활 양식'이라 부를 정도로 후천적인 환경에 의해 만들어진다.

나는 성격이 몹시 급한 사람이었다. 술만 마시면 게으르게 잠을 자니 모든 것이 어그러지고 이루는 것이 없는 아버지의 삶을 보면서 나는 저렇게는 안 살겠다는 결심을 한 결과다. 회의를 하는데 다른 사람이 조금이라도 늦게 따라오면 화가 났고, 먼저 뛰어나가 행동했다.

밥도 무척 빨리 먹는다. 집안에 각자 따로 먹을 그릇이 없었기에 한 냄비에 음식을 담아놓고 가족이 함께 먹었는데 조금이라도 늦으면 먹을 것이 없었다. 그때 빨리 먹는 습관이 든 것이다.

이 모든 것이 살아남기 위해 어린 시절에 습관 들여진 방어기제다. 그것이 어린 시절에는 살아남는 데 도움이 됐으나 어른이 된 후에는 여유롭고 평온하게 사는 삶을 방해하는 한계가 됐다.

사람마다 발달시킨 성격 방어는 다 다르다. 어떤 사람은 분노가 가득 차 매사에 투덜거리고 불만스러워한다. 투덜거리는 성격은 무의식 안에 상처받은 내면아이가 있어 다른 사람과 가까워지면 또다시 상처받을까 봐 다가오지 못하도록 분노로 미리 방어하는 것이다. 그런데 무의식 깊이 들어가 보면, 외롭기에 누군가와 함께하고 싶다는 해결되지 않은 강한 욕구가 있다.

늘 울상인 얼굴에 앵앵거리며 의존적인 성격도 있다. 이런 사람의 무의식에는 슬픔이 가득 차 있지만 그 슬픔을 표현하지 못한 상처받은 내면아이가 있을 수 있다. 어릴 때 아이가 스스로 할 수 있는데도 부모가 기다리지 않고 도와주면서 자신은 좋은 부모라는 이미지를 가질 때, 아이는 자신의 욕구와 감정을 억압하고 지질하고 의존적인 못난이를 선택한다. 그때의 수치심을 느끼지 않으려고 방어하는 것이다.

매사에 이것저것 참견하면서 남을 도우려 드는 오지랖 떠는 성격 뒤에는 부모와 연결 없이 혼자 있었던 외로움이 있다. 이런 사람은 남의 집에 가면 누가 설거지를 도와달라고 요청도 하지 않았는데 자기 손에 빨간 고무장갑이 끼워져 있는 것을 보게 된다.

남을 돕지 말라는 말이 아니다. 남을 도와주고 그것을 통해 내 안에 있는 사랑을 찾고 기쁨으로 끝나면 사랑을 표현한 것이다. 그러나 이런 사람들은 자기가 이렇게까지 돕는데 상대가 알아주지 않으면 분노한다. 집에 사람들을 초대했는데 설거지해주는 사람이 없으면, 나중에 다른 데 가서 아무도 설거지를 해주지 않더라고 불평한다. 도와달라는 요청도 하지 않았으면서 말이다. 자신의 외로운 감정을 대면하지 않으려고 분주하게 남을 도우면서 방어기제 안에 숨어 있는 것이다.

방어기제가 있다는 것을 알았다면 대면하고 놓아버려야 한다. 그런데 말처럼 쉽지는 않다. 어릴 때부터 친숙했던 것이기에 놓아버릴 때는 깊은 상실감이 따라온다. 방어기제를 놓으면 지금까지 경험해본 적이 없는 새로운 세상으로 가야 한다. 방어기제를 붙잡고 있으면 나는 늘 의로운 희생자이며 내가 늘 옳다는 단맛이 있다.

방어기제를 유지하면서 자신을 제한하고 늘 두려움에 떨며 고통을 느끼는 것이 싫을 것 같지만, 그 안에는 작은 쾌감이 있다. 고통을 느끼더라도 다른 사람보다 더 큰 고통을 느끼는 데서 오는, '그래도 내가 많이 가졌다. 내가 이겼다'라는 뒤집힌 쾌감이 있는 것이다.

스캇 펙은《아직도 가야 할 길》에서 사람들은 오히려 무한한 자유 속에서 선택하고 책임지는 것을 더 어려워한다고 말한다. 방어기제가 있으면 자신의 삶을 책임지지 않는다. 내가 아닌 거짓인 '척'이 어떻게 자신의 삶을 살 수 있겠는가. 내가 없는데 누구와 자신을 나누면서 무언가를 새롭게 창조할 수 있겠는가.

방어기제를 놓아버리면 생생한 현재의 삶이 창조된다. 그래서 삶이 활기 넘치고 늘 기쁘며, 지금 여기서 모두와 함께 살아 있음에 감사하게 된다.

상실을 애도하라

상처받은 내면아이는 채워지지 않은 욕구와 충족되지 않은 감정이 그대로 무의식에 남아 있는 것을 말한다. 치유와 성장은 지금까지 해본 적이 없는, 내려놓는 방식으로 가야 이룰 수 있다.

마땅히 받아야 할 사랑이었지만 부모가 알지 못해 줄 수 없었다. 받지 못한 것은 상실이며, 결핍이 무의식에 있다. 이럴 때 아이는 내가 못나서 부모가 주지 않았다고 믿는다. 부모가 애초에 알 수 없어 줄 수 없었다는 사실을 아이는 모른다. 아이는 자신이 더 잘하면 엄마가 줄 거라고 믿고 엄마를 기다린다.

어릴 때의 충족되지 못한 욕구와 공감받지 못한 감정은 결핍을 채우고자 하는 갈망으로 남는다. 갈망은 대상에 대한 강한 집착이다. 외부의 대상을 자신이 획득해야 자신이 행복할 것 같다. 대상을 소유하게 되면 잠시 만족이 있지만, 곧 시들해지고 또 다른 대상으로 갈망이 옮겨간다. 이는 소금물을 마시는 것처럼 끝없는 갈증을 일으킨다. 어른이 되었을 때 엄마가 의식이 성장하여 어릴 때 못 준 사랑을 준다 해도, 그 사랑은 아이의 이상화된 갈망의 기준을 채울 수 없다.

어린 시절 우리는 블록을 잘 쌓으면 칭찬을 받았지만 블록을 확 흩트려놓으면 야단을 맞았다. 노력해서 뭔가 이루거나 잡거나 획득하는 것은 인정받았지만, 노력하지 않거나 손에 있는 것을 그냥 놔버려 평온으로 가는 방법은 배우지 못했다. 노력은 긴장을 불러온다. 긴장하면 평온하지 않다. '긴장하지 않기 위해 노력하자'라는 건 말이 안 된다. 노력 자체가 긴장을 불러오기 때문이다.

치유와 성장은 잡는 방식이 아니라 지금까지 해본 적이 없는 '놓는' 방식으로 가야 이룰 수 있다. 외부에서 갈망을 채우는 것이 아니라, 자신의 내면에서 채우지 못했다고 믿는 욕구와 감정을 대면하고 놓아버려야 한다. 상실을 애도하는 것은 치유하는 과정이다. 외부에서 절대 받을 수 없는 것을 받으려고 아등바등하는 것이 아니라, 이제는 받을 수 없다는 것을 인정하고 그에 따르는 상실의 감정을 몸으로 겪고 놓아버리는 것이다.

상실을 애도하는 것은 회피하는 것이 아니다. 회피는 욕구와 감정을 외면하는 것이기에 상실이 무의식에 그대로 남아 있게 된다. 회피는 끝없이 잡고 있는 것이다. 슬픔이 무의식에 가득한데 인도로 수행하러 간다고 하면, 인도라고 해서 마음속에 있는 슬픔이 안 따라가겠는가.

엄마의 특별한 사랑을 기다리는 상처받은 내면아이는 엄마가 꼼

짝 말고 있으라 했던 그 어두운 자리에 수십 년 동안 그대로 있다. 자신이 움직이면 엄마가 못 찾을까 봐 그대로 있는 것이다. 의식에서는 자신이 그 자리에 있다는 것을 전혀 알지 못한다. 그 자리는 동굴일 수도 있고, 방일 수도 있으며, 감옥이거나 지하의 시뻘건 용암 위거나 사막일 수도 있다. 엄마에게 버림받은 길거리이거나 엄마를 기다리는 골목의 어느 장소일 수도 있다.

무의식의 어두운 그 방은 친숙하기는 하지만 아무도 없어 외롭고, 빛이 없기에 황량하고 춥다. 무의식의 어두운 곳에서 의식의 밝은 빛으로 나오는 것이 대면이다. 엄마의 특별한 사랑을 받을 수 없다는 것을 인정하고, 무엇을 어떻게 해도 엄마는 오지 않는다는 것을 받아들이고, 그에 따라오는 여러 감정을 몸으로 겪고 놓아버리는 것이다.

엄마의 특별한 사랑을 기다릴 때는 남편이나 아내, 자식이 주는 사랑이 눈에 보이지 않는다. 특별함에는 늘 비교가 있고 순위가 있다. 무언가와 비교할 때만 특별함이라는 말을 쓸 수 있다. 남편이 사랑을 주어도 우리 엄마가 먼저 사랑을 주어야 하는데 남편이 먼저 준다고 밀어내고, 남편이 주는 사랑이 우리 엄마가 주는 사랑과 다르다고 밀어내게 된다. 자식이 주는 사랑도 마찬가지다.

특별한 사랑을 받을 수 없다는 것을 받아들이고, 이제 엄마가 올 수 없다는 것을 인정하면 억울함이 마음 깊은 곳으로부터 올라온다.

'억울하다, 억울해.'

그토록 오랜 시간을 모든 것을 희생하면서 기다렸는데, 엄마가 오지 않는다고 하니 얼마나 억울한가. 억울함은 분노다. 억울함을 느끼기 시작하면 상실의 애도가 이미 시작된 것이다.

엘리자베스 퀴블러 로스와 그의 제자 데이비드 케슬러가 공저한 《인생 수업》에는 상실을 애도하는 과정이 상세히 설명되어 있다.

애도의 첫 번째 단계: 부정

첫 번째 단계는 부정이다. 많은 상처를 받았지만 내게는 상처가 없다는 환상을 만들어 거짓을 믿는 것이다. 자신이 받은 상처는 별것 아니며 누구나 그 정도의 상처는 있는 것 아니냐고 가볍게 생각한다. 내 상처는 다른 사람에 비해 아무것도 아니라고 비교한다. 하지만 상처는 누구에게나 고유한 것이지 비교한다고 가벼워지는 것은 아니다. 어린 시절에 깊은 상실이 일어났지만 일어나지 않았다고 부정하는 것이다.

부모가 자식을 질투한다고 해보자. 아이는 자신을 낳아준 부모가 어떻게 자식을 질투할 수 있느냐고 부정한다. 내가 13개월이 됐을 때 아버지가 외도를 했다. 분노한 엄마는 아버지의 버릇을 고치겠다고 친정집으로 가버렸다. 반년 만에 돌아오긴 했지만, 엄마는 분명히 아이를 버린 것이다. 그러나 나는 버림받음을 부정하고 엄마가 우리를 버리지 않고 온갖 고생을 하며 살았다고 믿었다. 그러면서도 또다시 버림받지 않기 위해 소년 가장이 되어 가족을 돌보고, 내가 가지는 것이 어색하여 무엇이든 남에게 주는 사람이 되었다. 나누지 말라는 것이 아니다. 자신이 사랑이라는 것을 알면 나눌 때 바라는 것이 없다. 그러나 버림받지 않으려는 두려움에서 나눈다면, 주었으면 받아야 한다는 것을 계산하기에 받지 못하면 분노가 따라온다.

매를 맞아도 자신이 맞을 짓을 해서 맞은 거라고 자신의 고통을 부정한다. 매를 맞았기에 지금 자신이 잘됐다고, 부모가 자신을 때려서 이 정도 됐지 안 그러면 형편없이 됐을 것이라고 자신을 비하하고 부모를 우상화한다. 매를 맞는 것이 얼마나 굴욕적이며 비참했는지를 부정하는 것이다.

의식이 부정의 단계에 머물러 있으면 한 걸음도 나아가지 못한다. 부정은 고통을 그대로 간직하는 것이다. 내가 불행함으로써 부모를 포함하여 다른 사람들에게 기쁨을 주지 않겠다는 복수를 하는 것이다. **부모가 되어 아이를 키우다 보면 아이의 사랑을 통해 자신의 무의식 안에 상처받은 내면아이가 있다는 것을 알게 되는 시간이 반드시 온다.**

아이는 엄마가 잠시만 떨어져도 불안해서 엄마를 찾으며 운다. 엄마가 없다는 것은 아이에게 죽음의 두려움을 준다. 어두운 골방에서 아이는 여섯 달 동안 얼마나 엄마를 그리워하고, 얼마나 엄마를 부르며 울었을까. 울다 지쳐 잠든 아이는 더는 엄마를 부르지 않는다. 아무리 울어도 엄마가 오지 않는다는 것을 알아버렸다. 울어도 소용없는 것이다. 세상의 전부인 엄마가 아이를 버리면 아이는 세상을 믿지 않는다.

내 아이가 조금만 징징거려도 불편한 데에는 이런 이유가 있다. 누가 내 앞에서 조금만 울어도 더는 울지도 못하고 무기력했던 내면아이의 울음을 건드린다. 그래서 그만 울라고 휴지를 준 것이다.

애도의 두 번째 단계: 분노

두 번째 단계는 분노다. 상처받은 내면아이가 있다는 것을 알고, 부정 같은 방어기제로 더는 억압할 수 없을 만큼 고통이 깊어지면 '상처가 있다'는 것을 인정하게 된다.

알코올 중독자는 "나는 알코올 중독자입니다. 내 힘으로는 벗어날 수 없기에 도움을 요청합니다"라는 말을 하는 순간 치유가 시작된다. 그와 마찬가지로 자신에게 상처가 있다는 것을 인정하는 순간 억압되어 있던 깊은 분노가 표현되기 시작한다.

분노는 안전한 환경에서 표현되어야 한다. 의식에서는 자신은 분노가 없다고 믿을 수 있다. 그러나 행위를 하면 자신의 무의식에 이 세상의 모든 사람을 죽이고 싶어 하는 깊은 분노가 있다는 것을 알게 된다. 여기서 행위를 한다는 것은 직접 몸으로 움직여 말하고 행동함을 뜻한다.

예를 들어 안전한 환경에서 몽둥이를 들고 타이어를 내려친다고 하자. 인간의 두뇌는 강력하게 상상하면 실제와 환상을 구별하지 못한다. 타이어를 내게 상처를 준 사람이라고 강력하게 상상하고 욕하면서 내려치다 보면, 그 사람에 대한 죽이고 싶을 만큼의 분노가 나오면서 시간과 공간이 사라지고 분노를 온몸으로 겪게 된다. 타이어를 내려친 거나 그 사람을 몽둥이로 때린 거나 분노를 풀어내는 데는 아무런 차이가 없다. 사람을 때리면 감옥에 가지만 안전한 환경에서 타이어를 치면 누가 뭐라 하지도 않고 잡혀갈 이유도 없다.

내면 여행을 한창 하던 어느 날 푸름엄마와 싸우고 분노가 올라와 몽둥이를 들고 산으로 갔다. 분노가 너무 많아 이제는 끝장을 보자는 심정으로, 깜깜한 밤에 아무도 없는 산에 올라가 푸름엄마를 대신할 나무를 찾았다. 그러고는 쌍욕을 하면서 몽둥이로 때리기 시작했다.

처음에는 이게 뭐 하는 건가 싶은 마음이었다. 이런다고 뭐가 달라질까 하는 생각도 들었다. 그래도 계속 몽둥이를 휘둘렀다. 얼마나 지났는지도 잊고 같은 행위만 반복했다.

정신을 차려보니 새벽 2시였다. 밤 11시부터 새벽 2시까지 세 시간 동안 욕하고 두들긴 것이다. 처음에는 푸름엄마를 욕했는데 정신을 차려보니 엄마에게 분노하고 있었다.

"엄마, 젖먹이를 데려가야지. 엄마가 어떻게 그렇게 잔인할 수가 있어? 내가 아이를 키워보니 알겠어. 엄마가 버리는 순간 아이는 죽은 거야."

엄마가 불쌍해서 평생 단 한 번도 표현해본 적이 없는 큰 분노를 억압하기 위해 그렇게 불안하고 쉼 없이 살았다는 깨달음이 왔다. 그리고 분노가 빠져나가니 마음이 차분해졌다. 어깨의 큰 짐이 한 번에 떨어져 나간 듯 홀가분한 마음이었다. 이 경험은 아직도 잊히지 않는다.

새벽에 집에 돌아오니 웬 천사가 집에 있다. 분명 싸우고 나갔는데 푸름엄마를 보는 내 눈에 사랑이 넘친다. 저렇게 예쁜 여자와 20년을 넘게 살았단 말인가. 분노와 사랑은 양립할 수 없다. 분노가 빠져나가야 사랑이 들어선다.

성경에 수행을 위한 구절이 있다.

> 두드려라. 그러면 열릴 것이다.

이렇게 바꿔보자. '안전한 환경에서 몽둥이로 두들겨라, 그러면 분노가 사라지고 원래부터 있던 사랑을 찾으리라.' 우리 부부의 싸움은 늘 내 엄마를 푸름엄마에게 투사하는 것에서 시작됐다. 이제는 엄마와 푸름엄마를 구별할 수 있다. 푸름엄마는 내 아내이지 내 엄마가 아니다. 이제 더는 엄마를 싸움의 장으로 데려오지 않는다.

분노가 나오기 시작하면 그 전에는 잘 참던 것도 참아지지 않는다. 어떤 엄마들은 그러면 아이들 교육에 안 좋은 영향을 미치는 것이 아니냐고 묻는다.

분노가 무의식에 가득 차서 참고 있을 때는 백번을 부드럽게 말하다가도 한 번 욱하게 되는데, 이때 아이에게 주는 충격은 당연히 크다. 아이는 엄마가 참고 있다는 것을 안다. 표정과 눈빛에는 분명 분노가 가득한데 말은 그렇지 않다고 하면 이 모호함이 아이를 불안하게 한다.

그것보다는 엄마가 분노가 나오면 나온다고 말하고, 사전에 "네 잘못이 아니란다. 어릴 때 엄마가 받은 상처가 있어 이 분노를 풀어내야 엄마가 너를 공격하지 않고 사랑할 수가 있단다"라고 말하고 분노를 풀어내는 것이 아이에게 주는 충격이 작다.

울음은 허용됐지만 분노가 허용되지 않았던 집에서 자란 사람은 분노하는 자신을 상상하기 어렵다. 분노하는 부모의 모습을 보고 자신은 저렇게 짐승처럼 교양 없고 막돼먹은 사람으로 살지 않겠다고 결심한 사람도 분노하기 어렵다.

분노하면 죄책감도 올라온다. 그러나 이 분노의 과정은 상실을 애도하고 사랑으로 가는 하나의 단계다. 분노의 화살은 결국은 신에게까지 닿는다. 세상을 어떻게 만들었기에 이런 억울한 세상에 태어나게 했는지를 따지고 묻는다. 신을 벌주는 두려움의 존재라고 믿는 자는 신에게도 분노하지 못한다.

그러나 신에게 분노해서 마지막 남은 분노까지 해결한 사람은 신의 이런 목소리를 듣는다.

"나는 늘 네 곁에서 너를 지켜주고 기다렸다. 이제 네가 나를 믿는구나."

애도의 세 번째 단계: 슬픔

세 번째 단계는 슬픔이다. 그동안 얼어붙었던 슬픔이 녹으면서 울기 시작한다. 아이 때 마땅히 쏟아내야 했던 눈물이다. 그러나 울지 못했기에 슬픔 위에 슬픔이 쌓여 자신이 슬픔 자체가 되어버린 것이다.

처음부터 통곡이 나오지는 않는다. '나도 같은 상처가 있는데 저 사람은 왜 울까' 싶어 이상하다고 느끼기도 한다. 그러다 어느 계기를 만나 상처받은 내면아이가 울고 싶었다는 것을 알게 된다.

운다는 것은 치유가 일어나고 있다는 것이다. 그렇게 단단하고 바늘로 찔러도 피 한 방울 안 나올 것 같은 사람도, 일단 울기 시작하면 시도 때도 없이 울게 된다. 우리는 이 수준이 되면 '지질이 단계에 접어들었다'라고 말한다.

나는 〈상처받은 내면아이 치유〉 강연 때 많이 울었다. 버림받은 엄마나 아빠들의 이야기를 들으면 몸이 먼저 반응하고 운다. 머리로는 울 이유가 없는데 몸이 알아서 운다. 푸름엄마는 코칭을 하느라 정신이 없지만, 나는 뒤에서 내 어린 시절의 상처가 건드려져 울고 있다. 함께 울어주어 감사하다는 말을 많이 들었다.

상처를 대면하면서 짐승처럼 울고 나니 내면의 감시자가 사라진 경험을 한 적이 있다. 더는 자신을 부끄러워하면서 감추지 않아도 되니 마음이 평온하다. 감추지 않는다는 것은 '척'이 사라졌음을 뜻한다. 그때 경험한 깊은 평온의 순간은 평생 잊지 못할 것이다.

엄마가 울면 아이들이 산다. 30분 울어야 할 울음을 20분에 마치지 말라. 울면서 자꾸만 다른 사람이 의식된다면 아직 다 울지 못한 것이다.

울다 보면 울음이 아주 어린 시절로 내려간다. 아기처럼 "응애, 응애" 하는 울음이 나오기도 하고, 자신의 의지로 그칠 수 없는 경우도 있다. 울다가 기침도 나오고 감정이 더 격해지면 헛구역질도 나온다. 손발이 저리기도 하는데 이는 수치심이 빠져나가는 것이다.

13개월에 울음을 그치고 더는 울지 않았던 내면아이를 만날 때, 많은 사람이 지켜보고 있었지만 나는 울음을 그칠 수가 없었다. 그 아이는 '엄마'라는 말을 못 했다. 배 속에서 올라오는 공기의 압력이 목구멍 안쪽 깊은 곳에서 막혀 "엄마 가지 마"라는 말을 할 수가 없었다. 그냥 짐승처럼 울부짖었다. 그 순간에는 아무런 생각도 없었다.

〈상처받은 내면아이 치유〉 강연을 진행하다 돌발적으로 터진 울음이었다. 의식의 저 먼 곳에서는 내가 이렇게 울어도 되는지가 그림자처럼 스쳐 지나갔지만 의지로 그칠 수가 없었다.

강연이 끝났을 때, 울었다고 나를 비난하는 사람은 한 명도 없었다. 오히려 가장 인간적인 모습을 보았다면서, 푸름 아버님도 저렇게

우는데 우리가 우는 것을 창피하게 여길 게 뭐가 있냐는 말과 함께 강력한 치유의 장이 만들어졌다. 울기만 해도 과거의 많은 상처가 사라진다.

애도의 마지막 단계: 수용

네 번째 단계는 수용이다. 수용은 더는 저항하거나 고집 피우지 않고 상처받은 내면아이를 떠나보내는 것이다. 이제 과거의 것을 용서하고, 무엇으로도 상처받을 수 없는 것이 자신의 정체성임을 수용하는 것이다.

여기서 용서는 남을 용서한다는 의미가 아니다. 우리는 신이 아니기에 누군가를 죽을 때까지 용서하지 않아도 된다. 용서하라고 하면 겉으로는 용서하는 척할 수 있지만 속으로는 오히려 분노가 더 올라온다. 여기서의 용서는 자신에게 죄가 없다는 것을 인정하고, 이제 자신을 그만 벌주고 실수를 넘겨보라는 의미다.

누군가에게 복수하려면 먼저 자신이 복수의 분노를 쥐고 자신을 먼저 벌주어야 한다. 자신을 용서하지 못하면 그 상황에 갇혀 빠져나오지 못한다. 수용은 복수하려고 무의식에 분리해 절대로 놓지 않겠다며 쥐고 있는 분노를 이제는 놓아버리고, 자신이 사랑이고 빛임을 받아들이는 것이다.

죄책감은 늘 과거에 있다. 과거를 붙잡고 있으면 미래는 과거의 연장선에서 두려움으로 온다. 상실을 애도하는 과정에서 다루어야 할 주요 감정은 분노와 슬픔이다.《인생 수업》에서는 다섯 단계로 나누었지만 나는 네 단계로 줄여서 기술했다.

상실의 애도가 꼭 이런 단계별 순서를 따르는 것은 아니다. 어느 때는 슬픔이 먼저 오고 분노가 따라올 수도 있다. 과정이 어떻든, 무의식에 억압되어 있는 감정이 해소되지 않으면 과거를 제로로 만들어 현재의 순간에 펼쳐질 것이 펼쳐지도록 허용하기 어렵다. 삶의 고통은 우주를 통제하려는 마음에 있다.

성장이란 관점이 바뀌는 것이다.
두려움에서 사랑으로
나를 바라보는 관점이 달라지는 것이다

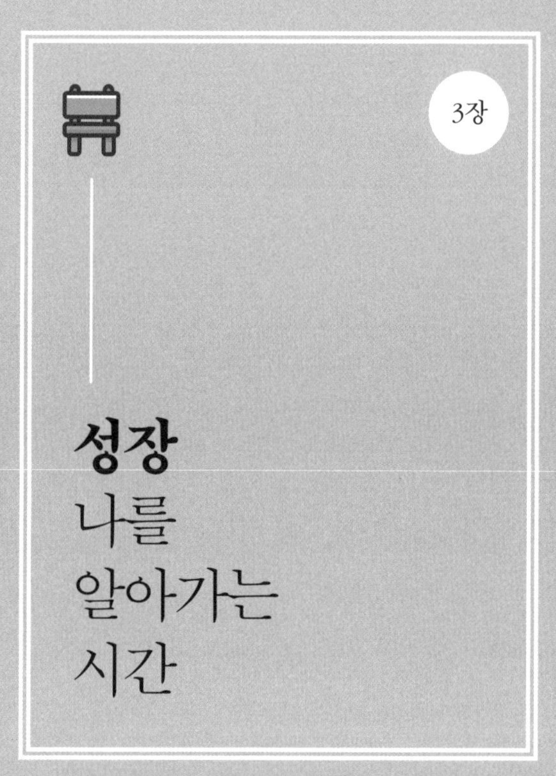

3장

성장
나를 알아가는 시간

의식 지도

우리가 하는 모든 질문은 '나는 무엇인가?'이다. 성장의 초기에는 '춤추는 나'만 보이지만, 치유의 과정을 거치며 '지켜보는 나'를 알게 된다.

《기적수업》의 첫 페이지에는 이런 문구가 있다.

'실재는 위협받을 수 없고 비실재는 존재하지 않는다. 여기에 하나님의 평화가 있다.'

이 문장은 이렇게 표현할 수도 있다.

'진실은 거짓에 의해 위협받을 수 없고 거짓은 존재하지 않는다. 이것을 알면 내면 깊은 곳에 하나님의 평화가 있다.'

좀더 친근하게 바꾸면 다음과 같다.

'사랑은 두려움으로 위협받을 수 없고 두려움은 허상이다. 두려움이 사라지면 하나님의 평화가 남는다.'

성장이란 관점이 바뀌는 것이다. 두려움에서 사랑으로, 거짓에서 진실로, 비존재에서 존재로 나를 바라보는 관점이 달라지는 것이다.

우리가 하는 모든 질문은 결국 '나는 무엇인가?'라는 것이다.

모세가 시나이산에서 하나님을 만나 묻는다.

"당신은 누구입니까(Who are You)?"

하나님이 답하셨다.

"나는 스스로 있는 자이니라(I am Who I am)."

이런 것을 전혀 모르는 사람에게도 두려움이 사라지고 존재의 근원인 사랑에 맞닿아 있을 때 "당신이 누구세요?"라고 물으면, 조금의 주저도 없이 바로 "나는 그냥 나"라고 답한다.

'나'에는 앞에서 춤추는 '나'가 있고 뒤에서 이를 지켜보는 '나'가 있다. 앞에 있는 나를 '작은 나'라 부르고, 뒤에 있는 나를 '큰 나' 또는 '참나'라고 부른다. "이 길을 가는 것이 맞아요?"라고 묻는 것은 앞에서 춤추는 나(소문자 i)인데, 이 질문에 대답해줄 나(대문자 I)가 뒤에 있다는 것을 알기에 자신에게 묻는 것이다.

성장의 초기에는 1만 분의 1초 사이에 감정에 휩싸이기 때문에 춤추는 나밖에는 알지 못한다. 그러나 감정을 대면하면서 하늘을 가리고 있는 구름이 사라지는 치유의 과정을 거치면, 절대 변화하지 않고 지켜보고 있는 나를 알게 된다. 성장은 자신을 '춤추는 나'가 아니라 '지켜보는 나'와 동일시하는 것이다.

'지켜보는 나'는 이론으로 아는 것이 아니다. 이는 조건이 맞아 두려움에서 풀려나면 누구나 경험한다.

특히 코칭 중에 아이로 다시 태어나는 경험을 해본 사람은 자신이 절대로 상처받을 수 없는 영롱한 존재라는 것을 한 번에 안다.

우리 존재의 근원은 사랑이다. 이것을 설명하거나 증명하지는 못한다. 언어는 상징이기에 '무엇에 대하여' 말하지만 '그 무엇 자체'는 아니다. 비유하자면 '고양이에 대하여' 말을 할 수는 있지만 '고양이' 자체를 설명할 수는 없다. 대한민국 지도가 우리가 살고 있는 대한민국 자체는 아닌 것이다. 그래서 증명은 동어 반복이고 불가능하다. 다만, 누구나 동일한 것을 경험한다면 검증은 가능하다.

《기적수업》에 이런 말이 있다.

'보편적인 신학은 불가능하지만, 보편적인 경험은 가능할 뿐 아니라 반드시 필요하다.'

증명이 불가능하기에 '믿음'이라는 단어를 쓴다. '네 믿음이 너를 구원했다'라는 말은 자신의 정체가 사랑임을 안다면 세상은 사랑으로 보일 것이고, 자신의 정체가 두려움이라고 믿는다면 세상은 두려움으로 가득 차 있다는 의미다. 구원은 사랑의 의식 상태에서 알게 된다. **성장은 사랑으로 가는 것이다. 사랑을 만드는 것이 아니라 원래부터 있는 사랑을 찾는 것이다. 사랑을 찾겠다는 선택을 하면 사랑을 막고 있던 방해물들이 드러나게 된다.**

푸름이교육의 근본 원리는 배려 깊은 사랑이다. 아이를 배려 깊게 사랑하면 아이들은 잘 자란다. 24년 전에 강연을 시작하면서 푸름이교육을 전파했고, 많은 사람이 이 교육을 따라왔고 실천했다. 정말 많은 아이가 그사이에 푸름이교육을 통해 지성과 감성이 조화로운 인재로 성장했다.

그런데 모든 부모가 동일하게 배려 깊은 사랑을 받아들이는 것은 아니었다. 어떤 부모들은 자신과는 아무 상관 없다고 생각하여 애초에 관심도 없었고, 어떤 부모는 처음에는 열정적으로 시작했으나 중간에 너무 힘들다고 포기했고, 어떤 부모는 아이가 아주 어릴 때는 잘 키웠으나 초등학교에 들어가자 성적 때문에 흔들렸다. 그런 가운데 어떤 부모들은 흔들림 없이 실천했고, 사회적으로도 유명해져서 새로운 모델이 되어 이 교육을 전파하고 있다.

교육의 근본 원리는 동일한데 왜 이런 차이가 날까? 아이가 학교에 들어가면 부모들은 왜 그토록 비교하고 불안해할까?

이 교육을 받아들이고 실천하는 데 그토록 다른 모습이 나타나는 이유가 인간의 내면에 뭔가 다른 의식의 차원이 있어서는 아닐까 하는 생각을 오랫동안 막연하게 해왔다. 씨가 길가에 뿌려질 때 더러는 돌밭에 떨어지고, 더러는 가시덤불 위에 떨어지며, 더러는 좋은 땅에 떨어진다. 이 중에서 좋은 열매를 맺는 것은 좋은 땅에 떨어진 경우다. 사람마다 의식이 다르고 그에 따라 바라보는 세상이 다르다는 것을 경험으로 어렴풋하게 알고 있었지만, 그것을 명확히 설명하고 전하기는 어려웠다. 아이를 잘 키우는 부모는 아이의 빛이 자신의 그림자를 거울처럼 비추어주기에 스스로 성장해야만 한다는 것을 안다. 그런데 성장이 무엇이며 어느 방향으로 마음을 정렬해야 하는지 모르기에 혼란스럽다.

나는 10년 전 데이비드 호킨스 박사의 '의식 지도'를 만나면서 모든 혼란이 사라지고 명확해졌다. 호킨스 박사는 의식의 단계를 수치화해 의식 단계에 따른 사람들의 행동 특성을 누구나 쉽게 이해하게 해주었다. 그는《의식혁명》,《나의 눈》,《호모 스피리투스》등 초기 3부작을 포함하여《놓아 버림》,《치유와 회복》등 10권이 넘는 책을 썼다. 나는 지난 10년간 그 책들을 읽어왔고, 특히《호모 스피리투스》는 열네 번째 읽고 있다.

의식 지도는 가장 낮은 수준인 0부터 예수님이나 부처님 같은 가장 높은 수준인 1,000까지의 범위 안에서 각각의 의식 단계를 수치로 표현한다. 이 수치는 로그값으로, 점수가 5점 차이가 난다는 것은 10의 5거듭제곱인 1만 배의 에너지 차이가 난다는 것을 의미한다. 깨우침을 주는 스승을 만나지 못하고, 자연적인 삶에서 한 생을 살면 의식 수준이 5점 정도 높아질 수 있다고 한다.

부모는 아이라는 위대한 스승이 있기에 한순간에 의식이 도약할 수 있다. 내 아이를 있는 그대로 사랑하겠다는 배려 깊은 사랑의 의식은 540으로 인간이 현실적으로 도달할 수 있는 최고의 의식 수준임을 의식 지도를 보면 알 수 있다. 육아는 부모를 성장하게 한다. 성장하지 않으면 육아가 어렵다. 이제 비로소 육아와 성장이 맞물려 돌아가는 새로운 분야가 탄생한 것이다.

가장 낮은 수준부터 높은 수준까지 의식의 단계를 차례로 살펴보면 다음과 같다.

1. 수치심(20)

자신의 존재를 수치스러워하는 사람은 자신을 물건처럼 취급하거나 없는 사람처럼 숨는다. 수치심의 특징은 다른 모든 감정을 잡아서 느끼지 못하게 한다는 것이다. 울지도 못하고 웃지도 못하며, 자신 안에 수치심이 있는지도 모른다. 그래서 감정을 느끼기 위해 중독과 강박에 의존한다.

존 브래드 쇼는《수치심의 치유》에서 거션 코프먼(Gershen Kaufman)의 말을 인용하여 수치심은 모든 종류의 정신적 질병을 일으키는 핵심적 요소라고 했다.

> 수치심은 내면의 혼란을 가져다주는 절망감, 소외감, 자기 회의감, 고독감, 외로움, 편집증과 정신분열증, 강박중독장애, 자아분열, 뿌리 깊은 열등감, 자신에 대한 부적당함, 경계성 성격장애와 악성 나르시시즘을 일으키게 한다.

수치심이 내재된 사람은 다른 사람의 눈을 잘 못 본다. 자식의 눈조차도 못 본다. 머리를 푹 숙이고 다니고 다른 사람 앞에 나서서 말하거나 표현하는 것을 두려워해 어떻게 해서든 그런 자리를 피한다. 있는 듯 없는 듯 살지만, 자신의 수치심을 건드리는 일이 발생하면 사람이 저렇게까지 변할 수 있을까 싶도록 표변하면서 살인이라도 할 것처럼 분노를 표출한다. 수치심이 모든 감정을 잡아도 억압된 강력한 에너지인 분노는 붙잡지 못해서 터져 나오는 것이다. 분노를 안전한 환경에서 잘만 조절하면 수치심을 깨는 데 사용할 수 있다.

말수도 없고 착하다고 생각했는데, 사회적으로 큰 사건이 터질 때 그 사람이 저지른 일이라는 것을 알고 주변 사람들이 깜짝 놀라는 경우도 있다. 수치심이 많은 사람은 자신의 수치심을 감추기 위해 사회적으로 명성을 얻거나 종교적으로 의로움이라는 영적 자부심 뒤에 숨을 수도 있지만 언젠가는 들통이 나서 망신을 당하곤 한다.

수치심 수준에서 느끼는 감정은 치욕이며 죽음과 가까운 의식이다. 이 의식 수준에서는 늘 스스로 죽을 수 없으니 누군가가 죽여달라는 환경으로 자신을 몰고 가는 행동을 자신도 모르게 선택한다. 자살은 수치심과 죄책감의 의식에서 일어난다.

수치심에서 빠져나오는 방법은 누군가 단 한 명이라도 자신을 있는 그대로 사랑하는 사람과 연결되거나 안전한 사람 앞에서 자신의 수치심을 공개하고 대면하는 것이다. 그래서 코칭에서는 자신의 수치심을 말로 공개하고 뒤에 '그래서 어쩌라고'를 붙여 대면하게 한다. 예를 들어 자신이 공부 못한 것을 수치스러워한다면 이렇게 외친다.

"나 공부 못하는 사람이다. 영어 시험에서 3점 받았다. 그래서 뭐 어쩌라고!"

다른 사람을 깎아내리고 싶은 마음이 있다면 큰 소리로 많은 사람 앞에서 이렇게 외친다.

"나 질투하는 사람이다. 그래서 뭐 어쩌라고!"

2. 죄책감(30)

수치심이 존재에 대한 감정이라면 죄책감은 행동에 대한 감정이다. 죄책감은 수치심의 방어기제로 작동할 수도 있는데, 수치심을 들키는 것이 훨씬 더 고통스럽기 때문에 죄책감을 붙잡고 있기도 한다.

죄책감은 어떤 행동을 한 자신을 벌주는 것이다. 자신을 벌주는 것이 고통스러우면 타인에게 투사하여 분노하고 비난한다.

죄책감을 이용한 교육은 광범위하게 퍼져 있다. 잘 몰라서 실수한 것을 '너 때문에 그렇다'라고 비난하면서 죄책감을 주고 조종한다. 나쁜 짓과 실수는 구별해야 한다. 실수는 의도는 좋았지만 결과가 잘못된 것이다. 나쁜 짓은 애초에 의도가 나쁜 것이다.

아이들은 어떤 경우에도 부모를 사랑한다. 아이들의 말과 행동에는 부모를 놀리거나 약올리려는 의도는 없다. 소크라테스는 어떤 일을 할 때 모든 사람은 선한 의도를 가지고 행동한다고 말했다. 아이들은 미숙하기에 잘 몰라서 실수한다. 그러면 부모는 "괜찮아. 이렇게 하면 잘할 수 있어"라고 친절하게 알려준다. 아이는 그런 과정을 거치면서 배우고 성장한다.

어떤 사람은 죄책감을 주어 행동을 바르게 할 수 있고 양심의 기초를 마련할 수 있다고 말한다. 건강한 죄책감이라면 그럴 가능성이 있다. 그러나 같은 행위라도 비난받지 않기 위해 죄책감으로 하는 것보다는 사랑으로 하는 것이 기쁘고 효율적이다. 청소를 해도 부모에게 야단맞지 않기 위해, 안 하면 죄책감이 느껴지기에 하는 것보다 우리 가족에게 청결한 환경에서 행복한 생활을 선사하기 위해 할 때 더 기쁘고 좋은 것이다.

죄책감을 깊게 파고들어 가면 신을 이기고자 하는 에고의 마음이 작동한다. 죄책감은 신이 나를 벌주기 전에 스스로 미리 벌주어 신에게 잘 봐달라고 애원하는 의식 수준이다.

그런데 여기에는 하나의 근본적인 오류가 있다. 이미 신을 벌주는 존재로 규정하고 그 가정하에서 자신을 벌준다는 것이다. 엄격하고 두려움을 주는 가정에서 성장했다면 아이들은 부모의 상을 연장하여 벌주는 신의 모습을 그리고 믿는다. 하지만 배려 깊은 사랑을 받은 아이들은 신의 모습도 있는 그대로 모든 것에 빛을 주는 해님처럼 사랑 자체라고 믿는다.

아이가 벌주는 신을 믿는다면 거짓을 진실로 바꾸어놓은 것이다. 이것을 '우상을 섬긴다'라고 표현한다. 신의 사랑(진실)을 거짓(벌주는 신)으로 만들어놓고 그것을 그대로 믿고 있으니, 신을 벌주는 자로 만들어버린 자신의 관념이 신을 이긴 것이다. 인간의 마음은 진실과 거짓을 구별할 수 없다는 말이 이런 뜻이다. 마음의 힘은 강하여 거짓을 진실이라고 믿을 수 있다.

신이 누구를 벌주는 경우는 없다. 죄책감은 자신의 선택으로 찾아들어간 것이기에 자신의 선택으로 나올 수 있다. 예수님은 이것을 우리에게 알려주셨다. 십자가에 자신을 못 박는 사람들에게 "저들이 모르나이다"라고 하셨지 "저들이 죄인입니다"라고 말하지 않으셨다.

마음에 자신을 벌 받아야 마땅하다고 믿으면, 벌의 궁극은 몸의 죽음이기에 결국 모든 생명은 죽음으로 가게 된다. 그래서 죄책감이 크면 병에 걸리고 죄책감의 의식에서는 자살과 파괴가 빈번하게 일어난다.

3. 무기력(50)

감정을 느끼는 것이 고통스러워 감정을 차단한 무감정 상태를 말한다. 예를 들어 어릴 때 매를 맞았다고 하자. 소리를 지르면 매를 더 맞고 누구도 보호해주는 사람이 없다면, 아이는 감정을 차단해야 한다.

감정을 차단한다고 해서 이성도 차단되는 것은 아니다. 열심히 공부해서 학교 공부를 잘할 수는 있다. 하지만 결혼을 하고 아이를 낳아 상처받은 내면아이를 만나야 하는 시간이 오면 극도의 무기력을 경험하게 된다. 반드시 해야 할 일을 의지를 발동해서 억지로 할 뿐, 어떤 것도 하고 싶은 의욕이 없다. 자신에게 부당한 것이 와도 맞서지 못하고 무조건 회피한다.

이는 학습된 무기력이다. 쥐 실험에서 전기로 고통을 당해 무기력해진 쥐는 도망갈 문을 열어놓아도 도망가지 않고 그대로 있다. 그런데 개중에는 절대 굴복하지 않고 문만 열어놓으면 도망가는 쥐들이 있다. 어릴 때 배려 깊은 사랑을 받은 아이들은 부당한 것에 절대로 굴복하지 않는다.

무기력 의식 상태에서는 어떤 것도 자신을 도와줄 수 없으며, 어떤 것을 해도 소용이 없다는 절망을 느낀다. 자신을 낳아준 부모도 믿지 못하는데 누구를 믿을 수 있겠는가.

수치심과 죄의식의 상태에서는 불안감이 너무 커서 활발하게 행동하고 자살도 하지만, 무기력 상태에서는 자신을 죽일 힘이 없기에 음식을 거부하면서 서서히 죽어가는 선택을 하기도 한다. 수치심이 내면화된 사람은 연쇄 살인범처럼 잔인할 수 있지만 무기력의 의식에서는 그런 일은 일어나지 않는다.

무기력의 의식에서는 무엇인가에 잡혀 어떻게도 해볼 수 없는 답답함을 느낀다. 한편 수치심과 죄책감을 대면했을 때 일시적으로 오는 무기력도 있다. 이때는 손가락 하나 까딱할 수 없을 만큼 힘이 없는 무기력을 느끼지만, 기분은 편안하면서 노곤하게 좋으며 푹 자고 나면 개운해진다.

4. 슬픔(75)

슬픔은 자신이 가치를 부여한 외부의 대상을 잃어버렸다는 상실의 반응으로, 마치 자신의 일부를 잃어버린 것 같고 대체할 수 없는 행복의 근원을 상실한 것처럼 느껴진다. 슬픔을 표현하지 못하면 온몸에 슬픔이 배어 있는 중증 우울증으로 갈 수 있다.

슬픔의 바탕에는 잃어버린 사람과 대상 또는 잃어버린 조건에 대한 생각, 기억, 이미지 등에 대한 집착이 있다. 이 집착을 대면하여 많이 울면서 놓아버리면 자유로워지고 깊은 평온을 경험할 수 있으며, 행복이 외부의 대상에 있는 것이 아니라 자기 내면에 있다는 것을 발견하게 된다.

슬픔을 표현하면 치유가 일어난다. 대면으로 인해 무기력이 올 수 있는데, 울기 시작하면 사라진다. 무기력에 빠져 밥 먹기를 거부하던 사람도 울기 시작하면 기운을 차리고 밥을 먹게 된다는 사실을 상담하는 사람들은 알고 있다.

처음에는 울음이 잘 나오지 않는다. 슬픔이 너무 클 때도 울음이 한 번에 터져 나오지 않는다. 더욱이 울면 더 야단을 맞았던 사람들은 잘 울지 못하고 남들이 우는 걸 보는 것도 불편하다.

그러나 어느 정도 대면이 이루어지고 울음이 일단 터지면 도저히 멈출 수 없는 짐승의 울음이 나온다. 비누가 우리 몸을 씻어내듯이 울음은 우리 영혼을 정화하는 것이기에 울어야 할 울음은 다 울어야 한다. 그러지 않으면 머리가 아프다. 울음을 멈추려면 근육을 긴장시키거나 숨을 얕게 쉬어야 하는데 긴장이 과도해지니 머리가 아픈 것이다.

한번 울음이 시작되면 울음은 점점 더 어린 시절로 내려간다. 그동안 억압한 슬픔이 다 나올 때까지 울어야 울음은 끝난다. 그러면 다른 사람이 우는 것을 볼 때도 불편해하지 않고 그들의 슬픔을 있는 그대로 공감해줄 수 있다.

5. 두려움(100)

두려움은 마음이 강하게 상상하면 환상과 실재 간에 아무런 차이를 느끼지 못한다는 것에서 기인한다. 영화는 실제로 일어난 일이 아닌 가공의 장면인데도 현실처럼 스릴을 느끼면서 본다. 그래서 두려움은 어느 정도 추상적인 사고가 가능하고 이미지를 만들어낼 수 있는 다섯 살 전후의 아이들에게서 발달한다.

두려움을 깊게 들어가면 모든 두려움이 몸의 죽음과 관련이 있다는 것을 알 수 있다. 아주 어린 아이들은 몸의 죽음을 자연스럽게 받아들일 뿐 별로 저항하지 않는다. 사실상 몸의 죽음을 경험하는 사람은 아무도 없는데 왜 그렇게 두려워하는 걸까.

호랑이가 있으면 개는 두려움을 느낀다. 이 두려움은 몸이 살아남을 확률을 높여주는 기능을 한다. 그런데 인간은 상상력이 발달하여 그런 외부의 위협이 없어도 두려움으로 마음이 불안해질 수 있다. 많이 울고 슬픔의 의식 단계에 온 사람들은 갑자기 두려움이 밀려오는 것을 종종 경험하게 된다. 이전에는 감정을 억압해서 느끼지 못했지만 닫혔던 감각이 열리면서 두려움을 느끼는 것이다.

성장은 두려워서 하지 못했던 것을 경험하면서 시작된다. 두려움을 경험하는 시간은 길어야 30분을 넘지 않는다. 몸이 와들와들 떨리고 얼굴은 하얘지지만 몸의 죽음을 상상에서 경험한다면 더는 두려울 것이 없기에 불안이 사라지고 평온해진다. 두려움을 안 느끼려고 무의식에 억압하면, 외부에 두려움이 없는 상황인데도 몸이 비상

상황이라고 헛된 경보를 울리는 공황장애로 갈 수 있다.

두려움은 고립에서 나와 누군가와 연결되면 사라진다. 그래서 두려움이 몰려오면 믿을 만한 사람에게 글을 쓰거나 전화를 해 자신이 너무 두렵다고 말하면서 연결하라고 한다.

두려움을 대면하는 일은 혼자서 하기는 어렵기에 분노를 먼저 풀어내라고 한다. 분노가 사라지면 두려움도 함께 사라지는 것을 경험할 수 있다.

6. **욕망**(125)

욕망의 의식에서는 무언가를 하고 싶어 하고 소유하고 싶어 한다. 그동안 두려워서 시도하지 못했던 것을 욕망의 의식에서는 한다. '나는 못 해'는 사실 두려워서 안 한 것이지 못 한 것은 아니다.

욕망의 기원은 유기체의 굶주림이다. 욕망이 충족되면 일시적으로 완성된 느낌을 가지게 되고 마음이 내면으로 방향을 바꾸어 사랑과 평온, 자유와 기쁨을 추구할 수 있다.

욕망은 사람을 움직이게 한다. 그래서 욕망 자체는 비난받을 것이 없다. 욕망을 교육과 건강 같은 유익한 활동으로 돌린다면 그것은 사회적으로 유익하기도 하다. 욕망이 문제가 되는 것은 내 행복의 근원이 외부에 있다고 믿을 때다. 외부의 대상에 자신만의 환상적인 가치를 부여하고, 그것을 추구하고 얻어내는 과정에 집착하다 보면 스스로 노예가 되기 때문이다.

특히 어릴 때 충족되지 못한 결핍을 채우려는 갈망이 심해지면 외부에서 아무리 채우려 해도 채워지지 않는 공허감을 느끼게 된다. 그러면 강박과 중독에 의존하면서 삶을 파괴하게 된다. 깊게 들어가면, 강박과 중독은 엄마로부터 받지 못한 배려 깊은 사랑을 받으려는 갈망에 뿌리를 두고 있다.

부처님은 '집착은 모든 고통의 근원'이라고 말씀하셨다. 집착은 늘 통제를 동반한다. 노력해서 무언가를 더 얻으려는 집착과 통제를 놓아버리고, 모든 행위를 신에 맡기면서 저절로 이루어질 것은 저절로 이루어지도록 놔두면 집착이 사라지고 평온이 온다.

'고통이 있기에 고통이 사라지는 경험을 통해 열반에 이를 수 있다'라는 말이 있다. 사랑으로 가는 길을 막는 모든 방해물은 우리 존재의 근원을 찾아가는 문이 된다.

7. **분노**(150)

욕망이 채워지지 않으면 분노가 나온다. 마음속에 분노가 있으면 다른 사람을 미워하고 공격하게 되지만, 결국에는 자신을 먼저 해친다. 분노는 불덩이와 같아서 다른 사람에게 던지기 전에 내가 잡고 있을 때 내 손을 태우기 때문이다.

분노에는 공격을 통해서 남을 통제하려는 마음이 있다. 통제하려는 마음이 강하면 강할수록 저항의 힘도 강하다. 분노로 세상을 바꾸려 하기보다는 아이를 배려 깊은 사랑으로 키워 그 사랑이 사회에 영향력을 미치게 하면 된다. 예수님과 부처님은 서로 만난 적도 없지만 시공을 초월하여 지금까지도 우리에게 영향을 미치고 있지 않은가.

분노가 일어나지 않게 하는 최선의 방법은 다른 사람과 내가 하나라는 것을 알고, 기대를 줄이고, 우주가 어떻게 창조되는지 알지 못한다는 것을 인정하고, 우주가 펼쳐지도록 지켜보면서 통제를 놓아버리는 것이다.

8. 자부심(175)

자기 존재의 근거가 내면에 있는 것이 아니라 아직도 돈, 명예, 학벌 같은 외부에 있는 상태다. 이것은 자신이 남보다 낫다는 신념, 생각, 의견, 일반적 태도 등을 포함하는 오만함이다.

자부심이 있으면 상대에 대한 경멸이 있다. 자신 안에 수치스러워하는 부분이 있기에 그 부분을 대면하기 어려워 남에게 경멸을 던지면서 방어하는 것이다. 자신의 수치심이 드러날 것 같으면 상대를 질투해서 깎아내리려 한다. 또한 아첨을 받기 좋아하며 누가 자신을 무시하는지에 민감하다.

자부심은 거짓으로 부풀려진 풍선과 같아서 언젠가는 터져서 망신당할 일이 일어나게 된다. 사회 명사들 중에 한순간에 파렴치범으로 전락하는 경우를 흔히 보는데, 이는 자부심 단계를 넘어서지 못해서 그렇다.

자부심에 가장 좋은 해독제는 감사, 고마움이다. 진정으로 겸손한 사람은 자부심 없이 사실을 그냥 사실로서 말할 수 있다. 이런 사람은 겸손하면서도 적어도 지금 이 순간에는 특정 분야에서 자신이 최고임을 인정할 수 있다. 겸손함이란 방어기제인 '척'이 없는 상태다. 누가 당신에게 진실로 감탄해서 "정말 대단합니다"라고 칭찬의 말을 해주었을 때, "아유, 그렇지 않아요. 별거 아니에요"라고 말하는 것을 겸손이라고 하지는 않는다. 그렇게 말하면 상대는 아첨꾼이 된다. 자신은 겸손을 가져가지만 상대는 수치심을 가져가게 된다. 겸손은 "알아봐 주셔서 고맙습니다"라고 말하는 것이다. 이 말에는 위로 부풀려지거나 아래로 부풀려지는 자부심이 없다.

힘에는 두 가지가 있다. 하나는 무력에 의존하는 낮은 힘(force)이고, 다른 하나는 모든 것이 저절로 이루어지는 사랑의 힘(power)이다. 낮은 힘은 물을 거슬러 올라가야 하지만, 사랑의 힘은 물이 흘러가듯이 자연스러우면서 영향력이 크다.

낮은 힘과 사랑의 힘이 부딪히면 언제나 사랑의 힘이 승리한다는 것은 역사가 말해준다. 높은 사랑의 힘을 가진 인도의 간디와 세계 무력의 3분의 2를 지배하던 영국이 붙었을 때 영국 사람들은 자신을 부끄러워하며 물러났다.

수치심부터 자부심까지는 낮은 힘의 지배를 받는다. 그래서 의식 수준이 자부심까지 올라왔다가 다시 수치심으로 떨어지는 것을 반복할 수 있다.

그러나 의식 수준이 자부심을 넘어 임계점인 용기(200)에 이르면, 의식이 사랑의 힘에 영향을 받으면서 배려 깊은 사랑의 방향으로 나아가며 언젠가는 사랑의 의식에 이르게 된다.

9. 용기(200)

이 단계부터 긍정이 시작된다. 용기는 두려움이 없는 상태는 아니다. 아직도 두려움이 있지만, 그럼에도 자신이 알지 못하는 세계를 탐험한다. 성장은 친숙한 세계를 떠나 미지의 세계에 발을 내딛는 것이다.

도마뱀 같은 파충류는 매일 다니는 길만 다닌다. 그 길을 조금만 벗어나면 먹이가 있는데도 다니던 길에 먹이가 없으면 굶어 죽는다. 용기는 투쟁-회피의 동물적 반응을 벗어나 실행하겠다는 선택이 가능한 의식 상태다.

용기 수준에서는 행동에 역점을 둔다. 자부심 수준에서는 주로 이득에 관심이 있지만, 용기 수준에 오면 자신의 내면에 더욱 큰 힘과 에너지가 있어서 자신이 가진 것을 남에게 주고 남이 주는 것을 받기도 하면서 균형을 이룬다.

이 의식 수준에 오면 비로소 타인의 복지에 대하여 관심을 가지고 자신의 삶에 책임을 지려 한다. 용기 수준에서는 일과 놀이와 사랑 간에 균형을 이루는 생활 방식이 나타나며, 앞에서 춤추는 작은 나에 대한 동일시를 멈추고 뒤에서 지켜보는 나를 어렴풋이 감지하기 시작한다.

10. 중립(250)

중립의 의식에 이르면 이편저편이 사라진다. 에너지는 매우 긍정적이다. 중립의 의식에서는 "이번 일 잘되면 좋지만 안 돼도 괜찮아"라고 말할 만큼 삶이 기본적으로 괜찮을 거라는 믿음이 있다.

이 수준의 사람들은 세상을 자신감 넘치게 살아간다. 그들의 태도에는 편 가르기가 없으며, 타인의 행동을 통제하려 하지 않는다. 또한 자신의 자유도 소중하게 여기기에 통제되지 않는다.

11. 자발성(310)

높은 자존감을 가지고 있는 의식 수준이다. 중립에서는 일을 적당하게 하지만 자발성에서는 모든 일에 최선의 노력을 기울여 결국 성공한다. 자발적인 사람들은 자부심을 놓았기에 기꺼이 자신의 부족한 모습을 보고 타인으로부터 배우려 한다. 한마디로, 뛰어난 자기 교정적 학생이다. 또한 다른 사람이 도움을 요청할 때 연민의 마음으로 기꺼이 돕는 사회의 중추적인 지도자이기도 하다.

12. 수용(350)

수용에서는 무의식에 분리되어 있던 나의 그림자를 받아들이는 용서가 가능하다. 우리 내면에는 인간의 동물성에서 기인한 히틀러와 간디의 두 모습이 있다. 히틀러를 무의식으로 밀어 넣으면 세상에서 히틀러의 모습을 보고, 판단하고, 정죄하려는 마음이 강해진다. 수용은 히틀러를 나의 한 부분으로 받아들이기에 모든 것이 있는 그대로 완벽해진다. 자신의 과거도 받아들여 용서하기에 과거의 억울함을 놓아버릴 수 있고 더불어 타인도 용서한다.

이 수준의 의식에서는 옳다, 그르다를 따지는 도덕주의적 판단에서 자유로우며, 과거를 용서했기에 죄책감에서도 자유롭다. 받아들임의 수준에서는 무엇을 행하는 것보다 어떤 존재인지 존재의 질에 관심을 가지며, 사심 없이 봉사하는 자세가 특징이다.

13. 이성(400)

이성은 대단히 복잡한 데이터를 처리할 수 있고 신속하게 판단할 수 있으며 상징을 다룰 수 있어 현대 문명을 창조했다. 그러나 진실과 거짓을 구별하지는 못하며, 맥락이 부족하다. 그래서 모르는 것이 없다는 결론을 내려 그 이상의 의식 수준으로 가는 데 결정적인 방해물로 작동할 수 있다. 학자들은 대개 499 정도이며, 이 의식 수준으로는 사랑을 알지 못한다.

14. 사랑(500)

증명할 수는 없지만 검증은 가능하다. 사랑은 사랑을 가로막는 방해물이 사라지면 저절로 뿜어져 나오는 에너지이며, 생각이나 감정을 넘어선 존재의 상태다. 사랑의 의식에 이르면 분리가 사라지고 하나가 된다. 사랑은 나눌수록 증대되는 특징이 있으며, 남에게 줄 때 자신이 가졌음을 알게 된다.

15. 배려 깊은 사랑(540)

아무런 조건이 걸리지 않은 사랑이다. 타인에게 아무런 제약을 가하지 않으며, 사랑받기 위해 어떤 식으로 존재해야 한다고 요구하지도 않는다. 타인이 어떻든 간에 사랑한다.

판단과 비교가 없기에 만인과 만물을 사랑하며 다른 사람을 있는 그대로의 사랑으로 비추기에 그 사람도 자신의 본성이 사랑임을 바로 안다. 내면은 기쁨과 평온으로 가득 차고, 배려 깊은 사랑의 장에 있으면 일상에서 치유가 기적적으로 일어난다. 이 의식에서는 어떤 장벽도 없기에 '다른 것과 하나로' 존재하는 것이 가능하다.

데이비드 호킨스는 《놓아 버림》에서 배려 깊은 사랑의 에너지 상태에 대하여 다음과 같이 기술했다.

> 기적적이고, 폭넓고, 차별 없고, 변화를 일으키고, 무한계이며, 힘들지 않고, 환히 빛나고, 헌신적이고, 성장과 같고, 널리 퍼지고, 자비롭고, 이타적이다.
> 내면의 환희, 믿음, 황홀감, 연민, 끈기, 참을성, 본질, 아름다움, 동시성, 완벽, 놓아 버림, 고양감, 진정한 시각, 개방성 등이 특징이다.

배려 깊은 사랑의 의식에서는 지켜보는 자와 동일시를 이뤘기에 모든 것이 저절로 이루어진다. 아무런 두려움이 없기에 모든 사람이 그 사람을 만나거나 그 사람을 떠올리는 것만으로도 완전한 평온을 누리게 된다.

한 사람에게서도 성장 단계나 상황에 따라 서로 다른 의식 수준이 혼재할 수 있지만, 그 사람의 말과 행동을 지배하는 주 의식 수준의 장은 존재한다. 각 의식 수준에 따라 믿는 진실은 다르다. 예를 들어 배려 깊은 사랑의 의식에서는 용서가 당연한 것이지만, 죄책감의 의식에서는 복수가 당연하고 용서는 자신이 약해서 진 것으로 받아들인다. 배려 깊은 사랑의 의식에서는 남에게 나누면 자신이 가진 것을 알지만, 죄책감의 의식에서는 남에게 주면 자신의 것이 줄어들어 빼앗겼다고 믿는다. 죄책감을 진실이라고 믿으면 배려 깊은 사랑은 거짓이 되고, 배려 깊은 사랑이 진실이면 죄책감은 거짓인 허상이 된다.

의식과 성장에 관해서는 고통 속에서 성장하여 많은 사람들에게 위로와 평온을 주는 유튜버 김새해(Saehae Kim) 채널에 4부에 걸쳐 올려져 있다. 그 영상을 보고 많은 사람들이 울었고 어떻게 치유의 방향으로 가는지 알게 되었다며 고맙다는 말을 많이 들었다.

에고

성장이란 앞에서 춤추는 작은 나인 에고를 자신으로 알다가, 뒤에서 지켜보는 참나를 알게 되고 점차 참나와 동일시하는 것을 말한다. 성장은 에고를 놓아버리고 사랑으로 가는 과정이다.

사랑은 본성의 상태다. 사랑으로 가는 방해물만 사라지면 사랑의 의식은 저절로 드러난다. 사랑을 구체적인 감각으로 표현할 수 있는 언어는 '빛'이다. 빛이 들어오면 어둠은 저절로 사라진다. '우리는 빛이요, 진리이고, 생명이다. 우리는 고귀하고 장엄하다. 우리는 하나이다'라는 말은 배려 깊은 사랑의 의식을 표현한다.

'에고'는 심리학에서 초자아인 슈퍼에고(superego)와 인간의 동물적 측면인 원본능 이드(id) 사이에서 균형을 잡아주는 자아를 말한다. 에고가 잘 발달하면 사회생활은 잘할 수 있다. 튼튼한 에고를 기초로 에고를 초월하여 높은 사랑의 의식으로 갈 수 있지만, 에고에 집착하면 그 구조상 배려 깊은 사랑으로 가는 것을 막는 결정적인 방해물이 된다.

에고는 이런 마음의 한 부분이다.

'네가 이기면 나는 져.'

'네가 가지면 나는 빼앗겨.'

에고는 몸이 나이고, 이 몸의 생존을 책임지는 주체가 자신이며, 생존하기 위해서는 이득을 얻어야 한다는 마음이다. 생존과 이득은 모두 두려움을 기반으로 한다.

에고는 나와 너라는 이원성의 구조로 되어 있다. 이는 인류가 사냥을 시작하면서 사냥하는 '나라는 주체'와 사냥할 동물인 '너라는 객체'를 잘 구별해야 살아남는 데 유리했기 때문이다. 언어도 에고이기에 이런 이원성의 구조로 되어 있으며, 우리 마음도 이원적으로 사고하는 데 익숙하다.

인간의 모든 고통은 이원적 사고에서 기인한다. 주체와 객체가 분리되어버리면 끊임없는 갈등이 일어나고, 상대를 이기는 것이 나의 행복이 된다. 이원적 사고에서는 비교와 평가, 판단이 일어난다. 몸이 '나'가 되면 몸의 생존에 대한 근원적인 불안이 있다.

인류의 의식이 성장하면서 사랑의 의식에 이른 사람들은 '우리는 하나이며 이원성은 존재하지 않는다'라는 진실을 우리에게 알려주었다. 진실은 하나이지만, 거짓은 정도와 차이를 가지면서 수없이 분화된다. 진실을 진실로 믿을 때는 모두가 행복하며 자유롭고 기쁘다. 그러나 거짓을 진실로 믿으면 인생의 모든 문제가 만들어지고 해결

책을 찾지 못한다.

에고는 빛이 있으면 그림자도 있다고 믿는다. 우리는 '빛과 그림자'라는 표현을 사용하면서 둘 다 실재하고, 둘이 대립한다고 생각한다. 빛은 실재한다. 에너지가 있으며 빛을 쪼이면 따뜻하다. 그런데 그림자는 실재하는 것이 아니다. 그림자는 언어로만 존재하지 '그림자'라는 실체가 있는 것은 아니다. 그림자는 단지 빛이 부족한 다양한 상태를 표현하는 것이다.

'선과 악'이라는 단어에서 에고는 선과 악을 대립 쌍으로 본다. 그러나 진실은 '악은 존재하지 않는다'라는 것이다. 단지 악은 사랑의 부재를 말한다.

《호모 스피리투스》에 나온 예를 살펴보자.

천국 같은 - 정말 좋은 - 좋은 - 상쾌한 - 괜찮은 - 그럭저럭 괜찮은 - 그저 그런 - 썩 좋지는 않은 - 불만족스러운 - 나쁜 - 지독한

이런 점진적인 변화들은 모두가 두 개의 대립하는 선이 아니라 연속선상에 있다. 하나의 연속적 성질의 궤도가 있을 뿐이다. 여기에는 '좋다'와 대립하는 '나쁘다'가 없다. 단지 사랑의 존재 여부를 말하는 것이며 따라서 그것은 오직 사랑에 관한 것이다. 사랑(빛)은 실재하지만 사랑의 부재함을 의미하는 어둠이 실재한다고 말하는 것은 진실이 아니다.

에고의 사고 과정은 원인이 있기에 결과가 있다는 인과론적 사고다. 여기서 먼저 일어난 것을 원인(A)이라고 하고, 뒤에 일어난 것을 결과(B)라고 한다. 하지만 진실은 A 때문에 B가 일어난 게 아니라는 것이다. A는 전 우주로서 신의 표현인 근원에서 일어난 것이다. B 또한 전 우주로서 신의 표현인 근원에서 일어난 것이다. 즉 우주의 모든 표면적인 사건은 정확하게 동일한 궁극적 근원을 갖는다. 좀더 알기 쉽게 표현하면 어린 시절 내면아이의 상처(A) 때문에 현재 아이를 키우는 것이 힘들고 불행한 것(B)이 아니라는 얘기다.

어린 시절 상처받았던 환경을 창조한 근원인 의식 수준이 현재를 창조하는 의식 수준과 동일하기에 같은 환경을 창조하고 있다는 의미다. 예를 들어 두려움이 많은 여자와 남자가 만나서 결혼했다고 하자. 그 가정환경은 의식 수준 100 정도의 두려움의 지배를 받는다. 그 가정에서 자란 아이들은 친구들도 비슷하고, 나중에는 같은 의식 수준의 사람을 만나서 결혼하게 된다. 이 두려움이라는 장을 자각하고 대면하지 못하면 적어도 5대에 걸쳐 같은 환경이 창조된다.

죄책감은 늘 과거에 존재한다. '과거에 내가 이것을 잘못해서(A) 현재 이 벌을 받는 거야(B)'가 죄책감이다. 하지만 과거는 그때의 근원인 의식 수준에서 창조됐고 사라졌다. 현재는 현재의 근원인 의식 수준에서 창조되고 있다. 그래서 죄책감이란 존재하지 않는 허상이라고 말하는 것이다.

예를 들어 어떤 사람이 빌딩 옆을 지나가다가 누가 던지는 돌에 맞았다고 하자. 그 사람이 돌을 맞은 이유는 과거에 무슨 죄를 지어서 벌을 받는 것이 아니다. 단지 그 시간에 빌딩 옆을 지나가다가 돌이 떨어져 맞은 것이다. 원인이 사라졌는데 무슨 결과가 있겠는가. 이 진실을 이해하면 과거의 억압된 감정을 놓아버리는 '용서'가 가능하다.

과거의 억압된 감정이 사라지면 미래의 두려움도 없다. 과거는 무지한 에고가 알지 못해 저지른 실수이고, 이 에고는 누구나 인간의 조건으로 받은 동물성이기에 연민의 마음으로 지켜볼 수 있다. 과거가 사라지면 과거의 간섭 없이 현재의 우주가 펼쳐지도록 놔둘 수 있다. 당신이 우주를 통제하려는 마음을 내려놓으면 우주는 당신을 축복한다.

에고는 생존하기 위해 끊임없이 비교하고 판단한다. 그런데 에고의 마음은 진실과 거짓을 알지 못해 무엇이든 많이 가지면 자신이 이긴 것으로 생각한다. 행복뿐만 아니라 불행도 많이 가지면 좋은 것이다. 그래서 누가 불행을 더 많이 가졌는지 경쟁한다.

한 사람이 팔을 다쳤다고 말하면, 옆에 있던 사람이 "그건 아무것도 아니야, 나는 팔뿐만 아니라 다리도 다쳤어"라고 말한다. 그 옆에 있던 사람은 이렇게 말한다. "뭐 그 정도를 가지고 그러냐. 나는 팔도, 다리도, 눈도 다쳤어." 그러면 아무도 다른 말을 못 하고 가만히 있다.

우리가 어떤 사람을 판단하려면 그 사람에 대하여 모든 것을 알아야 한다. 그 사람이 무엇을 생각하고, 무엇을 좋아하고 싫어하며, 과거에 어떤 경험을 했는지만이 아니라 그 사람과 관련된 사람들의 모든 것을 알 때 판단이 가능하다. 그런데 에고는 그런 능력을 갖추고 있지 않다. 그래서 '심판하지 말라'는 것이다. 아니, '심판이 불가능하다는 것을 알라'는 것이다.

다른 사람을 심판하는 것 같지만 사실은 자신을 심판하는 것이다. 에고가 다른 사람에게 할당한 징벌과 선고를 자신도 받을 것이라는 두려움과 자신이 한 것에 대한 무의식적 죄책감을 느끼기 때문이다. 에고의 구조를 이해하고 판단과 비판을 포기하면 평화로운 안도감이 찾아온다.

성장은 에고를 놓아버리고 사랑으로 가는 것이다. '네가 가지면 나는 빼앗겨'가 사랑의 의식으로 올라가면 이런 마음으로 변화한다.

'준다는 것은 가졌다는 증거이므로, 주지 않으면 갖고 있음을 알지 못한다. 갖지 않은 것을 누가 줄 수 있으며, 주면 늘어나는 것을 주면서 누가 잃을 수 있겠는가? 누군가가 얻으려면 모두가 얻어야 한다.'

'네가 이기면 나는 져'에는 비교로써 이기고 싶어 하는 특별함이 담겨 있다. 이 특별함은 상대가 나보다 못해야 성립되기에 상대에게서 부족함을 찾고 부족함에 주목한다. 상대에게서 보이는 하찮고 쓸모없음에 비해 자신은 크고 당당하고 깨끗하고 정직하며 오점 없고 순수한 자인 것처럼 보이지만, 사실은 상대에게서 보는 결점은 무의식에 억압한 자신의 모습이다.

특별함에는 특별하지 않다는 비교가 있기에 특별함을 추구하면 고통이 따른다. 특별함은 뛰어나서도 있고 못나서도 있다. 에고의 사고 구조가 많이 가지면 좋다고 한 말의 의미가 이것이다.

특별함에는 하나를 깨는 분리가 있지만 사랑은 하나이기에 특별함이 없다. 특별함으로 위에 있으면 상대에 대한 경멸이 있고, 아래에 있으면 상대를 깎아내리려는 질투가 있다. 하지만 고유함에는 비교가 없다. 존재함으로 하나이고 누구나 동등하다. 하나님은 누구를 특별히 사랑하지 않는다. 특별함이 있으면 나르시시즘이다.

그런데 단어를 사용할 때 고유함을 특별함으로 혼동하는 경우가 흔하다. '너는 존재로서 특별해'라는 의미는 '너는 존재로서 고유하며 존귀하고 장엄하다'라는 의미다.

상처받은 내면아이가 있는 사람은 평생 엄마를 기다리면서 자신이 조금만 잘하면 엄마가 특별하게 사랑해줄 거라는 믿음이 있다. 사랑이 특별함이 되면 어떤 경우에도 있는 그대로의 사랑을 받을 수 없다. 그래서 엄마의 특별한 사랑을 놓아버리라고 하는 것이다.

엄마가 다시 사랑을 준다고 해도 그 사랑은 아이가 원하는 사랑은 아니다. 어릴 때 받지 못한 사랑을 다시 받는 것은 불가능하기에, 어릴 적 사랑을 받지 못했을 때 느껴야 했던 상실을 이제는 충분히 애도해서 떠나보내야 한다.

"우리 엄마는 오지 않아요. 엄마 잘 가세요."

엄마를 떠나보내고 어른이 된다는 것은 엄마에 대한 특별한 사랑을 놓아버리는 것이다. 그러면 엄마는 엄마가 아닌 형제자매가 된다.

특별함이 사라지면, 엄마의 사랑이나 남편의 사랑이나 아이의 사랑이나 이웃의 사랑은 같은 것이 된다. 눈을 떠서 주위를 둘러보면 모든 곳에서 사랑을 볼 수 있다.

부

가난은 물질이 아니라 의식의 문제다.

가난이 물질이 아니라 의식의 문제라고? 이런 말을 들으면 처음에는 화가 난다. 최선을 다해 노력하면서 사는데 왜 부가 오지 않을까?

여기 황금으로 만들어진 의자가 있다. 하나님이 "이 의자는 네 것이니 네가 앉아라"라고 말씀하셨다.

당신은 그 황금 의자에 털썩 주저앉을 수 있겠는가? 사람들은 이런 반응을 보일 것이다.

"앉으라고 한다고 어떻게 뻔뻔스럽게 앉겠는가."

"내가 앉으면 다른 사람은 앉지 못하잖아요, 못 앉겠어요."

"하나님은 무한정 주시는 분이니 그냥 앉아봐."

"그냥 주실 리가 있겠어요? 다 이유가 있겠지요."

질문은 하나인데 대답은 의식에 따라 여러 가지다.

부는 중립이다. 부를 어떻게 보느냐에 따라 내게 올 수도 있고 오지 않을 수도 있다.

우주에 우연은 존재하지 않는다고 한다. 내가 어떤 선택을 하느냐에 따라 새로운 세상이 창조된다. 하나님은 우리에게 자유 의지를 주었기에 우리의 선택에는 개입할 수 없다. 자신이 죄인이라고 믿고 자신을 벌주는 것은 자신의 선택일 뿐이다. 어떤 경우에도 하나님이 벌주는 경우는 없다.

'하나님'이라고 말했다고 해서 특정 종교 이야기를 하는 것은 아니다. '우주'라고 해도 좋고 '무의식'이라고 해도 괜찮고 '불성'이라고 해도 좋다.

우리는 무엇인가에 대한 믿음이 있다. "나는 믿지 않아요"라고 말하는 것은 사실 '믿지 않아요'를 믿고 있는 것이다. 특히 부에 대한 믿음에서는 의식과 무의식이 다른 경우가 많다. 예를 들어 자신은 부를 좋아하기에 이런 기도를 한다고 하자.

"오, 신이시여! 집도 사고, 차도 사고, 이것저것 더 살 수 있는 부를 허용하소서."

이는 자신이 너무 결핍해서 그 결핍을 채워달라는 기도다. 의식에서는 돈을 좋아하지만 무의식은 자신이 부족하다고 믿기에 우주는 믿음 그대로 결핍을 창조하게 된다.

만일 기도가 "오, 신이시여! 이미 내 안에 충만하게 주셔서 감사합니다"로 바뀌면 충만함에 우주가 반응하여 충만함이 창조된다. 이것이 시크릿이고 해빙이다.

내 주머니에 돈이 있다. 그 돈을 누가 가지고 가겠는가. 내가 주머니를 열어놓지 않았는데 다른 사람이 그 돈을 가져갈 수 있겠는가?

의식이 가난하다는 의미는 '나는 부의 축복을 받을 자격이 없다'라고 믿는 마음이 있다는 것이다. 예를 들어 엄마가 어린아이를 놔두고 돈을 벌기 위해 외국에 갔다고 하자. 아이는 엄마가 갑자기 자기 곁을 떠난 이유를 알지 못한다. 아이들은 자신이 뭔가를 잘못해서 엄마가 떠났다고 생각한다.

엄마가 떠날 때 아이는 "엄마, 가지 마. 나는 엄마와 함께 있고 싶어"라는 말을 하지 못했다. 엄마가 자기 옆에 없다는 것에 대한 슬픔과 엄마가 자신을 놔두고 가는 선택을 했다는 것에 대한 분노도 표현할 수 없었다. 그런 감정이 있었는지도 알지 못하는데 어떻게 표현하겠는가. 엄마가 언제 올지 기다리면서 그리워하지만, 자신을 위해 돈을 벌면서 고생하는 엄마를 생각하면 무조건 참을 수밖에 없다.

돈만 벌면 쓰기 바쁘고 경제적으로 힘든 어떤 아빠가 대면 중 자신의 무의식에 깊이 억압된 감정을 만나 이렇게 울부짖는다.

"개도 안 먹을 돈을 벌기 위해 엄마는 오지 않았어요."

'개도 안 먹을 돈'은 엄마에게 분노할 수 없기에 엄마 대신 돈을 경멸하는 것이다. 가족을 먹여 살릴 돈을 벌기 위해 엄마가 떠났지만 맥락이 없는 내면아이는 돈이 자기에게서 엄마를 빼앗아 갔다고 믿은 것이다. 그러면 돈이 들어오는 대로 써버려야 한다.

나는 지독히 가난한 가정에서 태어나서 무엇을 내 소유로 해본 적이 없다. '내 것'이라는 게 무척이나 낯설다. 나는 소유를 배워야 하는 제1 반항기를 제대로 거치지 못하고 소년 가장이 됐다. 하루하루 먹고만 살아도 감사한, 지독한 가난이었다. 나에게 부가 올 거라는 믿음도 없고 부가 와도 내 것이라는 생각이 없었다.

가난은 부에 집착하게도 만들지만, 부가 있어도 그만 없어도 그만인 마음의 상태를 만들기도 한다. 현실이 고통스러우면 현실을 떠나 하늘에 떠서 이상을 추구하는 빈털털이 영웅이 되기도 한다. 그런데 그런 영웅은 현실적인 부보다는 정의를 추구한다. 이상은 높고, 부가 없어야 의롭다는 어딘가 이상한 믿음이 있다.

나에게 주어진 영웅의 역할은 무엇인가를 잘할 수 있는 능력을 키워주었다. 하지만 무의식 깊은 곳에 있는 상처받은 내면아이를 대면하기 전까지, 영웅이라는 것은 다시는 버림받지 않기 위해 모든 사람에게 좋은 사람이 되어야 한다는 방어기제였다.

부모에게 버림받은 아이는 자기에게 뭔가 문제가 있어서 부모가 버렸다고 생각하지, 부모에게 문제가 있다고는 생각하지 않는다. 버림받은 아이들은 죽음과 같은 버림의 고통을 피하기 위해 모든 사람에게 좋은 사람이 되어야 한다고 생각한다.

푸름이닷컴이라는 사이트를 운영하면서 사업이 잘될 때는 매출액이 한 해에 100억이 될 때도 있었다. 그런데 1년에 3억을 밥 사주는 데 썼다. 만나는 모든 사람에게 밥을 사고 모든 비용을 내가 냈다. 산간벽지에 작은 도서관을 만들고 중국에 푸름이가정교육관을 만들어주었다.

의식에서는 돈을 많이 벌었으면 좋겠다는 마음이 있었지만 무의식 깊은 곳에는 '나는 부가 불편해. 나는 부를 가질 만한 자격이 없어'라는 마음이 있다는 것을 전혀 몰랐다. '나는 부의 축복을 받지 않을 거야'라는 믿음이 있으면 돈을 벌 기회가 와도 기회인지 모르고, 애초에 그런 분야에 주의를 기울이거나 선택하지도 않는다. 선택하지 않기에 세상에서 창조되지도 않는다.

쇼핑 중독에 빠져 돈을 미친 듯이 쓰는 엄마가 있다. 이 엄마는 어릴 때 나가서는 부모의 자랑거리가 되어야 했지만 집에서는 자신의 기쁨을 표현해서는 안 된다는 이중 메시지를 받았다. 희생을 통해 아이를 조종하는 엄마는 이중 메시지를 전하는 경우가 많다. 남들이 볼 때는 정말 좋은 엄마다. 아이를 위해 모든 것을 해주려 하고 문제가 생기면 돈을 주어 해결한다. 그런데 아이 스스로 이룬 성취를 함께 기뻐하지는 않는다.

예를 들어 아이가 요리를 하면 매번 '이것은 이렇게 해야 한다', '저것은 저렇게 해야 한다' 식으로 잔소리를 늘어놓는다. 아이가 좋은 성적을 받아 오면 남들에게는 그렇게 자랑을 하면서도, 아이가 이룬 성취의 기쁨에 동참하지는 않는다. 그렇게 하면 아이가 자만할 것이라는 핑계를 대지만, 무의식 깊은 곳에는 아이와 이기고 지는 싸움을 하면서 질투하는 것이다.

질투는 비교의 마음에서 온다. 예를 들어 부모에게서 사랑받지 못한 여자가 결혼을 해서 예쁜 딸을 낳았다고 하자. 그런데 남편이 딸 바보라면 그 엄마는 딸을 질투할 수 있다. 부모에게서 받지 못한 사랑을 이제 결혼해서 남편이 조금 주는데, 남편의 관심이 딸에게 쏠리니 엄마의 상처받은 내면아이는 빼앗기는 기분이 들면서 아이를 깎아내리고 싶어진다.

자기를 낳아준 엄마가 질투하면 아이는 어떻게 살겠는가. 나가서는 엄마를 빛내야 하지만 집에 와서는 자신을 죽여 엄마 옆에 조용히 그림자로 남아야 한다. 이런 상황이면 아이의 마음은 방향을 잃어버렸기에 극도로 혼란스러워진다. 모든 것이 엄마가 옳다. 아이는 자신이 느끼는 감정이 매 순간 부정당하기 때문에 살아남기 위해 모든 감정을 억압해야 한다. 엄마가 자신을 대하는 차가움도 자신이 무엇인가를 잘못해서 그렇다고 믿고 순응하면서 착한 아이가 된다.

이중 메시지는 아주 은밀하게 전해지기에 어디 가서 말도 못 한다. 친구에게 이야기하면 "네 엄마가 그렇게 잘해주는데? 배가 불러서 그런 거야"라는 말이 돌아온다. 이중 메시지를 받은 사람에게 "당신 정말 힘들었겠네요. 미치지 않고 이렇게 살아 있다는 것이 기적이네요"라고 하면서 그 마음에 공감해주면 통곡한다.

감정이 억압되면 감정을 느끼기 위해 중독이나 강박에 의존한다. 모든 강박과 중독의 근원은 상처받은 내면아이에 있다고 한다. 이 엄마는 쇼핑 중독을 통해 감정을 느끼려 했다. 감정이 억압되어 자신의 존재가 수치스러우면 우울하고 답답하다. 그러면 미친 듯이 쇼핑을 하면서 겨우 숨을 쉴 만한 즐거움을 느끼지만, 어느새 우울과 답답함이 반복된다.

이 엄마가 미친 듯이 돈을 쓰는 이유를 깊게 들어가면 엄마에게 복수하고 싶다는 마음이 드러난다. 그 복수의 방식은 이런 것이다.

'나는 불행해져서 엄마에게 행복을 주지 않을 거야. 엄마가 나보다 소중하게 여기는 돈을 없애서 엄마에게 복수할 거야. 엄마의 돈을 없애서 돈 뒤에 숨어 있는 엄마의 이중적인 모습을 까발릴 거야. 엄마를 단 한 번만이라도 굴복시킨다면 죽어도 좋아.'

복수는 분노를 쥐고 있기에 자신을 벌주고 불행하게 함으로써 엄마를 이기겠다는 마음이다.

용서는 이제 자신이 잡고 있는 분노를 놓아버려 사랑으로 가겠다는 선택이다. **자신을 용서하고, 이기고 지는 마음을 내려놓으면 부의 축복도 받아들일 수 있다.**

부의 크기는 세상에 얼마나 좋은 것을 주느냐에 따라 달라진다. 사랑은 나누면 나눌수록 커진다. 당신이 많은 사람에게 사랑을 나누면 사랑을 받는 사람 역시 당신에게 무엇이라도 주고 싶어 한다. 당신에게 돈을 주면서 감사의 마음을 표현한다.

예전에 나는 주는 것이 사랑이라고 생각했다. 이제는 감사하게 받는 것도 사랑이라는 것을 안다. 사람들에게 밥을 사줄 때 내 마음 아래에는 버림받았다는 수치심을 덜기 위해 '나는 이렇게 좋은 사람이다'라는 것을 모두에게 인정받으려는 욕구가 있었다. 그러면 밥을 먹는 사람도 기분이 안 좋다. 밥값의 대가로 나를 인정해달라는 정서적 인 압력에 굴복하는 것 같기 때문이다.

의식이 성장하면서 나는 인도의 거지 같은 마음이 됐다. 인도 거지는 구걸할 때도 비굴하지 않다고 한다. 지나가는 사람에게 손을 내밀 때 '내가 당신에게 선을 베풀어 열반으로 갈 기회를 주었으니 당신이 돈을 주고 싶으면 주세요'라는 마음으로 구걸한다고 한다. 돈을 주면 감사함을 표현하고 돈을 안 주어도 괜찮은 것이다. 돈을 주는 사람도 자신이 가진 것을 나누어주어 자신이 사랑이라는 것을 확인했으니 둘 다 하나가 되는 마음이고, 그것이 끝이다.

내가 인도 거지가 된 후에는 밥 사달라는 요청을 한 적이 없는데도 밥을 사주겠다는 분들이 그렇게 많아졌다. 나에게 자신들의 좋은 것을 주면 감사함으로 받는다. 거기에는 아무런 조건이 없다. 감사함으로 함께할 따름이다.

배려 깊은 사랑의 의식에 이르면 두려움이 없기에 모든 분야에서 지도자가 될 뿐만 아니라 돈도 많이 벌게 된다. 두려움이 있으면 어둡기 때문에 선택하기가 어렵다. 돈을 벌 기회가 와도 그것이 기회인 줄 모르고, 기회라는 걸 알아도 우물쭈물하다 놓치고 만다. 그러나 배려 깊은 사랑의 의식에서는 자신이 빛이라는 것을 알기에 눈이 밝아지고 모든 것이 분명하게 보이기에 선택이 가능해진다.

지독한 가난 속에서 어릴 때 받은 상처받은 내면아이를 치유하고, 부에 대한 저항을 놓아버리고, 부를 축복으로 받아들이겠다는 선택을 하니 나에게 부를 가져다줄 사람들이 보이기 시작했다.

항상 옆에서 "이렇게 하면 돈을 벌어요"라고 말해주는 사람들이 있었는데, 부에 대한 저항이 있으니 듣지 못했다.《나는 마트 대신 부동산에 간다》,《아들 셋 엄마의 돈 되는 독서》의 저자로 부동산 분야에서 사회적으로 유명한 김유라 작가가 있다. 그녀는 14년 동안 아들 셋을 배려 깊은 사랑으로 키우면서 엄청난 독서를 했고, 의식이 성장하여 자신이 사랑 자체라는 것을 알게 된 사람이다. 나는 그녀가 가난했던 신혼 초부터 부에 대한 의식을 바꾸어 실제로 부를 축적하는 과정을 눈으로 지켜보았다.

김유라 작가는 부에 대한 나의 부정적인 마인드를 긍정으로 바꾸는 데에도 많은 도움을 주었다. 나는 김유라 작가를 배려 깊은 사랑을 실천하여 부자가 된 모델이라고 생각한다. 배려 깊은 사랑이 어떻게 부를 가져오는지에 대하여 구체적인 방법을 알려주는 표본이라 할 수 있다.

지독히 가난한 집에 태어나서 평생을 가난하게 살았던 나는 가난이 이생에서 풀어야 할 숙제였다. 이제야 비로소 숙제를 풀고 부의 축복을 받아들이게 됐다.

건강

상처받은 내면아이를 대면하고 무의식의 믿음을 의식으로 끌어올려 억압된 감정이 사라지면, 몸의 증상은 극적으로 없어진다.

《기적수업》에 이런 문구가 있다.

'모든 치료가 심리치료이듯이 모든 병은 정신질환이다. 모든 병은 하나님의 아들에 대한 심판이며, 심판은 정신 활동이다. 심판은 우주를 네가 창조하고 싶었던 대로 지각하겠다는 결정이다. 그것은 진리가 거짓을 말할 수 있으며 거짓임에 틀림없다는 결정이다. 그렇다면 병은 슬픔과 죄책감의 표현이 아니고 무엇인가?'

'병은 슬픔과 죄책감의 표현이 아니고 무엇인가?'는 상실을 애도하지 못하면 병으로 간다는 의미다.

《호모 스피리투스》에는 이런 내용이 있다.

'정신신체의학에서는 억압된 갈등이 증상 및 질환과 연결되어 있다고 본다.'

상실의 과정에서 다루어지는 주요 감정은 슬픔과 분노다. 죄책감은 위장된 분노이기에 슬픔과 분노를 대면해서 의식이 사랑으로 가면 병은 저절로 나을 수 있다. 다음은 푸름이교육을 실천하며 만난 부모들의 사례다.

아빠가 폭력을 행사해 돌 전에 엄마가 아이 곁을 떠나 할머니 손에 자란 한 아빠가 있었다. 이 아빠는 어릴 때 학대를 받으면서 자랐고 온갖 집안일을 했다. 경운기를 몰다가 팔이 부러졌는데도 병원에 보내주는 사람이 없어 스스로 부목을 대고 저절로 붙기를 기다릴 정도로 모진 세월을 보냈지만, 절대 울지 않았다.

이를 악물고 피나는 노력을 한 끝에 대기업에 취직하고 행복한 가정을 꾸려 아들을 낳았다. 배려 깊은 사랑으로 자식을 키우면서 이 아빠는 늘 하나의 의문을 가졌다. 엄마가 아빠의 폭력 때문에 집을 나갔는지 아니면 어린 자신을 버리고 엄마 스스로 나갔는지가 알고 싶었다. 꿈을 꿀 때도 수많은 자물쇠가 있는데 열쇠가 없어 열지 못하는 꿈을 반복해서 꾸곤 했다.

이 아빠는 걸을 때 절름거렸는데, 처음에는 어릴 때 다리를 다쳐서 그런가 보다 했다. 그런데 알고 보니 발바닥에 500원짜리 동전만 한 티눈이 빽빽이 박혀 있었다. 병원에서는 수술이 아니면 치료할 수 없다고 하고, 회사의 업무량은 너무 많고 유능한 직원이어서 휴가를 내고 입원을 할 수 없었다. 그래서 퇴사를 고민하고 있었다.

어느 날 푸름이교육을 하는 사람들이 캠핑을 갔을 때, 이 아빠의 어린 시절 학대와 자라온 과정을 들을 수 있었다. 푸름이교육을 해와서 나에 대한 믿음이 있기에 이 아빠는 자신의 이야기를 하면서 밤새도록 울었고, 나도 함께 울었다.

자신의 의문점을 해결하기 위해 코칭을 받던 이 아빠는, 어린 시절 몸은 기억하지만 망각의 방어기제를 통해 방어하면서 대면을 피했다는 진실을 알게 됐다. 엄마가 스스로 집을 나간 것이었다. 그 순간은 모든 자물쇠가 하나로 녹아내려 바다로 떨어지는 이미지를 그렸다. 이 아빠는 코칭 이후 어린 시절에 울지 못했던 울음을 다 울어내고 상실을 애도하는 과정을 거쳤다.

다시 만났을 때 이 아빠는 절름거리지 않았고 똑바로 힘차게 걸었다. 표정도 밝아지고 완전히 새로 태어난 사람처럼 느껴졌다. 티눈 하나하나가 울지 못한 슬픔이었던 것이다. 건강해졌고, 회사가 배려해주어 월급도 올라가고, 업무량도 줄었다며 깊이 감사했다. 죄책감은 결국 몸을 죽음으로 끌고 간다. 죄책감이 자신의 몸을 공격하기 때문이다.

푸름이교육으로 아이를 잘 키운 엄마가 있다. 이 엄마는 아이를 키우면서 죄책감에서 나와 지금은 에너지 넘치는 푸름이교육연구소의 강사로 활약하고 있다. 아이가 외국에 갔다 온 적도 없는데 교환 학생이 왔을 때 영어로 동시통역을 했다. 이 일로 어떻게 그런 아이를 키웠는지에 대한 육아 강연을 하면서 많은 사람의 관심을 받고 있다.

이 엄마는 뇌하수체 종양으로 시력을 잃어가고 있었으며, 아이를 낳지 못하거나 아이를 가지면 죽을 수도 있다는 진단을 받았다. 그래서 늘 죽음을 생각했고, 자살을 할 구체적인 장소까지 정해놓을 정도로 죽음에 가까웠고 죄책감이 컸다.

첫아이를 낳아 키우는데 아토피가 너무 심해 얼굴을 알아보기 어려울 정도였으니 자식의 고통을 바라보는 엄마의 마음이 어떠했겠는가. 아토피에는 여러 원인이 있다. 그중 심리적으로는 엄마의 내면에 죄책감이 커서 아이도 죄책감을 흡수하여 자신을 공격하는 것으로 본다. 이 엄마를 처음 만났을 때의 모습을 잊지 못한다. 얼굴에 죄책감이 그대로 느껴졌다.

두 아이를 배려 깊은 사랑으로 키우면서 이 엄마는 자신의 죄책감을 깊게 대면했다. 자신의 감정에 맞닿아 많이 울고 분노하면서 상실을 애도하는 과정이 끝났을 때, 이 엄마는 뇌하수체 종양이 사라졌다는 진단을 받았다. 의학적으로 설명할 수 없는 일이다. 모든 것에 깊이 몰입하는 무한계 아이의 얼굴에도 아토피가 사라져 지금은 너무나 매끈하고 예쁘다. 이 아이를 만나면 순수하고 맑은 영혼이 느껴진다. 지금도 이들을 만나면 어떻게 이런 기적이 일어났는지 이야기하면서 늘 감사한다고 한다. 그동안 수많은 경험을 하면서 '기적에는 난이도가 없다'라는 말을 이제는 믿게 됐다.

우리는 스트레스가 만병의 근원이라는 말을 자주 듣는다. 스트레스는 위기 상황에서 생존하기 위한 투쟁(분노)-회피(두려움) 반응이다.

사람마다 스트레스를 감당하는 스트레스 통은 일정하다. 그런데 어릴 때 상처를 많이 받아 이미 무의식의 스트레스 통이 가득 차 있다면 조그만 충격에도 넘치게 된다. 반면 어릴 때 배려 깊은 사랑을 많이 받아 스트레스 통이 비어 있다면 웬만한 충격에도 스트레스 통은 넘치지 않는다. 이런 사람들을 회복탄력성이 좋다고 말한다.

부모가 하는 말은 아이들에게 깊은 영향을 준다. 아이가 믿는 것이 곧바로 아이의 몸에 영향을 주기 때문이다. 엄마가 아이에게 "이런 쓸개 빠진 년"이라고 말하면 나중에 쓸개와 관련된 질병이 올 수 있다. "이런 피 말리는 놈"이라는 말을 들으면 나중에 혈액과 관련된 질병이 올 수 있다. 무엇을 믿는지에 따라 증상이 다르게 나온다. 루이스 L. 헤이의 《치유》를 보면 무의식적인 믿음이 어떤 증상을 일으키는지 잘 나와 있다. 상처받은 내면아이를 대면하고 무의식의 믿음을 의식으로 끌어올려 억압된 감정이 사라지면, 몸의 증상이 극적으로 없어진다.

앞서 잠깐 언급했듯이 나는 10년 전에 당뇨병 진단을 받은 적이 있다. 키 180센티미터에 몸무게 84.5킬로그램이었다. 당뇨병을 치료하려면 살을 빼야 한다는 것을 조엘 펄먼의 《내 몸 내가 고치는 기적의 밥상》을 읽으면서 알았다. 살을 빼려면 영양밀도가 높은 음식을 먹고 운동을 해야 한다. 운동만으로 살을 빼기는 어렵다.

운동이 몸을 건강하게 하고 몸무게가 더 늘어나는 건 막아주지만, 살을 빼려면 음식을 조절해야 한다. 영양밀도는 영양소를 칼로리로 나눈 값이다. 다시 표현하면, 영양은 풍부하고 칼로리가 낮은 음식을 먹으면 살은 빠진다.

의식 지도에서 수치심, 죄책감, 무기력, 슬픔의 의식 단계에 있는 사람들이 주로 먹는 음식은 가공식품이다. 두려움, 욕망, 분노의 의식 단계에서는 주로 맵고 짠 음식을 먹는다. 의식이 수용, 사랑, 배려 깊은 사랑으로 올라가면 맛을 느끼는 감각이 섬세해져 맵고 짠 음식을 더는 먹지 못한다. 이때는 채소나 과일 같은 음식을 주로 먹는다. 채소에 들어 있는 단맛이 느껴지기에 초콜릿 같은 것을 먹으면 너무 진해서 가공된 단맛이 있는 음식은 자연스럽게 몸이 거부한다. 채소나 과일, 견과류 등이 영양밀도가 높은 음식이다.

살을 빼기 위해 아침저녁으로 하루에 8킬로미터를 걷고 현미밥에 하루 세끼를 쌈을 싸서 먹으며 식단조절을 했다. 그랬더니 40일 만에 17.5킬로그램이 빠져 67킬로그램이 됐다. 하루에 500그램 전후로 빠진 셈이다. 몸은 가벼워졌지만, 단기간에 살이 빠져서 그런지 얼굴에 주름이 쪼글쪼글해지고 10년은 더 늙어 보였다. 지인 중에는 '해골이 걸어오는 것 같았다'고 말한 사람도 있었다. 살이 빠지니 매일 체크하던 당뇨 수치가 정상 수준으로 낮아졌고, 병원에 가서 당뇨가 없다는 진단을 받았다. 당뇨뿐만 아니라 고혈압도 있었는데 함께 사라졌다.

상처받은 내면아이를 치유하면서 나는 당뇨가 엄마에게 버림받은 내면아이로부터 왔다는 것을 알게 됐다. 엄마 젖을 먹고 있었는데 갑자기 끊어져 버린 것이다. 아이는 굶주렸고 채워지지 못한 욕구가 있어 마음이 허했다. 나는 사실 배가 고파서 음식을 먹었는지 정서가 고파서 먹었는지를 감각으로 구별하지 못했다. 저녁이 되어 마음이 허해지면 나도 모르는 사이에 음식을 먹으면서 빈 마음을 음식의 포만감으로 대체했다.

내 무의식의 믿음에는 '음식이 있을 때 빨리 먹지 않으면 굶어. 피곤하면 영양이 부족해서 그런 것이니 먹어야 해'가 있었다. 그러니 살이 찌고 당뇨에 걸리는 것은 당연한 결과였다.

상처받은 내면아이를 치유하고 나니 배가 고픈지 정서가 고픈지를 정확히 알게 됐다. 그러면 체중을 유지하기가 쉽다. 배가 고프면 먹고 안 고프면 안 먹는다. 그러면 몸이 가장 좋은 상태로 유지된다. 과체중인 사람은 살이 빠지고 저체중인 사람은 살이 쪄서 적정 몸무게로 균형이 잡힌다. 나는 72킬로그램이 가장 가볍고 건강한 몸무게였다. 10년이 지났지만 그 몸무게를 아직도 유지한다.

부모가 싸우는 것이 보기 싫으면 눈도 나빠질 수 있다. 부모도 살기 바빠 무관심했는데, 아이가 아프면 부모의 돌봄을 받으면서 관심을 받았고, 그 관심이 따뜻하게 느껴졌다면 자주 병을 만들어 관심을 받고 싶어 할 수 있다.

믿음이 바뀌면 치유가 극적으로 일어난다. 두려움을 믿는지 사랑을 믿는지에 따라 변화가 일어난다. 나는 결혼한 후로 지금까지 단 한 번도 감기에 걸린 적이 없다. '나는 감기에 걸리는 사람이다'라는 믿음이 없다. 감기가 올 것 같은 느낌이 오면 무리하지 않고 무조건 쉰다.

고등학교 3학년 때 시력이 0.3까지 내려가서 37년 동안 안경을 쓰고 살았다. 방송 영상을 보면 안경 낀 모습을 볼 수 있다. 그러다가 데이비드 호킨스의 책을 보니 두려움을 대면하여 놓아버린 사람들이 안경을 벗어버린 사례가 있었다.

37년 동안 쓰던 안경을 벗기로 선택하고 운전을 하면서 강연을 다녔다. 하루는 강연이 끝나고 고속도로로 운전하면서 밤에 집으로 돌아오는데, 앞이 안 보일 정도로 비가 쏟아졌다. 앞에는 아무것도 안 보이고 옆으로는 대형 트럭들이 지나가는데 이러다 죽을 수도 있겠다는 극도의 두려움이 올라왔다. 조심조심 천천히, 이루어질 것은 이루어진다 하는 마음으로 두려움이 올라오면 겪고 놓아버리면서 집에 왔다.

그때는 어떤 변화가 일어났는지 몰랐다. 어느 날 문득 내 눈이 좋아졌다. 도로 표지판의 글씨가 보이기 시작한 것이다. 지금은 건강검진을 해도 시력이 0.9가 나온다. 어떤 사람은 나이가 들어 오히려 눈이 좋아진 것이 아니냐고 말하지만 나는 두려움이 사라져서 눈이 좋아졌다는 것을 안다.

의식이 높아지면 건강해지고, 가족이 화목하며 행복하게 오래오래 살 수 있다.

부부유별

결혼은 두 사람이 아니라 네 사람이 하는 것이다. 남편과 남편의 내면아이, 아내와 아내의 내면아이 이렇게 네 사람이 만난다.

남편과 아내는 적어도 스무 살이 넘은 성인끼리 만난 것이기에 싸울 일이 없다. 만약 부부가 싸운다면 내면아이끼리 싸우는 것이다.

처음 두 사람이 만날 때는 자신과 다른 점이 있어서 좋아하고, 그 관계가 계속되면 결혼을 한다. 그런데 아이를 낳고 상처받은 내면아이가 나오면 그 다른 점 때문에 싸우게 된다. 20년 넘게 다른 생활 문화에서 자라온 내면아이가 자신의 문화가 옳다고 주장하며 충돌하기에 부부 싸움이 일어난다.

시댁에 가보면 다 이상한 사람들만 모여 있다. 푸름엄마도 시집와서 처음 우리 집에 왔을 때 정말 이상했다고 한다. 우리 가족은 모여서 술 한잔하면 과거에 가난해서 고생했던 이야기를 하며 모두가 운다. 한참을 울고 나서는 "잘 가. 내년에 또 만나" 하고 웃으면서 헤어진다. 다음에 만나서 또 술 한잔하면 가족 모두가 운다. 푸름엄마는 친정에서 그렇게 모여 운 적이 없으니 낯설고 어색해했다.

내면아이를 이해하지 못하면 아주 작은 것을 가지고 두고두고 싸운다. 예를 들어 설거지를 할 때 밥을 먹은 즉시 하면 좋다고 생각하는 사람과 모아놓았다가 한 번에 하는 것이 효율적이라고 생각하는 사람이 만나면 오랫동안 투덕거리게 된다.

결혼하기 전 의식에서는 모르지만, 무의식의 내면으로 깊이 들어가면 남자든 여자든 어린 시절 부모에게 받지 못한 사랑을 받고 싶은 마음에 부모의 삶을 재현해줄 배우자를 찾는다.

예를 들어 아버지가 술만 먹으면 분노하고 엄마와 싸운 가정에서 자란 여자라면, 아버지와 정반대인 술도 안 먹고 분노가 없는 남자를 만나려 한다. 그런데 연애할 때는 모르지만 결혼을 하고 살다 보면 남편이 아버지와 똑같아진다. 남편은 술도 안 먹고 겉으로는 아내에게 분노하지 않지만, 아버지와 마찬가지로 분노가 내면에 가득해서 하는 일마다 트집을 잡거나 마음이 차갑고 답답한 사람이기 쉽다. 의식에서는 아버지와 정반대의 남편을 만난 것이지만 무의식에서는 아버지와 친숙한, 분노가 많은 남자에게 자동으로 끌려간다. 아버지에 대해 해결되지 않은 분노의 감정이 있기에 그 감정을 해결하려고 어린 시절과 친숙한 환경을 다시 창조하는 것이다.

아버지가 일찍 돌아가셔서 소녀 가장 역할을 했다면 돈은 자기가 벌 테니 그저 살아서 옆에만 조용히 있어 줄 무능한 남편을 만나기도 한다. 어린 시절에 친숙한 외로움의 환경이 다시 만들어져 고통을 재현한다.

부부는 왜 그러는지도 모르면서 같은 의식의 사람끼리 서로의 부족한 부분을 채우는 의존 관계로 만난다. 나는 어릴 때부터 집안에서 영웅의 역할을 했기에 누구를 돌보는 데 익숙하다. 그런데 푸름엄마는 다섯 살에 남동생이 죽은 후에 받은 죄책감으로 집안의 침체된 분위기에서 엄마를 기쁘게 해주고 애교를 떠는 마스코트 역할을 맡았다. 그래서 나서지 않고 돌봄을 받는 데 익숙하다. 우리 부부는 돌봄을 주고 돌봄을 받는 관계로 서로 의존했기에 10년 동안은 싸움을 한 적이 한 번도 없다.

그러다가 우리 부부가 성장하면서 '네가 버리기 전에 내가 먼저 버리겠다'라는 마음을 내려놓고, 서로에 대한 믿음이 생겨 내면아이가 충돌한 10년 동안은 많이 싸웠다. 그 10년은 부모에게 받고 싶었던 특별한 사랑을 놓아버리고, 신전의 기둥처럼 서로 마주 보며 독립적으로 우뚝 서서 그 가운데 바람과 구름이 놀게 한 부부유별의 과정이었다.

부부가 유별하려면 혼자 살아도 괜찮아야 한다. 그런데 왜 같이 사는가. 함께 사는 것이 좋기 때문이다. 혼자 춤추어도 좋지만 함께 춤추는 것이 풍요롭고 기쁘기 때문이다. 어린 시절에 목을 오른쪽으로 돌려 상처를 받았는데 이를 치유한다고 왼쪽으로 돌리면 왼쪽에 상처가 새로 나지 오른쪽 상처가 치유되는 건 아니다. 마찬가지로 부부가 유별하려면 상처받은 내면아이를 치유하고 독립하여, 부모에게 받고 싶은 특별한 사랑을 배우자에게 달라고 하면 안 된다. 부모가 채워주지 못한 특별한 사랑을 배우자에게 달라고 하면 부부 관계는 힘들어진다.

남편이 변화하면 행복해질 것 같겠지만, 남편은 절대 변화하지 않는다. 아내가 변화하라고 해서 변화된다면 굴복한 것이다. 수평인 부부 관계에서 누가 굴복하겠는가. 굴복과 지배의 상황이 되면 서로 사랑하며 자유롭고 기쁘고 행복한 관계를 만들 수는 없다.

남편을 변화시키고 싶다면 아내가 성장하면 된다. 아내를 변화시키고 싶다면 남편이 변화하면 된다. 서로 의존 관계였던 부부 중 한 사람이 성장하면 배우자는 균형이 깨지기 때문에 불안을 느낀다. 예를 들어 아내가 성장하면 남편은 이혼하거나 성장하거나 둘 중 하나를 선택해야 한다. 이혼하려면 먼저 사랑을 접어야 한다. 성장한다는 것은 사랑으로 가는 것이기에 대부분의 경우 남편은 성장을 선택한다.

물론 이혼하는 경우도 있다. 지독하게 의존하는 관계인 부부가 있었다. 아내는 어린 시절 부모에게 매를 맞았기에 결혼해서도 남편에게 매를 맞았다. 매를 맞는 사람은 자존감이 낮고 죄의식과 수치심이 많다. 남편은 주식 투자에 실패해서 3억 정도 빚을 졌다. 아내는 보증을 서주고는 다시 주식에 손대면 이혼하겠다고 말했다. 그런데 남편이 또 주식 투자에 나서 빚을 더 졌다.

그 시기에 이 엄마가 나를 찾아왔다.

"이혼을 해야 하나요?"

"이혼을 하면 지금의 남편보다 더 나은 남자를 만날 수 있을까요? 아직 상처받은 내면아이를 다 치유하지 못했어요. 내면의 수치심과 죄책감이 그대로 있어요. 그 억압된 감정을 대면하지 못하면 더 충격적인 일이 와요."

"이보다 더 최악이 어디 있어요?"

그런 대화를 나눈 다음 한참이 지난 후에 그 엄마가 다시 찾아왔다.

"남편이 싸우다가 내 목에 칼을 들이대고 '내가 힘주어 그으면 너는 죽어'라고 말했어요. 그때 모든 것을 놓아버리고 '알아'라고 말했더니 칼을 던졌어요. 만일 '살려주세요' 하고 매달렸다면 내가 살 수 있었을까요?"

"아니, 못 살았을 거예요."

이 엄마는 자신의 선택에 의해 결혼의 서약을 철회하고 이혼을 했다. 그리고 내면아이의 상처를 치유하고 춤추며 산다.

어느 날 한 아빠가 네 시간을 운전해서 강연에 참석했다. 이 아빠의 아내는 아이 셋을 영재로 키우면서 성장한 사람이다. 그는 아내와 함께 10년 넘게 푸름이교육을 했지만 강연장 안에는 절대 들어오지 않았다.

그렇게 조용하고 남 앞에 서서 자신을 표현하지 않던 아빠가 용기를 내어 무대에서 자신의 가장 수치스러운 부분을 공개한다는 것이 놀라웠다. 그래서 어떻게 여기까지 오게 됐느냐고 물었다.

"아내가 평온해져서 단 하루만이라도 그런 평온 속에서 살 수만 있다면 그 길을 선택하겠어요."

부부가 유별하려면 서로가 서로를 존중하고 사랑해야 한다. 어릴 때 아버지에 대한 경멸이 무의식에 있다면 남편을 존경하기는 어렵다. 무의식에서 경멸이 자동으로 투사된다. 그러면 남편의 말이 들리지 않는다. 마찬가지로 남편도 어릴 때 자신의 어머니에 대한 분노가 있다면, 그 분노를 자동으로 아내에게 투사한다. 상대가 어떤 말을 하든 "당신이 하는 말이 다 옳아요"라는 말이 절대로 나오지 않는다.

하지만 남편이 하는 말을 끝까지 듣고 공감해주면 남편은 인정받았다고 느낀다. 그러면 아내에게 무엇이든 해주고 싶은 마음이 든다. 그런 다음 아내가 "나는 이러저러한 생각이 있는데 당신의 생각은 어떠세요?"라고 말하면 인정받은 남편은 무조건 아내의 말이 옳다고 말한다.

남편이 아내를 분노하게 하는 것은 아니다. 아내의 내면에 있는 상처받은 내면아이를 남편의 말과 행동이 건드려 아내가 분노를 선택한 것이다. 자신의 부모에게 상처를 받은 사람은 누구도 믿지 못하기에 배우자에게 무언가를 요청하기가 어렵다. 예를 들어 아내가 "오늘 오후 7시 전까지 쓰레기를 치워주세요"라고 구체적으로 말하면 요청이다. 그런데 모호하게 "쓰레기 치울 수 있어요?"라고 말한다면, 이는 남편을 아직 믿지 못하여 방어하는 것이다. 남편은 쓰레기

를 치울 능력이 있는지를 묻는다고 생각할 수 있다. 이 말에는 쓰레기를 치워달라는 행동에 대한 요청이 없다.

상처받은 내면아이가 있어 남편에게 듣고 싶은 말이 있다면, 종이에 써서 벽에 붙이고 그걸 읽어달라고 해도 좋다. 옆구리 찔러 절 받는 것 같지만, 남편이 그 말을 읽어주기만 해도 치유의 눈물이 흐른다. 남편이 알아서 눈치껏 해주기를 바라겠지만, 그렇게 눈치 빠른 사람은 많지 않다. 마냥 기다리다가는 분노만 커지게 된다.

마지막으로 부부가 평온하게 함께 살려면 어딘가에 내 남편보다 또는 내 아내보다 더 좋은 상대가 나를 기다리고 있으리라는 생각을 버려야 한다. 언젠가 더 나은 사람을 만날 수도 있다는 희망을 조금이라도 가지고 있다면 지금 당장 지워버려라. 부부는 늘 이생에서 최고의 배우자를 만난 것이다.

의식 성장과 관련 있는 추천 도서

아이는 부모를 거울처럼 비추어준다. 모든 부모에겐 내 아이를 있는 그대로 사랑하고 싶다는 마음이 있다. 그래서 육아를 통한 의식 성장 과정에서는 강력한 치유가 일어난다.
아이가 없어도 성장할 수는 있다. 그러나 어느 정도 마음이 편안해지면 대면을 피하려 한다. 고통스럽기 때문이다. 그에 비해 아이를 키우는 부모는 자신의 아이에게 상처를 주고 싶지 않기에 자신이 사랑 자체라는 것을 깨닫게 되고 마음이 평온함에 이를 때까지 치유하고 성장한다. 육아를 통한 성장에 도움이 되는 책 중에서 가장 핵심적인 책들을 소개한다.

- **《아이 마음속으로》**

  프랑스의 심리치료사이자 두 아이의 엄마인 이자벨 피이오자의 저서다. 아이의 감정 표현에 담긴 속마음을 알려주기에 아이가 왜 그런 행동을 하는지 이유를 알 수 있다. 반대로, 부모가 되기 전에 자신의 어린 시절에 무엇을 원했으며 어떤 감정이었는지도 알려준다. 같은 저자의 책으로 《엄마의 화는 내리고, 아이의 자존감은 올리고》가 있다.

- **《천재가 될 수밖에 없는 아이들의 드라마》**

  어린아이는 정신분석을 해서는 안 된다고 주장하면서 프로이트 학파에서 파문당한 스위스의 심리상담치료사이자 상담가인 앨리스 밀러의 대표적인 저서다. 아이들은 자신을 감추는 데 천재이며, 자신을 감추는 역할연기를 하며 드라마의 삶을 살아간다. 세계적으로 유명한 저술가들에게 깊은 영향을 주었고, 상처받은 내면아이에 대한 개념을 처음으로 소개했다. 심리 분야에서 고전의 반열에 드는 책이다.

- **《인생 수업》**

  20세기 최고의 정신의학자이며 호스피스운동의 선구자인 엘리자베스 퀴블러 로스와 제자인 데이비드 케슬러가 공저한 책이다. 죽음을 눈앞에 둔 수백 명을 인터뷰하여 그들이 살면서 가장 하고 싶어 했고 배워야 했던 것을 강의 형태로 정리한 명저다. 상실을 애도하는 과정에서 경험해야 하는 감정이 잘 정리되어 있다.

- **《아직도 가야 할 길》**

  미국의 정신과 의사인 M. 스캇 펙의 저서로 《끝나지 않은 여행》, 《그리고 저 너머에》와 함께 3부작으로 구성되어 있다. 실제 환자를 치료하면서 축적해온 사례를 이해하기 쉽게 구성했으며, 어린 시절의 상처가 훗날 어떤 정신적인 증상으로 발현되는지 그 상관관계를 알게 해준다. 저자는 사랑을 '자기 자신 또는 타인의 정신적 성장을 도와줄 목적으로 자기 자신을 확대해나가려는 의지'로 정의했다. 어떻게 해야 아이도 행복하고 부모도 행복한지를 알려주는 책이다.

- **《수치심의 치유》**

신부였다가 캐나다의 토론토대학교에서 세 개의 박사 학위를 받은 존 브래드 쇼가 쓴 책이다. 쇼의 또 다른 저서 《가족》, 《상처받은 내면아이 치유》도 세계적인 스테디셀러다. 수치심을 이보다 깊게 다룬 책은 지금까지 만나지 못했다.

- **《호모 스피리투스》**

미국의 정신과 의사인 데이비드 호킨스의 대표적인 저서다. 《의식 혁명》, 《나의 눈》과 함께 이루어진 3부작으로 에고의 구조와 의식 성장을 다룬 책 중 최고봉으로 꼽힌다. 불경을 현대적으로 알기 쉽게 풀이한 책이라고 보면 정확하다.

- **《기적수업》**

컬럼비아 의과대학의 임상교수였던 헬렌 슈크만이 7년 동안 영감을 받아 쓴 책이다. 거의 수정 없이 집필한 1,400페이지가 넘는 책으로 성경을 현대적 의미로 풀어냈다. 에고가 일상에서 어떻게 작동하는지를 알려준다. 《호모 스피리투스》와 《기적수업》은 내용은 다른데 의식 수준은 똑같다.

특정 시기에 필요한 것들이
충족되지 못하면
아이 삶에 큰 영향을 미친다.
엄마가 성장하면 자신이 성장하는 만큼
아이를 믿고 기준을 넓힐 수 있다

4장

아이의 발달에는 일정한 법칙이 있다

잉태부터 출산까지
환영받아야 하는 시기

특정 시기에 필요한 것들이 충족되지 못하면 훗날 아이 삶에 이런 영향을 미친다는 점을 설명하기 위해 아이들의 발달 시기별 주요 특징을 제시한다. 맨 처음 단계가 잉태부터 출산까지이며, 이 시기의 핵심은 축복과 환영이다.

사랑하는 아가야, 잘 왔다

아이는 저 별 어딘가 우리가 알지 못하는 곳에 있다가 사랑하는 엄마를 따라 이 세상에 온다.

코칭을 하면서 깊은 무의식에 들어가 보면, 어떤 아이든 엄마를 선택해서 엄마를 따라오지 아빠를 따라오는 경우는 못 보았다. 난자가 최적의 시기를 골라 정자를 주도적으로 선택하는 것처럼 아이의 운명은 엄마가 결정한다. 아이는 자기에게 맞는 사랑하는 엄마를 선택해서 왔다. 그 엄마를 통해 자기가 누구인지를 배울 것이고 이번 생을 살 것이다.

엄마는 자신에게 온 아이를 마음을 다해 축복한다.

"사랑하는 예쁜 내 딸아, 내 아들아. 이 세상에 온 것을 환영한다. 네가 내 자식으로 와서 엄마가 얼마나 기쁘고 행복한지 몰라. 네가 온 날 온 우주는 기뻐서 춤추었어.

사랑하는 내 아들아, 딸아. 너는 신성으로 표현되는 고귀하고 장엄하며 아름다운 존재야. 네가 아들이든 딸이든 엄마는 너를 있는 그대로 사랑할 거야.

엄마 배 속에서 평온하게 있다가 우리 만나자. 엄마는 네가 태어날 날을 손꼽아 기다린단다. 엄마 · 아빠가 기쁨으로 우리 아가를 초대했어.

사랑하는 우리 아가야, 잘 왔다. 환영한다."

엄마의 축복을 받으며 잉태된 아이는 엄마의 자궁에 평온하게 착상한다. 엄마도 마음이 편안하기에 모든 호르몬이 적절히 분비되고, 아이는 신체 발달도 좋고 무럭무럭 자란다.

엄마가 편안하고 아이를 환영하는 것은 엄마가 아이에게 줄 수 있는 최고의 선물을 준 것이다.

엄마의 축복으로 태어난 아이는 근원적인 불안이 없다. 성격은 부드럽고 느긋하지만, 에너지가 넘치기에 삶은 활발하다. 호기심이 강하고 배우기를 좋아하며 두려움 없이 도전한다. 자신을 사랑하고 자신을 사랑하는 것처럼 남을 사랑한다. 이런 아이를 '무한계 인간', '지성과 감성이 조화로운 영재'라고 부른다.

배 속 아이를 환영하지 못하면

엄마가 자신에게 온 아이를 환영하거나 축복하지 않으면, 엄마의 몸은 수정란을 자궁에 착상시키길 거부하게 된다. 수정란이 자꾸만 미끄러지고, 그럴 때마다 아이는 그토록 기다렸던 이번 생을 얻을 수 없다는 깊은 원초적 두려움을 가지게 된다.

어디에서 시작됐는지 알 수 없는 불안이 있다면, 수정란 시기부터 몸에 기억된 두려움이 있는지 보아야 한다. 기억하지는 못한다. 그러나 내면으로 깊이 들어가면 이미지로 볼 수 있으며 감각으로 느낄 수 있다.

엄마가 나이가 많아서, 아니면 너무 가난하거나 아이를 키울 형편이 안 돼서 아이를 안 가지려 하거나 지우려 했다고 하자. 아이는 엄마의 그 마음을 안다. 그래서 엄마 배 속에서 숨죽이며 움직이지 않고 숨어 있다. 임신 5개월이 되도록 임신이 됐는지도 모르는 경우가 많다. 나의 엄마가 그런 경우다.

우리 막내는 잘생긴 남동생이다. 엄마가 막내를 가졌을 때는 노산이라 할 만한 나이였고, 이미 자식이 다섯이나 있는 데다 너무 가난해서 안 낳으려고 했다. 엄마는 임신 5개월까지 막냇동생이 생긴 줄도 몰랐다고 했다. 아이를 지우기 위해 병원에 가려고 집을 나선 엄마는 가는 도중 발에 못이 찔려 돌아왔고, 그래서 막내가 태어났다.

막냇동생과 열두 살 차이인 나는 어려서 그 이야기를 자주 들었다. 한번은 동생에게 그 이야기를 해주었다. 그때 엄마가 병원에 갔다면 이렇게 좋은 동생을 못 볼 뻔했는데 다행이라면서 말이다. 그런데 내 의도와 달리 동생의 눈에는 눈물이 맺혔다. 엄마가 지우려 했다는 것이 슬프고, 몸이 이미 알고 기억하고 있는 사실에 반응한 것이다. 그 말을 하던 때는 잘 몰라서 배 속의 아이가 어떻게 그 상황을 기억할까 싶었지만, 이제는 분명히 안다. 그런 상황에서 자란 사람은 언제나 같은 반응을 보인다.

동생에게 그런 말을 한 것에 사과하고, "너와 나는 우주의 축복으로 형제의 연을 맺은 거야"라고 말해주고 싶다. 막내는 형제 중 가장 어린데도 심장에 문제가 생겨 스탠스 수술을 받았다. 심장은 흔히 기쁨이 부족할 때 문제를 일으킨다.

어떤 엄마가 있다. 예쁘고 모든 분야에서 유능하며 박사 과정도 마친, 아이도 참 잘 키운 대단한 엄마다. 그런데 이 엄마는 돈에 관해서는 아무런 계획도 세울 수 없고, 돈은 잘 벌지만 주머니에 남아 있는 것이 없다.

나는 당신 주머니에 있는 돈을 누가 가져가겠냐고, 당신이 열지 않으면 아무도 가져갈 수 없다고 말해주었다. 하지만 그 엄마는 돈만 있으면 정신을 차리지 못하고 남 주기 바쁘다. 그 때문에 경제적으로 힘든 상황에서 빠져나오지 못한다.

이 엄마는 태어나지 못할 수도 있었다. 이 엄마의 엄마는 너무 가난해서 오천 원만 모이면 아이를 지우겠다고 결심했다. 돈을 모으려고 계획을 세웠지만 오천 원을 채우지 못했기에 아이를 낳을 수밖에 없었다.

엄마가 오천 원을 모으는 동안 배 속의 아이는 얼마나 두려웠겠는가. 그래서 아이는 자라서도 돈에 대한 계획을 세울 수 없다. 계획이라는 과정이 무의식의 두려움과 곧바로 연결되기 때문이다. 그 두려움을 대면하고 허상임을 확인하는 것보다는 아예 계획을 안 세우고 안 보는 것이 낫다.

이 엄마가 돈에 대하여 정신을 못 차리는 이유는 두려움이 극심할 때는 이성이 작동하지 않기 때문이다. 게다가 남에게 돈을 주면 좋은 사람, 괜찮은 사람이라는 이미지를 얻을 수 있다. 그렇기에 하늘에 붕 떠 있고 땅에서 열매를 맺기가 어려운 것이다.

그 태아가 느꼈던 두려움을 다시 느끼고 두려움이 허상이라는 것을 감각으로 알면, 돈에 대한 믿음이 바뀌면서 새로운 세상이 창조된다. 이 엄마는 지금 엄청나게 돈을 잘 벌고 돈을 모으는 것에 도전하고 있다. 배 속에서 이미 습득된 것으로부터 나오는 두려움을 이기려면 오랜 훈련이 필요하다.

혼전 임신이라면

지금은 덜하지만 우리 부모 세대만 해도 혼전 임신을 몹시 부끄러워하고 수치스럽게 여겼다. 혼전 임신을 하고 결혼을 준비한다면, 엄마는 아이를 축복하고 환영하면서 아이와 느긋하게 대화를 나눌 만한 심적 여유가 없다.

엄마가 아이를 수치스러워하면 아이도 자신을 수치스럽게 여긴다. 엄마에게 어떤 사정이 있는지 아이는 알지 못한다. 자신이 너무 일찍 와서 그런 거라며 자신에게 책임을 돌린다. 아이는 엄마 배 속에서 이렇게 선언한다.

"내가 너무 일찍 와서 엄마가 힘들어해. 내가 태어나면 나 자신이 사라지는 한이 있더라도 엄마를 돌볼 거야."

이 아이가 태어나면, 실제로 엄마의 정서를 돌보느라고 자기가 무엇을 좋아하고 싫어하며 무엇을 하고 싶은지 알지 못한다. 눈치는 빠르기에 남을 잘 돌보지만 자신은 돌보지 않는다. 외부 상황, 즉 엄마를 돌본다는 것에 모든 관심이 쏠려 있기에 내가 누구인지 모른다. 그래서 자기를 위해 선택하기가 어렵고, 무언가를 결정하기 힘들어하는 선택장애를 겪는다.

어떤 것이 좋아 보여 그것을 사려고 하다가도, 그 옆에 있는 것이 더 좋아 보여 선뜻 결정하지 못하고 망설인다. 나중에는 익숙한 것을 골라 오는데, 대부분은 지질한 것이다.

자신을 수치스럽게 여기는 사람은 자신의 전부를 싫다고 한다. 눈이나 코가 마음에 안 든다는 식으로 자신의 일부가 싫은 것이 아니라 자신의 전부가 싫다면 보다 깊은 곳, 근원을 들여다봐야 한다. 즉 엄마가 자신을 수치스러워한 건 아닌지를 살펴보아야 한다.

이런 사람의 마음속에서는 늘 "내 자리가 없어"라는 말이 메아리친다. 어디 가서도 "내가 여기 왜 왔는지 모르겠다"라는 말을 한다. 많은 사람 앞에서 자기 자리가 없다고 공개적으로 외치고, 그것이 어디에서 기원했는지만 자각해도 수치심이 사라지고 상태가 좋아진다.

아들을 원하는 집에 딸로 태어났다면

여자 안에는 남성성이 있고 남자 안에는 여성성이 있다. 분석심리학의 개척자로 일컬어지는 카를 융은 여성 안에 있는 남성성을 '아니무스(animus)', 남성 안에 있는 여성성을 '아니마(anima)'라고 불렀다.

사회가 여자에게 수동적이거나 의존적인 것을 요구하면 아니무스가 지나치게 억압된다. 그러면 스스로는 아무것도 하지 않고 의존하면서 세상에 대해 불평하는 성격이 되기 쉽다. 반면 남성적인 가치를 강조하면 아니무스가 과하게 발달한다. 이때는 호전적이고 파괴적이며, 지나치게 경쟁적으로 이기려고 한다. 또한 다른 사람의 감정에 둔감해진다.

여성 안의 남성성인 아니무스가 균형 있게 발달하면, 삶을 적극적으로 살게 되고 여성의 따스함에 강인함과 이성적인 냉철함이 가미되어 조화를 이룬다. 남성 안의 여성성인 아니마가 균형 있게 발달하면, 거친 남성적 특징에 부드럽고 인내심이 강하며 타인을 이해하고 배려하며 공감력이 뛰어난 사람이 된다.

아니마를 억압하거나 지나치게 발달시키면 변덕스럽고 허영심이 강해진다. 또한 다른 사람의 감정을 상하게 하면서도 알지 못한다. 아이가 엄마 배 속에 딸로 왔는데, 엄마가 그 집 문화나 사회 문화상 아들을 원한다면 아이는 자신의 성별을 감춘다.

중국에서 어떤 산부인과 의사에게 들었다. 그동안 많은 태아를 초음파로 진단했는데, 아들을 원하는 집에 딸로 온 태아는 성별을 보여주지 않는다고 한다. 다리로 감추기에 성별을 알 수 없는 것이다. 자신이 딸이라는 것이 알려지면 이 세상에 올 수 없기 때문이다.

자신이 여자일 때 여자로 성장하는 것은 자연스럽다. 그러나 여자가 남자가 되려 하면 자신이 아니기에 삶이 힘겨워진다. 이렇게 엄마 배 속에서부터 성별이 부정당한 아이는 태어나 자라는 과정에서 자신은 돌보지 않고 온 집안을 돌본다. 더 나아가 다른 사람까지 무리하게 돌보면서 오지랖 떤다는 말을 듣게 된다.

이런 엄마들은 머리를 길게 기르지 않는다. 처녀 시절에는 머리를 기를 수도 있지만 아이를 낳고 내면아이를 만나는 시기가 되면 머리칼을 짧게 자른다. 걸을 때도 다리를 모으고 걷기보다는 남자들처럼 팔자걸음 비슷하게 걷는 경향이 있다. 외모도 보이시하거나 중성적이다.

무의식의 믿음에 '나는 남자다. 나도 남자처럼 잘할 수 있다'가 자리 잡고 있다. 몸은 여자이지만 믿음이 남자이기에 생리를 할 때 생리통이 심한 경우가 많다. 남편과 의견이 다르거나 자신이 진다 싶으면 참지 못하고 어떻게 해서든 이기려고 한다.

반면, 딸을 원하는 집에 아들로 태어났다면 조용하면서 지나치게 수동적일 가능성이 크다. 남자든 여자든 존재 자체를 환영받지 못하면 부모 중 한 사람의 정서를 돌보는 대리 배우자 역할을 할 가능성이 커진다.

'엄마가 아이의 운명'이라는 말은 엄마가 하는 말 한마디 한마디가 아이에게 미치는 영향력이 그만큼 크다는 걸 의미한다. 남편과 시부모가 아들을 원한다고 하더라도 배 속 아이가 딸로 왔으면 딸로, 아들로 왔으면 아들로 엄마가 굳건히 축복하면 아이는 그 자신이 된다. 자신을 감추지 않고 표현한다. 그러나 엄마가 두려워하며 착한 며느리, 착한 아내 이미지를 유지하기 위해 아이의 성별을 부정한다면 아이는 무의식에 칼을 감춘다.

칼을 감춘다는 것은 엄마에게 복수하겠다는 뜻이다. 이 복수는 자신이 행복해지는 것을 선택하지 않음으로써 엄마에게 기쁨을 주지 않는 방식으로 진행되기에, 자신조차 복수하고 있다는 사실을 전혀 알지 못한다. 출산 과정에서도 태아가 나오지 않으려고 저항하기에 난산하기 쉽다.

사실 부모가 아들을 원한다고 해서 배 속에 이미 온 딸이 아들로 바뀌는 것은 아니다. 그러나 인간은 상상의 힘을 가진 존재이기에 딸로 태어났어도 자신이 아들이라고 믿으면서 아들 역할을 할 수 있다. 의식에서는 자신이 딸이라는 것을 알지만 무의식에서는 아들이다. 아들 노릇을 해야만 자신이 사랑받을 수 있다고 믿는 것이다.

태아 시절부터 성별이 부정당한 슬픔과 분노의 감정을 몸으로 겪으면서 풀어내다 보면, 자신이 가짜 남자 성기를 크게 만들어 그 뿌리를 몸 깊이 감추어놓았다는 이미지를 보게 된다. 그 가짜 성기가 앞을 가리기에 똑바로 보지 못하고 머리를 양옆으로 기울여서 본다. 걸음걸이가 왜 팔자걸음이 되는지도 이해하게 된다.

자신이 상상으로 만든 것은 실체가 있는 것이 아니고 거짓으로 만든 허상이기에 감정을 대면하면 바로 사라진다. 프로이트는 치유가 일어나려면 무의식이 의식으로 올라와야 한다고 했는데, 그 말의 의미를 경험을 통해 알 수 있다. 대면하면 걷는 모습도 바로 바뀌고 아들 노릇 하느라 억압됐던 여성성이 바로 표현된다. 감정을 대면했다는 사실을 금방 아는 방법이 있다. 예뻐진다는 것이다. 자신의 감정과 대면해서 거짓 믿음을 버렸기에 예뻐지고 생기가 도는 것이다.

자식을 용서하듯 엄마 자신에게도 용서를

엄마가 아이를 존재 자체로서 환영하지 않고 축복하지 않으면, 아이는 자신이 담을 넘어 왔다고 생각한다. 엄마가 환영하지도 않는데 몰래 와버린 죄인이 되는 것이다.

애초에 부모가 문을 열고 초대하지 않으면 아이는 올 수 없다. 그것이 사실이다. 그러나 아이는 맥락이 없기에 무의식에서 자신을 죄인이라고 믿는다. 맥락과 내용은 상대적인 개념이다. 예를 들어 지구가 내용이면 태양계가 맥락이 된다. 태양계가 내용이면 우주가 맥락이 된다. 즉, 아이는 더 큰 그림 안에서 자신의 현재 모습을 볼 만한 능력을 갖추고 있지 않다.

또한 죄는 애초에 존재하지 않는다. 죄는 의도가 나쁜 것이다. 소크라테스가 말했듯이, 모든 사람은 어떤 것을 할 때 좋은 의도로 한다. 의도는 좋았지만 잘 몰라서 결과가 잘못 나오면 '실수'라고 한다. 과녁을 향해 쏜 화살이 빗나가서 엉뚱한 곳을 맞혔을 때 실수했다고 하지 죄를 지었다고 말하지는 않는다.

만일 죄가 존재한다면 죄의 삯은 죽음이다. 신성을 가진 고귀하고 장엄한 존재가 죽을 운명의 하찮고 쓸모없는 존재로 떨어진다. 죄인은 천국에 갈 수 없다. 죄가 실재가 되면 사랑은 거짓이 된다. 죄가 있다고 믿으면 죄가 실재가 되기에 외부에서 용서를 구해도 사라지지 않는다. 죄가 애초에 존재하지 않는다는 이해에 이른 것을 '속죄'라고 한다.

아이가 물컵을 들고 가다 쏟으면 엄마는 뭐라고 말하는가.

"괜찮아. 그러면서 배우는 거야. 조심해서 꽉 잡고 가면 실수하지 않아."

아이는 그렇게 실수하면서 배우고 성장한다.

엄마가 몰라서 아이를 환영하지도 축복하지도 못했다면, 지금이라도 몰라서 그랬다고 진정으로 사과하고 용서를 구해야 한다. "네가 엄마에게 온 것은 아무런 죄가 없다. 아무런 잘못이 없다"라고 말해주어야 아이는 자신의 고귀함과 장엄함을 믿게 된다.

"내가 엄마에게 온 것은 담을 넘은 것이 아니야. 엄마가 초대해서 왔지. 내가 왔을 때 환영하고 축복하지 않으려면 엄마가 문단속을 잘 했어야지"라는 말이 아이 입에서 나온다면 아이는 치유되고 있는 것이다.

죄책감은 잉태되기 이전부터 인간의 에고(ego) 안에 이미 내포되어 있다. 원죄란 인간의 유전자 안에 있는 동물성을 말한다. 우리 안에는 성스러움과 동물성이 함께 있지만 어떤 환경에서 성장하느냐에 따라 둘 중 하나를 선택하게 된다. 자신을 죄인이라고 믿고 성장한 사람은 감정이 억압되기에 오히려 기쁨의 감각을 느끼려는 유혹이 강해진다.

결혼을 하기 이전이나 결혼 후에 여러 가지 사정으로 아이를 지웠다 해도 자신을 용서해야 한다. 그때의 의식으로는 그것이 최선이었을 것이다.

코칭을 하면서 무의식 깊은 곳까지 들어가면 지운 아이가 여자아이인지 남자아이인지 아니면 쌍둥이였는지를 엄마 자신은 알고 있다. 그 아이를 현재 나이의 모습으로 그려낼 수 있다.

엄마의 무의식에 있는 죄책감이 해결되지 않으면 지금의 자식들이 엄마의 죄책감을 가져간다. 엄마의 무의식에 있는 분노가 해결되지 않으면 그 분노는 가장 가까운 아이에게 향한다. 엄마의 슬픔이 해결되지 않으면 자식이 대신 그 슬픔을 가져간다.

엄마가 아이를 지운 죄책감을 분노하고 울면서 대면해 아이를 떠나보내면, 아이들은 예외 없이 엄마를 용서하고 축복한다.

고요한 마음 가운데 "엄마, 나는 괜찮아요. 이미 다른 생을 얻었어요. 이제 엄마 자신을 용서하고 행복하게 사세요"라는 아이 목소리가 들린다. 아이는 언제나 사랑 자체다.

부모는 자식이 무엇을 하든 용서한다. 모든 것에 대해 괜찮다고 말한다. 그런데 왜 자신의 실수는 용서하지 않는가. 자신을 용서해야 태어날 아이를 진심으로 환영하고 축복할 수 있다.

태어나서 18개월까지
애착 형성의 시기

있는 그대로 사랑받은 아이들은 엄마와 깊은 애착을 형성한다. 엄마와 하나 됨을 경험한 아이는 고유한 자신이 되어 독립할 수 있다. 교육은 엄마와 아이 사이에 친밀감이 있을 때 가능하다.

아이는 고귀하고 장엄한 존재다

태어나서 18개월까지는 세상에 대한 믿음을 형성하는 시기다. 아이가 세상을 믿느냐 못 믿느냐는 엄마가 아이를 어떻게 비추어주느냐에 달렸다. 엄마가 아이를 배려 깊은 사랑으로 보았다면 아이의 눈에는 사랑만 보일 것이고, 두려움으로 보았다면 아이의 세상은 두려움으로 가득 찰 것이다.

아이가 무엇을 먹든 안 먹든, 자든 안 자든, 울든 안 울든 엄마 눈에는 무조건 예뻐야 한다. 할머니가 손주를 보면 무엇을 해도 "아이고 예뻐라, 아이고 예뻐라"라고 한다. 그렇듯 어떤 행위로 사랑받는 것이 아니라 존재 자체로 사랑받을 때, 아이는 자신이 사랑받을 존재임을 알고 세상을 믿는다.

이 시기의 핵심은 아이가 엄마에게 마음껏 의존하게 하고, 엄마가 일관되게 즉각적으로 반응하는 것이다. 아이가 울면 3초 이내에 달려가라. 아이가 운다는 것은 욕구가 있다는 것이고, 엄마와 서로 연결하고 소통하고 싶다는 것이다. 대화를 나누고 싶지만 말을 못 하기에 운다.

푸름이는 태어나서 100일 동안 많이 울었다. 왜 우는지 그때는 몰랐지만 지금은 안다. 푸름이는 신생아 때 황달이 있어 광선치료를 받느라고 일주일 동안 입원하여 격리되어 있었다. 홀로 남겨진 그 작은 아이는 얼마나 외롭고 무서웠을까. 지금도 생각하면 가슴이 미어진다. 푸름엄마는 푸름이가 울면 바로 달려가 안아주었다. 100일 동안 엄마 몸에서 떨어진 적이 없었다. 그렇게 불안해하며 울던 푸름이는 100일이 지난 후에는 슬픔이 충분히 해소됐는지 우는 일이 별로 없었다.

아이를 처음 낳은 엄마로서는 먹으면 자고 먹으면 자는 신생아가 무엇을 배울까 싶겠지만, 아이는 자신의 인생에 기초가 되는 삶의 방향성을 엄마로부터 흡수한다.

아이는 말 그대로 흡수한다. 엄마에게 들었던 말을 그대로 흡수하여 사용하고, 엄마가 삶을 대하는 태도를 흡수한다. 사실 엄마는 자기 삶을 지켜보지 않으면 자신이 어떻게 사는지 잘 모르지만, 아이는 엄마의 무의식에 억압되어 있는 것까지 감지한다.

나는 푸름엄마와 함께 내면 깊이 들어간 적이 있다. 신생아 시절은 기억하지 못하지만 몸에는 그 기억이 이미지로 고스란히 저장되어 있다. 어린 시절로 내려가면 아이들의 감각이 어른보다 훨씬 섬세하다는 것을 알게 된다. 귀와 눈도 더 밝고, 냄새도 더 잘 맡는다.

아이의 감각이 훨씬 섬세하다는 것은 어린 시절로 내려가 보면 안다. 아이는 누워 있지만 발소리로 엄마가 지금 주방에 있는지 화장실에 있는지, 어디 가서 무엇을 하는지 그 동선을 감각적으로 분별한다. 아이는 선택적으로 듣지 않는다. 모든 것을 있는 그대로 듣는다.

푸름이 동생 초록이는 아주 조용히 걷는다. 어느 날 새벽 2시쯤 푸름엄마와 내가 내면 깊이 들어가 선잠에 들었을 때, 초록이가 조용히 방문을 열고 들어왔다. 그때 푸름엄마와 나는 너무 큰 소리에 놀라 동시에 소리쳤다.

"초록아, 조용히…!"

"엄마, 문 조용히 열었는데요?"

나는 그때 아이들이 왜 작은 소리에도 놀라 깨는지 알게 됐다. 아이들은 너무 섬세해서 작은 차이도 바로 알아차린다. 어른이 된 후 영어를 배우면 아무리 배워도 특정 발음은 하기 어렵지만 아이들에게는 그런 일이 없다.

갓 태어난 아이는 순수하고 영롱하다. 자신이 태어난 순간을 본 사람은 누구 하나 예외 없이 순백처럼 맑고 영롱하다고 말한다. 어떤 경우에도 더럽혀지거나 죄로 물들 수 없는 진짜 '나'가 있다.

아이는 위협받을 수 없는 실재를 내면에 가지고 태어난다. 이를 '신성'이라고도 하고 고귀함과 장엄함이라고도 한다. 어떻게 부르든, 아이의 내면에 무엇인가 위대한 힘이 존재한다는 것을 누구나 안다. 특히 부모라면 그 힘을 어떻게 모르겠는가.

그 힘이 발현되도록 끌어내는 것이 교육이다. 그런 면에서 교육은 의식이 바뀌면 자연스럽고 쉽게 이뤄진다.

아이가 먹지 않는다고 걱정하는 엄마가 있다. 아이는 먹고 싶을 때 먹고, 안 먹고 싶을 때는 안 먹는다. 이를 섬세하게 관찰한 엄마는 아이의 감각을 존중하고 균형 있게 먹을 것을 준다.

아이가 쓴맛을 싫어하는 것은 당연하다. 쓴맛이 낯설기도 하지만 쓴맛에는 독소가 있는 경우가 많기에 자연적으로 피하는 것이다. 아이는 많이 먹지 않는다. 조금 자라 사춘기가 되면, 그렇게 안 먹던 아이들이 냉장고 문을 수시로 열고 "우리 집에는 왜 이렇게 먹을 것이 없어"라며 투덜거린다.

아이는 잠도 별로 없다. 세상이 믿을 만하고 흥미로운데, 배우는 것이 이토록 기쁜데 잠잘 시간이 어디 있겠는가. 책을 읽어주면 눈이 더욱 빛난다. 에너지를 다 쓰고 잠깐 잠들지만 깊게 푹 자고 나면 금방 생생해진다.

사회화를 통해 이미 순응된 엄마들은 아이들의 그 활력을, 생명의 힘을, 에너지를 당해낼 수 없다. 엄마가 힘들면 아이의 생체 리듬에 맞추어 자게 하는 것이 아니라 자신에게 편리한 규칙에 맞추어 재우려 한다. 먹고 싶지 않을 때 먹어야 하는 것처럼, 자고 싶지 않을 때 자는 것은 고역이다. 이는 몸의 병을 만든다.

도인은 아이처럼 먹고 싶을 때 먹고, 자고 싶을 때 자고, 싸고 싶을 때 싸는 사람이다. 먹고 싶지 않은데 억지로 먹으면 소화제를 먹어야 하고, 자고 싶지 않은데 자려면 수면제를 먹어야 하고, 마렵지도 않은데 싸려면 변비약을 먹어야 한다.

사랑하는 엄마 품에 안겨 편안하게 잠든 아이는 세상이 얼마나 믿을 만하고 좋겠는가. 아이도 행복하지만 엄마도 그 아이를 바라보면서 행복하다.

분리불안과 애착

과일은 익어야 떨어진다. 엄마와의 완전한 의존 관계를 경험한 아이들은 충분히 익었기에 스스로 독립하려고 한다.

아이가 자신의 욕구와 감정을 표현했을 때 엄마가 즉각적으로 섬세하게 반응해서 채워주면 아이는 자신이 세상에 영향력을 미칠 수 있으며 세상은 사랑으로 가득한, 좋고 아름다운 곳이라 믿는다. 엄마는 아이의 눈길이 어디에 머물고 있으며 눈빛이 어떠한가를 잘 보아야 한다.

아이가 이 세상에 태어나서 제일 좋아하는 것은 배우는 것이다. 아이에게 세상은 모든 것이 궁금하며 새롭고 신기한 곳이다. 아이가 감각으로 느끼지만 이해할 수 없는 것을 엄마가 말해주면, 그 감각이 언어로 잡혀 이해할 수 있고 소통할 수 있게 된다. 엄마는 수다쟁이가 되어야 한다. 아이가 보고 있는 것이 무엇인지를 말해주어야 한다.

태어나 6개월 전후에 아이가 엄마만 찾고 낯선 사람을 경계하면서 낯가림을 하면 엄마는 아이가 애착 형성을 잘하고 있다는 사실에 기뻐하면서 아이를 보호해주어야 한다. 어떤 엄마는 아이가 낯가림을 하고 소극적이면 사회성이 없어서 그러는 게 아닌지 걱정한다. 그러면 아이는 엄마가 걱정하는 대로 자신을 사회성이 없는 사람으로 규정하고 사람에 대한 두려움을 키워간다.

어릴 때 외로웠던 엄마는 아이가 말을 할 때 귀 기울여 듣지 않고 자기 말만 한다. 지시하고 훈계하고 명령하고 가르치려 하지, 아이가 말과 몸짓으로 무엇을 나타내려 하는지 관심을 기울이지 않는다. 아이 말에 귀를 기울여야 아이는 엄마를 믿고 깊은 애착을 형성할 수 있다.

14개월 정도 되면 아이는 엄마와 떨어지는 것에 불안을 느낀다. 심지어 엄마가 화장실에 갈 때도 따라간다. 이런 분리불안은 아이의 발달상 자연스러운 과정이다.

직장에 다니는 엄마는 아이가 떨어지지 않으려 해 어려움을 겪는다. 아이가 또 울고불고할까 봐 아이가 자고 있을 때 몰래 출근하기도 한다. 잠에서 깨어나 엄마가 없다는 걸 알게 된 아이는 엄마가 자신을 싫어해서 어딘가로 가버렸다고 생각한다.

아이에게는 솔직하게 말해주어야 한다. 엄마도 아이와 함께 있고 싶지만 직장에 가야 한다고 말해주고, 아이가 슬퍼서 울 때 충분히 울도록 공감해주어야 한다. **늘 사랑한다는 표현을 온몸으로 해주어야 상처가 남지 않는다.**

18개월 정도 되면 아이는 사물에 대한 인지가 어느 정도 갖춰졌기에 놀이와 재미로 한글을 가르치면 충분히 배울 수 있다. 아이들은 놀면서 배운다. 집 안의 모든 것이 놀잇거리이고, 일상의 모든 것이 놀이다.

버림받음의 기억

엄마와 깊은 애착을 형성하고 세상에 대한 믿음을 키워야 할 시기에 엄마와 떨어지면, 맥락이 없는 아이들은 자신이 사랑받을 가치가 없어서 엄마가 버렸다고 느낀다. 아이에게 버림받음은 곧 죽음을 뜻한다.

엄마가 생계를 유지하기 위해 직장에 나가면서 아이를 어린이집에 맡겼다고 하자. 엄마가 아이에게 맥락을 주기 위해 그 이유를 충분히 설명해주고, "네 잘못은 없어. 엄마는 변함없이 너를 있는 그대로 사랑해"라고 말해주면 아이가 받는 충격이 줄어든다.

그러나 이런 과정 없이 갑자기 낯선 환경에 보냈다면, 아이는 자신이 하찮고 쓸모없으며 지질해서 부모가 자신을 버렸다고 믿는다. 자기가 사랑스럽고 무엇인가를 더 잘했다면 엄마가 버리지 않았을 거라고 믿는다. 자기도 모르는 사이에 버림받은 아이는 자신의 존재를 수치스럽다고 여기고 죄인이 된다. 그러면 감정을 느끼지 못한다. 감정을 느끼면 고통스럽기에 문을 닫아버리는 것이다.

존재가 수치스러우면 내면이 공허하다. 그래서 외롭다고 느끼는데, 외로움은 두려움보다 고통스럽다. 아이는 이유도 알지 못한 채 자신에게서 분리되어 고립됐다. 나의 내면에서 진짜 나인 사람과 하나가 되지 못하고 분리가 일어나면, 이를 외부에서 채우려고 기를 쓰고 연결을 시도하게 된다. 이곳저곳 분주하게 다니면서 의미 없는 피상적인 관계를 만드는 데 에너지를 쓴다. 하지만 외로움은 사라지지 않는다.

감정을 느끼지 못하면 가슴이 꽉 막히고 답답하기에 중독과 강박에 의존해서 느끼려 한다. 예를 들어 기쁨이 수치심 안에 갇히면 우울해진다. 술을 먹으면 일시적으로 수치심이 해제되면서 원래부터 '진짜 나' 안에 있던 기쁨이 나온다. 구름에 가려져 있던 맑은 하늘이, 어느 순간 구름이 사라지자 반짝하고 드러나는 것과 같다. 맑은 하늘은 늘 거기에 있었다.

술이 기쁨을 만든 게 아니다. 술이 기쁨을 가리고 있던 수치심과 죄책감 같은 방어 감정을 일시적으로 해소한 것이다. 술기운이 사라지면 다시 구름이 몰려들고, 술에 의존했다는 자신이 한심스러워 오히려 수치심이 더 커진다. 마음이 술 때문에 기쁨을 느낀다고 착각하면 더욱더 술에 의존하게 되고, 결국 자신을 파괴하는 지경에 이르고 만다. 이런 병리적 관계를 '중독'이라고 한다. 강박 역시 중독과 같은 뿌리에서 일어난다. 둘 다 감정을 느끼려 하는 방법이지만 표현 방식이 다를 뿐이다. 그래서 강박을 '마른 중독'이라고 표현한다.

자신의 존재가 수치스러우면 그 수치심을 감추기 위해 다른 사람을 돌보거나 경건한 행위를 한다. 누군가를 돌보는 행위가 자기 자신이 사랑임을 아는 헌신에서 나온 것이라면 지치지 않고 행복하다. 그러나 자신의 수치스러움을 감추기 위해, 남에게 보여주기 위해 반복하는 강박 행위라면 자신이 의롭고 괜찮다고 느끼는 감정은 순간에 지나지 않는다. 수치심과 죄책감이 근본적으로 사라진 것이 아니기에 마음이 늘 불안하고 지치며, 언젠가는 무너지게 된다. 그리고 결국은 자신을 파괴한다. 강박은 자신이 수치스러워 인간 이상이 되려 하는 것이고 중독은 인간 이하가 되는 것이다.

중국에 강연하러 가면 문화혁명 시기(1966~1976년)에 태어나서 생후 6주 정도에 탁아소에 보내져 양육된 엄마들이 있다. 놀랍게도 그들은 감정을 느끼기가 어려우며, 자신이 무엇을 좋아하고 싫어하는지 몰라 선택을 어려워한다는 특징을 공통적으로 보였다.

이는 나의 특징이기도 했다. 나는 누군가를 보살피면서 평생을 살아왔다. 남을 돌보고 좋은 일을 하지만, 나의 내면에는 늘 나를 감시하는 감시자가 있었다. 자신의 존재가 수치스럽다고 믿는 마음을 누구에게도 들키지 않으려고 감시하는 것이다. 거기에 너무 많은 에너지를 쓰고 있었는데도 난 사실 그런 줄도 몰랐다.

또 무슨 이유인지 모르지만 내가 어둠을 싫어하기에, 눈치 빠른 푸름엄마는 내가 집에 들어올 때쯤이면 온 집 안이 환하게 불을 켜 놓곤 했다. 무엇이 나를 그런 삶을 사는 방향으로 가게 했을까. 나는 내면의 감시자가 어디에서 왔는지 궁금했다.

그 궁금증은 한참 후 내면 여행을 하면서 풀렸다. 13개월 때 버림받은 경험이 결정적이었다는 사실을 알게 된 것이다. 젖먹이였던 나는 반년 동안 아버지와 지내야 했다. 내가 좀 컸을 때 엄마가 지나가는 말로, 친정에 갈 때는 내 머리칼이 짧았는데 다시 돌아오니 길어져 있더라고 했다. 그 말을 들었을 때 섬뜩하고 몸이 뭔가 반응한다는 걸 느꼈지만, 그것이 어떤 의미인지는 알지 못했다.

어느 강연 날, 유난히도 어릴 때 엄마가 없어 혼자 삶을 헤쳐왔거나 탁아소에서 자랐다는 엄마들이 손을 들고 나와 감정을 대면했다. 그때마다 내 몸이 건드려져 눈물이 나왔다.

푸름엄마가 울고 있는 나를 보더니 '엄마 가지 마'를 큰 소리로 따라 하라고 했다.

"엄마 가지 마."

이 말을 따라 하다가 13개월 때 버려진 아이의 감정을 만났다. 그 아이는 '엄마'라는 단어를 말할 수가 없었다. '엄마'라는 소리를 내야 하는데 목구멍 깊은 곳에 압력이 꽉 차 소리가 나지 않았다. 사람들은 내가 짐승처럼 울부짖었다고 하는데 나는 그저 어둡고 먼 공간에서 있는 것처럼 느껴졌다. 그 아이는 걷지 못했다. 어두운 방 안을 빙빙 돌며 기었다.

13개월에 나의 감정은 죽었다. 버림받았기에 '엄마가 나를 버리지 않았어'라는 환상을 가지고 있었다. 다시는 버림받지 않으려고 영웅이 되고 소년 가장이 되어 가족을 돌보았다. 그 어둠이 몸에 기억되어 있기에 어두워지면 무의식의 기억이 떠오르는 것을 막으려고 불을 켜야 했다.

버림받은 아이는 자신이 수치스럽다. 그런데 내면의 감시자가 어디에서 왔는지 머리가 아닌 가슴으로 알게 된 후, 그 **아이가 당시 마땅히 느꼈어야 할 감정인 슬픔과 분노를 대면하고 버림받음의 깊은 상실을 애도하자 사라졌다.** 나를 많은 사람 앞에 내보였더니 수치심도 사라졌다. 대면하면 맥락이 달라진다. 아이가 어른이 되는 것이다.

18~36개월
제1 반항기

제1 반항기는 아기에서 어린아이로 성장하는 시기다. 이 시기에는 대상 항상성이 형성되며 수치심이 발달한다.

"싫어, 안 할래", "내 거야", "내가 할래"

이전까지 엄마에게 완전히 의존하면서 세상에 대한 신뢰를 획득하는 시기를 보냈다면, 제1 반항기에는 엄마한테서 서서히 떨어져 나와 고유한 자신이 되는 과정이 시작된다.

엄마에게 착 달라붙어 말 잘 듣던 아이가 어느 날부터 "싫어, 안 할래", "내 거야", "내가 할래"라는 말을 하기 시작한다. 아이가 이런 말을 한다는 건 발달이 순조롭게 이루어지고 있다는 뜻이기에 열렬히 환영해야 한다. 이 시기 아이들은 하루에도 몇 번씩 마음이 변한다. 만약 엄마가 아이의 발달 단계를 이해하지 못하거나 자신이 어린 시절에 제1 반항기를 겪지 못했다면 아이와 충돌이 일어날 수 있다.

예를 들어 이전에는 계단을 올라갈 때 엄마가 손을 잡아주면 얌전히 손을 잡고 올라가던 아이가 갑자기 손 잡지 말라며 떼를 쓴다. 그뿐이 아니다. 엄마가 손을 안 잡아주면 또 안 잡아준다고 울고불고한다. 이렇게 해도 난리를 치고 저렇게 해도 난리를 치기에 엄마는 난감하기만 하다.

처음 엄마가 손을 잡아줄 때 아이는 스스로 하고 싶다는 마음이 있었다. 엄마에게 의존하지 않고 스스로 도전하고 싶었는데 엄마가 손을 잡아줌으로써 의존 관계가 됐기에 떼를 쓴 것이다. 감정을 언어로 표현하는 데 미숙하기에 몸으로 표현하는 것이다. 그렇다면 엄마가 손을 안 잡아줄 때 떼를 쓴 이유는 무엇일까? 한편으로 아이는 엄마에게 의존하고 싶은데, 이를 알지 못하는 엄마가 손을 안 잡아주면서 독립하라는 메시지를 보냈기 때문이다.

'싫어, 안 할래'는 아이가 자신의 경계를 정하는 것이다. 아이는 지금 자신이 무엇을 좋아하고 싫어하는지를 배우는 중이다. 만약 집에 문이 없다면 외부인으로부터 자신을 보호할 수 없을 것이다. 그와 마찬가지로 아이도 보호막을 만드는 것이다.

어릴 때 부모가 무섭게 대했거나 방치 또는 방임해서 이런 말을 못 하고 착한 아이가 됐다면 다른 사람과의 관계가 힘들어진다. '싫어, 안 할래'는 내 경계를 침범하지 말라는 메시지다. 그 이유는 오히려 '나는 당신과 좋은, 건강한 관계를 유지하고 싶다'라는 마음이 있기 때문이다. 자신이 좋다고 한 것에 대해서는 확실하게 책임을 지겠다는 뜻이다. 이런 말을 하려면 아이가 먼저 부모를 신뢰해야 한다. 부모를 안전한 상대로 느끼지 않으면 말하지 않는다.

나는 이 시기에 엄마와 반년 동안 떨어져 있어서 '싫어, 안 할래'를 배우지 못했다. 그래서 누가 무엇을 해달라고 하면 굳이 들어주지 않아도 되는 것까지 다 들어줘야 했고, 그 때문에 삶이 늘 피곤했다. 예를 들어 누가 보증을 서달라고 하면 머리로는 보증 섰다가 망할 수도 있다는 것을 안다. 하지만 막상 그 사람을 만나면 불쌍하다는 생각이 들고 도와주어야 할 것 같아 내가 먼저 보증을 서주겠다고 말한다. 늘 같은 패턴이 반복된다.

이것이 어디에서 왔는지 찾아내려면 어린 시절로 내려가 보아야 한다. 다른 사람이 불쌍한 것이 아니다. 내가 불쌍한 것이다. 아이는 엄마와 잠깐만 떨어져도 죽을 것 같은 두려움을 느낀다.

젖먹이 아이를 두고 엄마가 사라졌다. 술만 먹으면 인사불성이 되어 소리를 지르고 물건을 부수는 아버지가 아이를 어떻게 돌보았겠는가. 어린아이는 어두운 방에서 혼자 뱅뱅 돌며 기어 다니고 있다. 얼마나 불쌍한가. 하지만 자신의 불쌍함을 볼 수 없기에 다른 사람에게서 자신의 불쌍함을 보는 것이다. 그 사람 주변에는 자신이 도와줘야 하는 사람만 모이게 된다. 불쌍한 사람을 안 도와주면 인정머리가 없다고 생각한다. 이런 사람의 눈에는 늘 불쌍한 사람들만 보인다.

"저 아이가 불쌍해. 저 엄마가 불쌍해. 저 할머니가 불쌍해."

푸름이교육에는 이런 말이 있다.

"네가 제일 불쌍해."

다른 사람을 사랑으로 돕는 것조차 안 된다고 말하는 것이 아니다. 아이가 경계를 배울 때는 아이 말을 부정하지 말고 그 욕구와 감정을 존중해주어야 한다는 것이다.

'내 거야'는 소유를 배우고 있다는 뜻이다. 아이에게 나누어주라고 가르치지 마라. 아이들은 자신의 것을 충분히 소유해본 후에야 자신의 것이 소중한 만큼 남의 것도 소중하다는 것을 안다.

나는 어릴 때 가난해서 내 것을 가져본 적이 없다. 대학에 다닐 때도 청바지 두 벌로 4년을 버텼다. 사회에 나와 돈을 벌 때도 내가 가져도 된다는 개념이 없었다. 돈이 들어와도 언제 나갔는지 모르게 사라지고 없다. 오히려 가진다는 개념이 불편하다. 가져야 할 것을 마땅히 가지는 건데도, 무의식에서는 욕심이 많다고 여겼다.

이 시기에 엄마가 아이를 놔두고 돈을 벌러 갔다고 하면, 아이에게는 돈이라는 맥락이 없기에 돈을 벌어 아이를 행복하게 해주고 싶어 하는 엄마의 사랑이 이해되지 않는다. **아이는 언제나 현실을 산다. 지금 중요한 문제는 엄마가 필요한데 옆에 없다는 것이다. 사랑이란 엄마가 무엇을 잘하거나 못하는 것 같은 행위와는 아무 관련이 없다. 단지 옆에 존재하는 엄마가 사랑이다.**

아이는 자신이 하찮고 쓸모없으며 지질하기 때문에 엄마가 자신을 떠났다고 믿는다. 이때 느끼는 불행도 엄마가 자신을 위해 준 것이기에 아이는 이 감정을 버리려 하지 않는다. 진짜 행복이 와서 평소에 느끼는 감정과 반대되는 낯선 감정이 느껴지면, 아이는 친숙한 감정인 불행으로 되돌아가려 한다. 이를 '내적 불행'이라고 한다.

이 시기에 출근을 해야 한다면 아이에게 "엄마가 어디에 있든 널 사랑해"라고 말해주어야 한다. 아이에게는 아무런 잘못이 없고, 책임도 없다고 말해주어야 한다. 아이가 우는 것이 불편해 몰래 가서도 안 된다. 우는 아이의 감정에 충분히 공감해주어야 하며, 언제 돌아온다는 걸 얘기해주어야 아이는 기다리지 않는다.

'내가 할래'는 자기주도성이 나오는 것이다. 이 시기 아이는 무엇이든 자기가 하려 한다. 자기 손으로 물을 컵에 따르려 하고, 수저를 들고 혼자 밥을 먹으려 한다. 엄마가 설거지를 하면 아이도 따라 하려 한다. 서툴지만 아이가 혼자 하려 하면 엄마는 그 자발성을 격려해주어야 한다. 아이가 하는 행동이 남에게 피해를 주거나 위험한 것이 아니라면 해볼 기회를 주어야 한다. 아이는 실수하면서 배운다. 스스로 해보면서 성취의 기쁨을 맛보며 성장한다.

예를 들어 아이가 스스로 밥을 먹으려 한다고 해보자. 대부분의 엄마는 먹여주려 한다. 음식을 흘리지 않아 치우기가 편하기 때문이다. 그런데 아이들은 혼자 먹겠다고 고집을 피운다. 이럴 때는 치우기 쉽도록 바닥에 비닐 같은 것을 깔고 주면 된다. 아이들은 반은 흘리고 반은 먹으면서 좋아한다. 혼자서 해냈다는 기쁨을 느낀다. 몇 달만 이렇게 먹어도 눈과 손의 협응력이 발달해 수저를 능숙히 사용하게 된다.

이 시기 아이는 상상력을 발휘하거나 추상적으로 사고하지 못한다. 그래서 뭐든지 눈으로 확인해야 믿는다. 밤 12시가 넘었는데 아이가 장난감을 사달라고 조른다고 하자. 아이는 자신이 원하는 것을 즉각적으로 충족하고 싶어 한다. 이럴 때 보통 부모는 "장난감 가게 문 닫았어"라고 말하고, 아이가 자꾸만 떼를 쓰면 야단친다.

부모는 경험으로 가게 문이 닫혔다는 걸 알지만 아이에겐 그런 경험이 없다. 물이 담긴 컵을 기울이면 물이 쏟아진다. 물이 쏟아진다는 것을 어떻게 알 수 있었는가. 쏟아보았기에 안 것이다. 아이를 실제로 데리고 가 장난감 가게의 문이 닫혔다는 걸 보여주면, 그다음부터는 밤 12시에 장난감을 사달라고 조르지 않는다.

아이가 하는 행동이 남에게 피해를 주거나 위험한 것도 아닌데 해주기 싫다면, 자신이 자랄 때 부모가 어떻게 키웠는지 돌아보아야 한다. 아이를 키우는 부모는 허용 범위가 넓어야 한다. 그럴수록 아이의 자기주도성이 증가한다. 그렇다고 모든 것을 허용하라는 의미는 아니다. 남에게 피해를 주거나 생명과 안전을 위협하는 것은 안 된다고 못을 박아야 한다. 이는 아이에게 '네 마음껏 해보렴. 그러나 위험하면 엄마가 지켜줄게'라는 메시지를 주기에 아이는 안전하다고 느낀다.

지금 자신의 기준이 좁다고 하더라도 자책하지는 말자. **엄마가 성장하면 된다. 자신이 성장하는 만큼 아이를 믿고 기준을 넓힐 수 있다.**

대상 항상성

제1 반항기에 이르면 아이에게 '대상 항상성'이 형성된다. '대상 영속성'이라고도 하며, 어머니나 주 양육자처럼 중요한 정서적 애착의 대상이 눈에 보이지 않을 때도 여전히 존재하며 자신과 연결되어 있다고 느끼는 심리적 상태를 말한다.

엄마 역시 화도 내고, 기뻐서 웃을 수도 있고, 슬퍼서 울 수도 있다. 그런데 엄마의 사랑만큼은 변함이 없어야 아이가 엄마라는 대상이 분리되지 않고 항상 그대로라는 이미지를 갖는다. 이는 세상이 빛과 어둠으로 분리되지 않고 하나임을 의미한다.

아이에게 엄마라는 존재는 곧 세상이다. 엄마의 사랑으로 엄마와 하나가 된 아이들은 세상을 사랑으로 믿는다. 세상을 두려움으로 바라보고 흑과 백, 좋은 사람과 나쁜 사람으로 구분하지 않는다.

그런데 부모 둘 다 또는 부모 중 한쪽이 두려움이 많아서 엄격한 사람이었다고 하자. 부모의 기준에 들면 예뻐해주다가 기준에서 벗어나면 갑자기 불호령을 하거나 비난하거나 매를 든다면, 아이가 보는 세상은 일관되지 못하고 연속성이 끊어진다. 좋은 모습을 보일 때와 그렇지 않을 때로 부모 모습이 분리되어 아이들의 무의식에 저장된다.

부모가 싫어하는 모습은 아이의 무의식에 억압된다. 일단 억압이 일어나면 아이의 의식에서는 사라지기에 다른 사람의 모습에서 자신이 억압한 것을 보게 된다. 다른 사람에게서 나쁜 것을 본다면 이미 내 안에 나쁜 것이라고 믿는 무언가가 있다는 뜻이다. 내 안에서 분리가 먼저 일어난 것이다.

인생을 살면서 정말 싫어하는 부류의 사람이 있다. 항상 누군가에게 의존하고, 책임지는 일이 없으며, 게으른 사람이다. 내면 여행을 하면서 내가 왜 그런 사람을 싫어했는지 알게 됐다. 즉, 나는 부모에게 의존해본 적이 없었다는 것이다. 버림받은 아이는 또다시 버림받는 고통을 피하기 위해 부지런해야 한다. 여유 있게 휴식을 취할 수가 없다.

아버지는 술만 먹으면 밤새 술주정을 했고, 몸이 힘드니까 오후 늦게까지 잠을 잤다. 가족이 함께 밭일을 하다가도 아버지는 슬쩍 사라지기 일쑤였다. 그러곤 어김없이 곤드레만드레가 되어 돌아오니 생활이 엉망진창이었다. 나는 아버지처럼 안 살겠다고 결심했다. 그때 나의 한 부분이 떨어져 나갔다. 나는 휴식을 취하며 여유롭게 사는 것은 사치이며 게으른 거라고 믿었다. 그래서 부모한테 도움을 받는 사람을 게으르다고 본 것이다. 즉, 아버지를 투사해서 분노가 나온 것이다. 지금 생각해보면 내가 분노할 것은 없다. 그 사람의 일은 그 사람의 의식에서 나온 것이다.

어릴 때 대상 항상성을 형성해줄 수 없는 부모에게서 자랐다면 그 사람의 눈에는 이미 좋은 사람과 나쁜 사람, 착한 사람과 불량한 사람, 선과 악의 이분법적인 면만 보인다. 이런 사람이 결혼해서 아이를 낳으면, 아이가 하나일 때는 눈치 빠르게 잘 키울 수 있다. 엄격한 환경에서 자라 눈치가 발달했기에 한 아이의 요구와 감정을 잘 충족해준다. 그러나 아이가 둘이 되면 육아가 엉망이 된다. 대상 항상성을 형성하지 못한 엄마라면, 두 아이를 고유하게 있는 그대로 사랑해주기가 어렵기 때문이다. 아이가 둘이 되면 자동으로 비교를 하게 된다. 엄마의 마음 안에는 그냥 사랑스러운 아이가 있고, 노력해서 사랑을 표현해야 하는 아이가 있게 된다. 두 아이를 있는 그대로 사랑하는 것이 너무 어렵다. 아이들은 엄마의 이 미묘한 차이를 알기에 사랑받기 위해 서로 싸울 수밖에 없다.

수치심

제1 반항기는 수치심이 발달하는 시기다. 아이들은 누가 뭐라고 한 적이 없어도 대소변을 볼 때 구석이나 가려진 곳으로 간다. 수치심은 인간이 실수할 수 있고, 신처럼 완벽할 수 없다는 것을 알려주는 감정이다. 실수할 수 있다는 말은 배워서 제대로 하게 될 수 있다는 의미다. 따라서 자연스럽게 발달한 수치심은 평온을 준다. 건강하게 발달한 수치심은 부끄러운 행동을 하지 않게 해주므로 남들에게 망신당할 일을 줄여준다.

그런데 **수치심이 많은 부모에게서 수치심을 배우고, 계속해서 놀**

림당하거나 비난받으면 자신의 존재 자체를 수치스러워하게 된다. 그러면 내면에 자신을 비난하는 감시자가 생겨 수치심을 재생산하게 된다.

역기능 가정에서는 가족 자체에 대해 수치심이 많기 때문에 가족 안에서 가장 약하고 마음이 여린 사람이 가족 전체의 수치심을 떠맡게 된다. 우리 집에서는 작은누나가 그 역할을 맡았다. 나는 집안을 대표하는 영웅의 역할을 맡아 공부를 잘해 집안의 수치심을 덜었고, 작은누나는 작은 일에서도 실수를 계속하면서 가족들의 비난을 받곤 했다. 아버지는 작은누나를 늘 '맹추, 맹꽁이'라고 불렀다. 그래서 나머지 가족도 다 그렇게 불렀다. 한 사람이 가족의 수치심을 받아내는 정서의 쓰레기통 역할을 하면 나머지는 '그래도 나는 바보가 아니야'라고 생각하면서 수치심을 느끼지 않아도 된다. 가장 약하고 순수한 사람이 수치심의 배출구 역할을 하기에 가족이 그럭저럭 유지되는 것이다.

역기능 가족 사이에는 어디 가서 가족의 창피한 부분은 말하지 말라는 암묵적인 규칙이 있다. 가족 내에는 지켜야 할 비밀이 많다. 감추어야 할 것이 많아지면 감추는 데 쓰는 에너지가 많아지고, 언제 들킬지 모르기에 늘 자신을 감시해야 한다. 감추는 사람은 불안하다.

수치심이 많은 사람은 남의 눈에 띄지 않도록 조용조용하게 움직인다. 어디에 가도 맨 뒤에 있다가 언제 갔는지도 모르게 사라진다. 다른 사람의 눈을 제대로 쳐다보지 못한다.

수치심은 감추어져 있기에 잘 느끼지 못한다. 다른 사람 앞에서 발가벗겨진 듯한 느낌이며 몸에 벌레가 기어가는 듯하고 손발이 저리고 머릿속이 하얘지는, 아주 낯설면서 피하고 싶은 감각이다. 꿈을 꾸면, 화장실에서 일을 보는데 문이 확 열려 다른 사람들이 쳐다본다. 수치심이 해결될 때까지 반복적으로 비슷한 꿈을 꾸게 된다.

18개월까지는 아이들이 엄마 말을 잘 따라오기에 어렵지 않게 아이를 키울 수 있다. 그런데 제1 반항기에 들어서면서 아이들의 자아가 발현되기 시작하면 아이들에게 위협이 되는 엄마들이 있다.

앨리스 밀러가 쓴《천재가 될 수밖에 없는 아이들의 드라마》에 이런 내용이 있다.

> 그런데 정말 엄마라는 존재가 아이에게 그렇게까지 위협적일 수 있을까? 물론이다. 엄마가 어렸을 때 매우 착한 딸이었다는 것을 자랑스러워했다면, 이를테면 생후 여섯 달이 지나 혼자 소변을 가렸고, 만 한 살이 됐을 때는 혼자서 깨끗하게 씻었으며, 만 세 살 때는 동생들에게 엄마 노릇까지 했다는 사실을 자랑스러워하는 그런 엄마라면, 자녀에게 매우 위협적인 존재가 될 수 있다. (…)
> 예를 들어 자기가 낳은 아이에게서 엄마 자신은 단 한 번도 마음껏 누리며 살아본 적 없는 생동감을 발견하면, 자신의 분신이라고 여기는 그 아이의 자아가 마음껏 꽃필까 봐 두려워하게 된다. 동시에 아기에게서 어린 시절 어머니를 대신해 돌봐야 했던 못된 동생의 모

습을 떠올리고는 시기심과 질투를 느낀다. 그리하여 자신도 모르게 더 심하게 아이를 길들이기 시작한다.

시기심은 남이 가진 물건을 가지고 싶어 하는 마음이지만, 질투는 자신의 존재가 수치스러워 상대를 깎아내리고 싶어지는 마음이다. 그래서 질투가 훨씬 근원적이고 은밀하다. 질투는 알아차리기 어렵고 은밀할 때만 힘을 쓴다. 부모가 자식을 질투할까? 그렇다. 그 사실을 인정하기는 수치스럽기에 감추지만, 질투하는 부모가 있다.

나도 푸름이를 질투한 적이 있다. 푸름이가 일본의 대학에 간다고 여기저기 원서를 쓸 때였다. 자식이 원하는 대학을 찾아가는 모습을 보면 기뻐야 할 텐데 기분이 안 좋았다. 왜 이러는지 내면 여행을 해봤다. 학생 때 우리 집은 너무 가난해서 원서비를 달라고 할 형편이 아니었다. 원하는 대학을 선택해 갈 수 있다는 것은 사치이기에 나는 원서비가 가장 싼 대학에 지원했다.

질투는 질투가 나는 것을 알아채고, 인정하고, 그럼에도 상대를 축복하면 위험하지 않다. 내 안의 질투를 대면하면 다른 사람이 질투해도 걸려들지 않는다.

자신이 수치스러운 사람은 상대가 자기보다 잘났다고 생각되면 깎아내린다. 요란하게 칭찬하지만 마지막에는 부정적인 말을 툭 던진다. 남을 경멸하면서 자신의 수치심을 숨기려 한다. 그래서 수치심이 내재된 사람을 만나면 이상하게 힘이 빠진다.

아이를 키우는 부모는 아이에게 수치심을 줄 상황을 만들지 말아야 하며, 오히려 수치심으로부터 아이를 보호해야 한다. 일테면 엄마들은 아이에게 낯선 사람을 조심하라고 가르친다. 그러고는 처음 보는 사람에게 인사하라고 한다. 건강한 수치심을 가진 아이는 처음 보는 낯선 사람으로부터 자신을 보호하려고 상대를 탐색한다. 아이에겐 부모를 제외하고는 모두가 낯선 사람이다. 그런데 인사 안 하면 야단을 치거나, "어서 인사해!"라고 낮은 목소리로 압력을 넣거나, 머리를 눌러 강제로 인사시킨다. 아이더러 어쩌란 말인가. 낯선 사람을 조심하라면서 처음 보는 사람한테 인사 안 한다고 혼내다니. 이를 '이중 메시지'라고 한다.

강제로 인사를 해야 했다면 자유로운 의지로 선택한 것이 아니기에 아이는 굴욕감을 느낀다. 이런 일이 반복되면 자신을 수치스러운 존재로 보게 되고, 아이는 자신으로부터 분리된다. 내가 누구인지, 내가 무엇을 좋아하고 싫어하는지를 모르게 된다.

인사 잘하는 아이로 키우고 싶다면, 부모가 먼저 인사를 잘하면 된다. 인사가 서로에게 공격하지 않겠다는 표현이고, 우리는 하나이며 사랑하자는 뜻임을 아이들은 애초에 알고 태어난다. 부모가 모델이 되어 다시 일깨워주면 아이는 자연스레 인사를 하게 된다.

내 조카 중 한 아이는 아주 어릴 때부터 수줍음이 많아 내가 다가가면 부모 뒤에 숨곤 했다. 나와 어느 정도 거리에 있을 때 조카가 편안하게 느낀다는 걸 안 나는 늘 그 거리를 늘 유지하면서 조카의 부모들과 대화를 나누곤 했다. 인사하지 않아도 괜찮다. 꼭 조카에게 인사를 받아야 나의 자존감이 높아지는 것은 아니며, 인사를 안 한다고 나를 무시하는 것도 아니다. 자기 부모와 대화를 나누니 조카는 내가 낯선 사람이 아니며 믿을 만하다고 생각하게 됐다. 그렇게 4년이 지난 지금은 정말 인사를 잘한다. 헤어질 때는 더 같이 있고 싶어 울기도 한다.

부모가 싸워도 아이는 수치심을 느끼고 불안해한다. 특히 엄마가 아빠에게 맞았다면 아이들은 엄마와 하나이기에 함께 매를 맞는다고 느낀다. 부모가 아이를 야단치거나 매를 들었다면 아이들은 그 순간에 자신을 벌레 같은 이미지로 기억한다. 코칭을 하다 보면 자신의 몸에서 수많은 벌레가 기어 나오는 이미지를 보는 사람들이 많은데, 의식에서는 잊혔지만 무의식에서는 수치심을 느낀 모든 순간을 기록하고 있기 때문이다.

아이를 놀리거나 '바보, 돼지, 멍충이'처럼 비하해서 불러서도 안 된다. '못난이'라거나 '못생겼다'처럼 외모를 가지고 수치심을 주면 아이는 그렇다고 믿고 열등감을 가지고 산다. 누가 예쁘다고 해도 빈말처럼 듣는다.

자신을 수치스러워하는 사람의 특징

자신을 수치스러워하면 인간관계에서도 어려움을 겪는다. 다음과 같은 특징이 있다면 자신을 수치스러운 존재로 보고 있는 것이다. 다음은 푸름이교육연구소에서 '피닉스'라는 닉네임을 사용하는 엄마의 글에서 발췌한 것이다.

1. 어색하게 웃는다. 웃음으로 수치심을 감추는 것이다. 근육이 이미 적응되어 있어 슬퍼도 웃는다. 하지만 호탕하게 마음껏 웃지는 못한다.
2. 말을 안 한다. 말을 많이 하면 수치심을 들킬 수 있기 때문이다.
3. 듣기만 하고 자신의 의견을 말하지 않는다. 자신의 욕구와 감정을 표현했다가 수치를 당한 경험이 있는 것이다.
4. 사람이 많은 곳이나 만남을 피한다. 그래서 점점 더 고립되고 외로워진다.
5. 남이 하자는 대로 한다. 엄마가 하자는 대로 해야 착하다는 말을 들었기 때문이다.

6. 남 앞에서 말하는 걸 죽도록 두려워한다. 그래서 중요한 자리에 오르는 것을 피한다.
7. 불만이 있어도 말을 하거나 요청하지 않고 그냥 관계 자체를 끊어버린다. 회피하는 것이다. 그러다 외로워지면 다시 관계를 만들지만, 어느 정도 친밀해지면 자신의 수치심을 들킬까 봐 관계를 끊어버리길 반복한다.
8. '저 사람은 나를 싫어해'라고 미리 단정짓는다.
9. 대화를 나눌 때, 들어갈 때와 나올 때의 타이밍이 안 맞는다. 고집이 세며, 중독과 강박감이 있고, 우울한 상태일 때가 많다. 생각이 많아 잠들기 어렵고, 생각과 감정이 일치하지 않아 뭔가 부조화를 이룬다.

제1 반항기에 동생이 태어날 가능성이 크다. 이상적인 터울이 36개월 정도로, 큰아이가 글을 알아 스스로 책을 읽을 정도가 되면 좋기 때문이다. 아이가 둘이 되면 엄마는 두 배가 아닌 네 배의 수고를 해야 하고, 사랑도 그만큼 많이 주어야 한다.

동생이 태어난다는 것은 지금까지 독차지했던 엄마의 사랑을 나누어야 한다는 것을 의미한다. 자신에게 쏠렸던 주변의 관심이 온통 동생한테 향한다. 부모는 너도 그런 사랑을 받았다고 이야기하지만, 아이는 늘 현재를 살기에 그런 말은 전혀 위로가 되지 않는다. 아이에게 동생이 생긴다는 것은 엄청나게 충격적인 일이다. 남편이 어느 날 여자를 데려와 아내에게 '앞으로 이 여자도 가족이니 함께 잘 살아야 한다'라고 하는 것과 같다.

동생이 태어났을 때 손해 볼 것이 없다면 큰아이도 동생을 사랑한다. 두 아이를 부모가 고유하게 사랑해주면 아이들은 부모의 사랑을 받기 위해 싸우지 않는다. 고유하다는 것은 반반씩 모든 것을 똑같이 나누는 것이 아니다. 첫째도 있는 그대로 사랑받고, 둘째도 있는 그대로 사랑받는 것을 말한다. **엄마 마음속에 비교가 없어야 한다. 비교는 자동으로 일어나는 것이라고 하지만, 엄마가 자신의 내면을 지켜볼 수 있다면 비교 없이 두 아이를 배려 깊게 사랑할 수 있다.**

첫째가 엄마한테 와서 둘째가 이렇게 했고 저렇게 했다며 억울하다고 말할 수 있다. 엄마는 첫째의 마음을 충분히 공감해준다. 그런데 둘째도 와서 첫째가 이렇게 하고 저렇게 했다며 억울해한다. 그러면 엄마는 둘째에게도 충분히 공감해준다. 판단이나 비교 없이 두 아이의 마음에 공감해주는 것이다. 한 아이를 야단치고 다른 아이와 비교하면서 '형처럼 해라' 또는 '동생처럼 해라'라고 하면, 본보기가 된 아이가 좋아할 것 같지만 그렇지 않다. 칭찬받은 아이도 엄마 마음에 안 들면 야단맞으리라는 것을 알고 상대에게 미안한 마음과 죄의식을 느낀다.

사랑 안에는 애초에 비교가 없다. 있는 그대로 사랑받은 아이들은 엄마의 사랑을 받으려고 서로 다투지 않는다. 자신이 받은 그대로 동생에게 사랑을 준다.

푸름엄마는 동생 초록이가 태어나서 푸름이가 책을 읽는 데 방해를 받자 이층 침대를 사주었다. 초록이가 이층 침대에 올라갈 수 있기까지는 상당한 시간이 걸렸고, 그동안 푸름이는 이층에서 자신의 공간을 보호받으며 책을 읽거나 만들기를 하면서 놀았다. 초록이가 조금 더 커서 이층에 올라갈 수 있게 되자 푸름엄마는 동생 초록이를 업어주곤 했다. 엄마가 책을 읽어주면서 한 장을 다 읽었을 때 '그랬습니당'처럼 맨 끝에 '당'을 붙이면, 푸름이가 책장을 넘겼다. 초록이는 업혀서 사랑을 받았고, 푸름이는 엄마가 읽어주는 책의 내용을 들으며 사랑받았다. 초록이가 더 크니 형에게 읽어주는 책을 빼앗아 자기에게 읽어달라고 했다. 엄마는 초록이에게 책을 읽어주면서 다리 하나는 푸름이에게 주었다. 서로 다르지만 두 아이 모두 사랑받는다고 느끼게 한 것이다.

아이들이 어릴 때 둘을 데리고 나가면 힘들지 않느냐고 묻는 사람이 더러 있었다. 그때마다 우리 부부는 이구동성으로 대답했다.

"아니요. 전혀요."

지금까지 푸름이와 초록이가 싸우는 모습은 한 번도 본 적이 없다. 형제간 우애가 정말 좋다.

사실 우리 부부도 처음에는 어떻게 해야 할지 잘 몰랐다. 푸름이가 태어난 후 "아이고 예뻐라, 아이고 예뻐라" 했던 푸름엄마는 초록이가 태어나니 마음이 둘째에게 확 쏠렸다. 나는 나라도 푸름이 곁에 있어야겠다고 생각하고, 동생이 태어났다고 해서 푸름이가 손해 볼 것은 없다고 느끼게 하려고 더욱더 신경 썼다.

그래도 푸름이는 퇴행을 했다. 우유도 동생보다 더 큰 젖병에 달라고 하고 동생 배에 올라타서는 "엄마, 나 좀 봐"라고 하기도 했다. 동생은 가만있어도 사랑받는데 자기는 노력해도 부모의 관심에서 멀어지면, 아이는 어릴 때처럼 행동한다. 그렇게 하면 엄마가 다시 사랑해주지 않을까 하는 마음에서다. 이때는 그대로 받아주고 공감해주면 된다. 퇴행은 사실 아이에게 도전적이지도 않고 재미가 없는 일이기에 부모에게 공감을 받으면 그만두고 다시 제 나이에 맞는 행동을 하게 된다. 퇴행은 아이가 스스로 치유하고 성장하면서 거치는 자연스러운 과정이다.

어느 날 푸름엄마가 초록이를 안고 있는데 푸름이가 다가오길 주저했다.

"푸름아, 이리 와. 엄마가 안아줄게. 초록이가 태어났어도 엄마는 푸름이를 변함없이 사랑해. 어서 와, 이리 오렴."

엄마가 오라는 말을 하지 않으면 아이는 엄마가 자신을 귀찮아하고 싫어한다고 생각한다. 엄마에게 다가가지 못하고 멀찍이서 바라보기만 한다.

"동생이 죽었으면 좋겠어! 갖다 버려!"라고 말하는 아이도 있다. 하지만 진짜로 동생을 버리라는 말이 아니다. 자신도 사랑해달라는 표현이다. 아이의 속마음을 엄마가 읽고 공감해주면 아이는 동생과 함께 재미있게 놀 수 있다. 그런데 이런 말을 들으면 엄마들은 보통 기겁한다.

"동생한테 그런 말 하는 거 아니야. 그런 말 하면 나쁜 사람이야."

엄마의 말은 힘이 세다. 아이들에게 엄마는 신이다. 오죽하면 모신(母神)이라는 말까지 있겠는가. 엄마가 '나쁜 사람'이라고 하면 정말로 나쁜 사람이 된다. 엄마는 그런 행동을 하지 말라는 뜻으로 한 말이지만, 맥락이 부족한 아이는 자기가 나쁜 사람이라고 믿는다. 아이는 동생에게 그런 행동을 하면 왜 안 되는지 이해하지 못한다. 그러나 엄마가 무섭기 때문에 엄마 앞에서는 동생을 돌보며 착한 손위 형제의 모습을 보인다. 그러나 엄마가 없는 곳에서는 동생을 괴롭히거나 차갑게 대한다. 이를 '반동 형성(reaction formation)'이라고 한다.

마음속 깊은 곳에서는 내 것을 다 빼앗아 갔다는 깊은 분노를 가지고 있지만 겉으로는 잘 대해주는 척을 하는 것이다.

코칭을 하다 보면 외롭고 어두운 방에 혼자 있는 이미지를 그리는 엄마들이 많다. "거기 어디야? 언제 거기에 들어갔어?" 하고 물으면, 대개 "세 살 때"라고 대답한다. 동생이 태어난 후 자신도 모르는 사이에 그 방에 들어가 고립된 것이다.

그 어두운 방은 죄의식의 방이다. 자신이 나쁜 사람이라고 규정되자, 그 말을 믿는 순간부터 그 방에 갇히게 됐다. 자신이 그런 방에 갇혔다는 것을 의식으로 알지 못하니 나올 수도 없다.

엄마의 내면에는 엄마조차 알 수 없는 방이 있고, 그 방에는 아이들만이 들어갈 수 있다. 어린 시절에는 그 방이 친숙해서 보호를 받는다고 느끼지만, 어른이 되면 답답해지고 오히려 자신을 죽이는 방이라는 걸 느끼게 돼 방에서 나올 용기를 낸다. 그 방에서 나올 용기를 낸다는 것은 무의식에 억압되어 있던 것이 의식으로 올라왔다는 의미다. 의식에서는 두려움이 아니라 사랑을 선택할 수 있다.

형제자매의 소유와 경계 지켜주기

다음은 쌍둥이를 키우는 푸름이교육연구소에서 '동동이맘'이라는 닉네임을 사용하는 지혜로운 엄마의 글이다. 푸름이교육이 쌍둥이를 키우는 현실에서 어떻게 적용되는지를 구체적으로 보여주기에 발췌하여 인용한다.

- **아이들 물건은 각자 따로 사주기**

  함께 갖고 놀게 하는 건 좋지 않아요. 아이들이 어릴 때는 같은 공간에 있더라도 따로 놀아요. 협동 놀이가 아닌 병행 놀이를 합니다. 어린아이들이 함께 놀기를 기대하는 건 엄마의 욕심이에요. 그래서 저는 무조건 두 개씩 샀습니다. 책도 사운드북이나 플랩북 같은 건 두 개씩 사주었어요. 각자 자기 책을 가지고 놀아야 하니까요.

- **네임스티커 활용하기**

  글자를 모르는 월령이라도 반복해서 보다 보면 자기 이름 정도는 읽을 수 있어요. 아이들이 어릴 때는 백 마디 설명보다 시각적으로 보여주는 것이 도움이 된다고 생각했어요. 그래서 아이들이 돌이 됐을 때부터 이름 스티커를 제작해서 각자의 장난감에 붙였습니다. 그리고 말로 설명을 해줬어요.

"이건 ○○ 거고, 저건 ㅁㅁ 거야. 남의 거는 꼭 허락받고 만지는 거야."

집 안의 모든 장난감에 이렇게 이름을 붙여놓으면, 이것만으로도 문제의 상당 부분이 해결돼요.

- **각자의 서랍 만들어주기**

아이들이 20개월이 됐을 때쯤 각자의 수납상자를 하나씩 만들어주었습니다. 그리고 설명을 덧붙였지요.

"이것은 너희가 소중하게 여기는 물건들을 보관하는 상자야. 이 상자의 주인만이 열어볼 수 있는 거야. 남의 거는 절대로 열어보지 않기."

아이들이 자신의 물건을 소중하게 여길 줄 알아야 타인의 물건 또한 그렇게 여길 거라 생각했어요.

- **집 안에서의 경계는 엄마가 꼭 지켜주기**

엄마가 좀 피곤해도 아이들의 경계를 일관되게 지켜주어야 합니다. 둘째가 형 것을 만지고 싶어 하는데 뜻대로 되지 않아 속상해할 때, "저건 형의 물건이니까 반드시 형의 허락을 받아야 해"라고 알려주고 꼬옥 안아주었어요.

두 아이의 경계를 지켜주는 것도, 경계를 넘으려다 좌절해 속상해하는 아이의 마음을 알아주는 것도 모두 엄마의 몫입니다. 이런 상황에서 자신의 경계를 보호받은 형은 동생에게 "이거 만져도 돼" 하면서 친절을 베풀어주기도 해요.

- **나누기 싫어하는 마음 인정하기**

자기 것을 충분히 가져본 아이가 나눌 줄도 알아요. 그것은 이기적인 것이 아니라 당연한 마음이라고 생각하고, 나누기 싫어하고 함께하기 싫어하는 아이 마음에 공감해주었습니다. '이렇게까지 싫어할까' 싶어 공감하기 힘든 순간에는 어릴 적 내 것을 가져보지 못했던 저를 생각하면서 마음을 다독였어요.

- **남의 집 놀러 갈 때는 신중하게 생각하기**

아이들이 어릴 때는 부정당하거나 거절당하는 경험을 최소화하기 위해 노력했습니다. 남의 집에 가면 그 집의 물건을 탐색하고 싶어할 것을 알기에, 그 집 엄마와 충분히 얘기를 나누고 허락해준다고 하면 놀러 가게 했습니다. 우리 둥이는 친구 집에 놀러 가도 친구 물건을 절대 먼저 만지지 않아요. 친구 엄마가 만져도 된다고 말해도, 친구가 직접 말해주기 전에는 안 만지더라고요. 아이가 돌아오면 "친구가 장난감을 갖고 놀게 해줘서 너희가 재밌게 놀았네" 정도의 얘기만 해주었어요.

- **우리 집에 친구를 불러올 때 아이들에게 꼭 물어보기**

우리 집에 누가 놀러 온다고 하면 반드시 둥이에게 물어보았어요. "친구가 둥이 물건을 만져도 괜찮아?"라고요. 만약 싫다고 하면, 양해를 구하고 놀러 오지 않게 했습니다.

- **아이들 사이의 감정적인 경계 지켜주기**

아이들 물건의 경계가 잘 지켜지니 아이들의 감정적인 부분에도 경계가 생기더라고요. 사실 그때는 저도 좀 당황했어요. 다섯 살 때까지는 뭘 해도 함께 놀던 쌍둥이였는데, 어느 날 형이 혼자서 놀고 싶다는 거예요. 이 자동차로 자기 혼자 해보고 싶은 게 있다면서요. 동생은 형과 같이 놀고 싶은데 그러질 못하니 너무 속상해하면서 좌절하더군요.

그때 동생을 안고 달래는데 아이의 속상한 마음이 전해져 제가 마음이 아팠어요. '거절당함'에 대한 저의 내면이 건드려지는 것 같았어요.

"형과 같이 놀고 싶었는데 그러지 못해서 진짜 속상하겠다. 엄마도 속상해. 그래도 형의 마음을 우리가 이해해주자. 조금만 있으면 형이 놀자고 할 거야."

아니나 다를까, 조금 있으니 형이 자기 다 했다며 동생에게 달려와 둘이 즐겁게 놀더라고요.

- **엄마의 인내심 키우기**

아이들은 한두 번 말해서는 절대로 알아듣지 못해요. 수십 번, 수백 번, 수천 번 말해줘야 한다고 미리 마음을 먹으세요. 아이를 가르친다는 감각으로 하면 분노가 올라와요. '엄마가 알려주는 거야'라는 감각으로 하세요.

- **속상해하는 아이를 보는 엄마 마음 다잡기**

형 물건을 만지지 못해 속상해하고 떼를 쓰는 아이 마음을 알아주고 다독여주어야 하는 건 맞지만, "그래도 형 물건은 형이 허락해야 만질 수 있어. 이리 와, 엄마가 안아줄게"라고 말해야 해요. 형도 그렇게 자신의 경계를 존중받을 때 동생한테 더 너그러워져요.
"형인 네가 양보해라. 동생이니까 네가 좀 봐줘."
이런 말은 절대 안 돼요. 형도 아직 어린아이랍니다. 안 그래도 동생 태어나면서 자기 것 다 뺏겼는데, 얼마나 속상하겠어요.

- **자기 물건 스스로 고르게 하기**

엄마 기준으로 골라주지 말고, 아이가 자신이 좋아하는 것으로 고르게 하세요. 그래야 자기 물건에 대한 애착이 생겨요.

• 음식도 개인 접시에 주기

아이들이 어릴 때부터 저는 그렇게 해왔어요. 항상 개인 접시에 각자의 양을 주었습니다. 그래서인지 아이들은 큰 접시에 과일을 담아 여럿이 함께 먹는 것을 싫어하더라고요. 살짝 걱정이 되기도 했지만, 여행 가서 큰 그릇에 음식을 담고 다 같이 포크로 먹는데 잘 먹더라고요. 아이들은 말은 못 해도 다 알아요. 내 것, 네 것이 따로 있다는 걸요. 그리고 자신의 경계를 존중받은 아이들은 알아요. 내 것이 소중하면 남의 것도 소중하다는 걸 말이죠.

36~72개월
전능한 자아가 우세한 무법자 시기

아이가 다섯 살 정도 되면 전능한 자아가 우세한 시기가 온다. '미운 세 살'이 제1 반항기를 뜻한다면, '미운 다섯 살'은 무엇이든 자기 마음대로 하려는 무법자 시기를 말한다. 다른 말로 '황제의 시기'라고도 한다.

내가 왕이다!

아이들의 자아 발달은 있는 그대로 사랑받음으로써 자신은 사랑받을 만한 존재라는 이미지를 가지는 것에서 시작된다. 존재의 이미지가 만들어지면, 그다음에는 어떤 것도 할 수 있다는 행동에 관한 이미지가 발달한다.

전능한 자아는 자신이 원하면 무엇이든 가질 수 있고 무엇이든 성취할 수 있다는 믿음에서 출발한다. 이 시기의 아이들은 무엇이든 자기 것이라고 우긴다. 남의 것도 내 것이다. 누구에게나 이기려 하고 무엇이든 혼자서 하고 싶어 한다.

엘리베이터 버튼을 엄마가 누르면 난리가 난다. "내가 누를 거야. 내가 할 거야"라며 울고불고한다. 그깟 버튼 하나 때문에 이런 소란이 일어나다니, 엄마는 기가 찬다. 가위바위보 놀이를 할 때도 엄마한테는 무조건 가위를 내라고 한다. 그러고는 자기가 주먹을 내서 이긴다.

이럴 때는 아슬아슬하게 이기게 해주는 것이 좋다. 남의 것도 내 것이라고 주장할 때, 실제 행동을 하는 것에는 경계해야 하지만, 가지고 싶어 하는 그 마음은 충분히 공감해주어야 한다.

후배의 아들이 있다. 누구라고 하면 바로 알 만한 유명 탁구 선수다. 아들을 어떻게 키웠기에 그렇게 탁구를 잘 치는지 물어본 적이 있다. 그랬더니 후배가 답하길, 아들이 어렸을 때 늘 동전을 가지고 다니면서 커피를 뽑아 나누어주었다는 것이다. 자기 아들하고 탁구를 치는 상대에게 커피를 주면서 이렇게 말했다고 한다.

"우리 아들 어리니까 한 번만 져주라."

이겨본 사람은 지는 것을 두려워하지 않는다. **전능한 시기를 잘 보내면 이기고 지는 것을 떠나 스스로 도전하고 성취하는 것에 만족하는 유능한 자아가 발달한다.** 이렇게 전능함이 충족되면 자신이 유능하다고 믿는다. 유능하다고 믿기에 진짜 유능해진다. 이런 사람을 보고 멘탈이 강하다고 한다. 호랑이 잡는 개는 두려움이 없다. 큰 스님을 키울 때도 어린 시절에 야단치지 않는다.

그런데 이 시기에 남의 눈에 아이가 버릇없이 보일까 봐 부모가 전능함을 표현하지 못하도록 막거나 꺾었다면 어떻게 될까? 얼핏 겸

손해 보이지만, 활력이 없고 답답한 삶을 살아간다. 아이는 공부도 열심히 하고, 어떤 일을 하든 최선을 다한다. 그런데 부모가 인정하지도 않고 칭찬은 더더욱 하지 않는다. 칭찬하면 아이가 교만해질 것으로 생각해서다.

아이는 부모의 인정과 칭찬을 받으려고 더 열심히 하다 자신을 소진해버린다. 결국 이렇게 말한다.

"뭘 더 어떻게 하란 말이에요?"

어떤 엄마가 있다. 어느 날 코칭 중에 정말 큰 비밀을 고백하고 싶다고 했다. 이 엄마의 큰 비밀이란 게 무엇일까.

"사실 저 박사예요."

뇌수술을 하는 의사가 수술실에 도끼를 들고 들어온다면 누가 그 의사를 믿고 수술을 받겠는가. 뇌의 생리를 아는 지식이 있고, 정교한 메스를 잘 다룰 수 있기에 믿고 맡기는 것 아닌가. 이처럼 부풀리지 않아도 사회가 권위를 인정해주는 것이 있다. 그 엄마에게 돈 주고 가짜 박사를 받은 거냐고 물었다. 아니란다. 7년 동안 실험실에서 실험해서 받은 박사라고 한다. 과장은 없는 것을 있는 듯이 위로 하는 것도 있지만, 있는 것을 없는 듯이 아래로 하는 것도 있다. 어느 것이나 '척'이다.

유능함이란 무언가를 잘하는 것을 말하지 않는다. 자신이 정말 유능하다고 믿는 것이다. 코칭을 할 때 전능한 시기에 황제 노릇을 못 해본 사람들에게 많은 사람 앞에서 이런 말을 해보게 한다.

"이것들아, 무릎 꿇고 내 말을 들어라. 내가 왕이다!"

이런 말을 하기도 어려워하지만, 한번 크게 외치고 나면 여자든 남자든 모두가 운다.

전능한 시기를 제대로 못 거친 엄마들은 아이가 이 시기에 이르렀을 때 무척 힘들어한다. 자신은 어린 시절에 받은 것이 없어도 착한 아이로 꾹꾹 참고 살았는데, 아이들은 모든 것을 받고도 더 달라고 하고 버릇도 없어 보이기 때문이다.

배려 깊은 사랑을 받은 아이들은 발달상 거쳐야 할 것을 다 거쳐간다. 욕구와 감정을 표현하는 데 거침이 없다. 이는 아이가 엄마를 믿고, 엄마 또한 아이를 잘 키운 것이다. 엄마를 믿지 못하면 아이는 표현하지 않는다. 이 시기를 잘 보내면 내 욕구와 감정이 소중한 것처럼 다른 사람의 욕구와 감정도 소중하다는 것을 안다. 자신이 배려받았듯이 남도 배려한다.

그러나 아이의 발달 단계를 알지 못하는 엄마들은 아이를 믿지 못하고 꺾으려고 든다. 집에서 엄마가 아이를 누르고 꺾으려 하면, 엄마의 통제가 약해지는 집 밖에서 아이들은 더 방방 뜬다. 집에서 제맘대로 하는 아이들은 나가서는 엘리트가 되지만, 집에서 엘리트가 된 아이들은 나가면 사고뭉치가 된다.

어릴 때 사랑받은 아이들은 자신의 욕구와 감정, 감각을 믿는다. 이런 아이들은 절대 굴복하지 않으며, 자신의 빛으로 엄마의 그림자를 비춘다.

죄책감

이 시기에는 죄책감이 발달한다. 수치심이 '나는 나쁜 사람이야. 쓸모없고 아무런 가치도 없어. 나는 내가 싫어'처럼 존재에 대한 감정이라면, 죄책감은 '그런 행동을 하지 말았어야 했어'처럼 행동에 대한 감정이다. 그래서 죄책감보다 수치심이 낮은 의식이다.

스캇 펙은《아직도 가야 할 길》에서 태어나 9개월 이전에 극단적인 애정 결핍을 겪으면 정신병으로 갈 확률이 높아진다고 했다. 수치심이 발달하는 제1 반항기에 상처를 받으면 남에게 책임을 돌리는 성격장애자가 되고, 죄책감이 발달하는 무법자 시기에 보살핌을 받지 못하면 모든 책임을 자신에게 돌리는 신경증 환자가 될 가능성이 크다고 했다.

성격장애자는 자신이 너무 수치스러워서 남 탓을 한다. 신경증 환자는 자신이 세상의 왕이라서 모든 걸 책임져야 한다. 성격장애는 자신은 죽지 않지만 주변 사람이 죽고, 신경증 환자는 주변 사람은 괜찮지만 자신이 죽는다. 성격장애자가 더 어린 시절에 상처를 받기에 상처가 더 깊다.

죄책감은 엄마의 배 속에서 잉태되는 순간부터 시작되지만, 전능한 자아가 발달하는 이 시기에 강화된다. 이 세상에 왔을 때 엄마에게 환영받지 못했다면, 아들을 원하는 집에 딸로 태어났다면, 어쩌다 생겨 지우려 했지만 지우지 못해 태어난 거라면 아이는 그 모든 것을 자신의 잘못으로 돌린다. 없었으면 했는데 실수로 낳은 혹, 엄마를 귀찮게 하는 존재, 있으나 마나 한 잉여 인간이라고 자신을 규정한다.

잉여 인간은 죄인이다. 그러니 무엇을 바라서는 안 된다. 무조건 남에게 도움을 주는 사람이어야 한다. 무엇 하나라도 받으면 다 갚아야 한다. 받는 것은 언젠가 꼭 갚아야 하는 채무다.

아이가 부모에게 받는 사랑은 당연하며 그냥 받는 것이다. 그런데 잉여 인간은 그냥 받으면 너무 버릇없고 철없으며 불경하고 자기밖에 모르는 욕심쟁이라고 생각한다. 열심히 노력하여 사회적으로 성공하면 하찮고 쓸모없는 잉여 인간이라는 자신의 이미지에서 빠져나올 것 같고 부모에게서 인정받을 것 같지만, 그렇게 되지 않기에 절망한다.

전능한 자아의 시기에 왕이 되어본 적이 없던 부모가 아이를 키우면, 아이와 이기고 지는 싸움을 한다. 다른 사람들로부터 버릇없다는 말을 들을까 봐 아이를 야단치고 매를 들거나 죄책감을 주어 행동을 조종한다.

"그렇게 하면 엄마 죽어."

"너만 아니었다면 네 아빠와 안 살았을 거야."

자신이 살거나 죽고, 남편과 살거나 안 살고는 엄마의 선택이지 아이와는 아무 상관이 없다. 그런데 아이는 그런 말을 들으면 자신의 잘못으로 돌린다.

예를 들어 아빠가 출근하다가 교통사고를 당했다고 하자. 아빠가 교통사고를 당한 것은 아이에게는 아무 책임이 없다. 그런데 아이들은 그렇게 생각하지 않는다. 자신이 아빠를 미워해서 아빠가 교통사고를 당한 거라고 믿는다. 부모가 이혼했다고 하자. 그러면 아이는 자신이 더 잘했다면 이혼하지 않았을 거라는 죄책감을 가진다.

아이 잘못이 아니다. 그러니 이 시기에 부모가 아이들에게 해주어야 할 말은 이것이다.

"그것은 네 잘못이 아니란다."

죄인은 행복해서는 안 된다. 자신의 욕구와 감정을 표현해선 안 되고, 기뻐서도 안 된다. 그래서 죄인은 늘 우울하고, 기쁨을 느끼기 위해 중독과 강박에 의존한다. 결국 삶이란 천천히 죽음으로 가는 여정일 뿐이다.

코칭을 하다가 "거기 어디야?" 하고 물으면 어두운 방이나 감옥, 동굴, 땅속에 갇힌 이미지를 얘기하는 사람들이 있다. 이는 죄책감의 방이다. 그 이미지에는 창살이 또렷하게 그려진다. "언제 그 방에 들어갔어?"라고 물으면 자신도 모르게 "다섯 살 때"라고 답한다. 의식에는 기억이 없어도 무의식은 이미 알고 있다. 이미지를 그렸다면 죄책감이라는 추상적인 것을 감각으로 느낀 것이다. 코칭은 이 추상을 언어로 잡아 올리는 일이다. 죄책감의 방은 친숙하지만, 그곳에 있으면 숨이 막히고 답답하다. 아무런 즐거움이 없다. 그런데 그 방에서 나오는 건 너무나 낯설다. 나오면 다른 사람들이 '바보다, 잉여 인간이다, 못생겼다, 쓸모없다, 지질하다, 하찮다, 왜 태어났냐'라고 비난할 것 같다. 부모에게 들었던 말이 내면에 믿음을 심어 자신도 스스로를 같은 방식으로 비난한다.

그 방에서 안 나오려 하는 사람에게는 '네 자식이 그 방에 들어간다'라고 하면 용기를 내어 빠져나온다. 자신은 그런 어린 시절을 보냈지만 자식에게는 사랑을 주고 싶기에 두렵지만 빠져나오길 선택한다.

죄책감은 허상이다. 빛은 실재하지만 어둠은 애초에 존재하지 않는다. 어둠에서 나온 사람은 자신 안에 있는 빛을 바로 찾는다. 1만분의 1초 사이에 태양이 자신을 늘 비추어주었다는 것을 안다. 마음이 따뜻해진다. 그러면 몸도 따뜻해진다. 이는 이론으로 아는 것은 아니다. 경험으로 안다.

오이디푸스 콤플렉스

오이디푸스는 그리스 신화에 나오는 왕이다. 태어날 때 아버지를 죽이고 어머니와 결혼할 것이라는 신탁을 받아 버려졌다. 자신이 누구인지 모른 채 자라 청년이 된 오이디푸스는 길거리에서 한 노인과 시비가 붙어 그를 죽인다. 이후 영웅이 되어 젊은 왕비와 결혼한다. 나중에 알고 보니 그 왕비가 자신의 어머니이고 예전에 죽인 노인이 자신의 아버지였다. 오이디푸스는 스스로 눈을 찔러 멀게 하고 방랑길에 올랐다가 하늘의 별이 됐다.

'오이디푸스 콤플렉스'는 프로이트가 사용한 용어로 남자아이는 자신과 성별이 같은 아버지를 미워하고 이성인 어머니를 독점적으로 사랑하려는 복합적인 감정을 말한다. 여자아이가 아버지와 밀착하고 어머니와 경쟁하는 것은 '엘렉트라 콤플렉스'라고 한다.

이 시기의 아이들은 아빠가 엄마에게 다가가면 "아빠 저리 가. 엄마 내 거야"라는 말을 하곤 한다. 아이의 발달을 이해하지 못하면 섭섭할 수 있다. 아이는 엄마를 특별하게 독점하고 싶어 한다. 그런데 엄마와 아빠는 부부다. 아빠 없이는 살 수 없기에 불안하다. 아빠와 경쟁해서 이길 수도 없다.

부부 사이가 좋으면 아이는 엄마를 독점적으로 특별하게 사랑하기를 그만두고 아버지와 자신을 동일시하면서 남자로서의 삶을 배우고 사회에 나갈 준비를 한다. 만일 부부 관계가 안 좋으면 아이는 오이디푸스 콤플렉스 시기를 제대로 거쳐 가지 못하고 한 부모와의 밀착이 일어난다. 이런 아이들이 나중에 사회생활을 하면 삼각관계에서 한 사람과는 적대적인 관계를 한 사람과는 밀착하는 관계를 반복하며 문제를 일으키곤 한다. 사랑에는 특별함이라는 것이 없다. **오이디푸스 콤플렉스의 핵심은 엄마에 대한 독점적이고 특별한 사랑의 상실이다.**

특별함이라는 것은 몇 가지 특징을 갖는다.

첫째, 우선순위가 정해진다. 예를 들어 엄마가 나를 특별하게 사랑해주어야 한다고 믿었다면, 결혼해서 남편이나 아이들이 사랑을 주어도 불편하다. 무의식에서는 엄마가 먼저 주어야 하는데 남편이 주니, 마치 엄마를 배신하는 것 같아 남편이 주는 사랑을 거부한다. 그런데 의식에서는 남편에게 사랑을 달라고 하는 마음이 있다. 의식과 무의식이 달라 어쩔 줄 모르는 상태가 된다.

둘째, 특별함에는 어린아이가 정해놓은 기준이 있다. 예를 들어 자신을 환영할 때는 두 손을 들고 요란하게 손뼉을 치며 큰 소리로 "잘 왔다, 환영한다"라고 열렬히 외쳐야 한다고 생각한다. 그것을 모든 사람에게 바라면서도 말로 하지는 않는다. 어린아이가 정해놓은 기준을 누가 알겠는가. 게다가 누구도 변함없이 일관되게 그처럼 환영해줄 수는 없다. 상대가 다른 일에 잠시 정신이 팔려 그렇게 열렬한 환영의 표현을 하지 않으면, 마음속으로 실망하며 '저 사람이 나를 싫어하는구나'라고 생각한다.

셋째, 특별함은 특별하지 않음을 동반한다. 아이는 모든 것에서 특별함을 보려 하지만, 자신이 원했던 특별함을 찾지 못하면 바로 수치심을 느낀다. 모든 사람에게서 어릴 때 자신이 원했던 엄마의 사랑을 찾지만 그런 사랑을 찾는 것은 불가능하다. 남편은 남편이지 엄마가 될 수는 없다.

넷째, 특별함에는 늘 비교가 있다. 자신이 하찮고 쓸모없으며, 죄인이며 수치스러운 존재라고 믿는 마음이 있기에 특별함으로 가리려 하는 것이다.

특별함을 상실한다는 것은 이제 내가 원하는 엄마는 오지 않는다는 사실을 인정하는 것이다. 그리고 인정에 따라오는 슬픔과 분노, 억울함을 몸으로 겪고 통과하는 것이다.

코칭 중에 이런 말을 큰 소리로 따라 하게 한다.

"이제 우리 엄마 오지 않아요."

그러면 대부분은 저항한다.

"그럴 리가 없어요. 우리 엄마 와요."

"우리 엄마 오지 않아요."

"평생을 엄마가 오길 기다렸어요."

"우리 엄마 오지 않아요."

결국엔 엄마가 오지 않는다는 말을 따라 하면서 짐승같이 울부짖는다. 그 폭풍 같은 울음이 끝나면 마음에서 비교가 사라진다.

상상력

전능한 자아가 우세한 시기에는 상상력이 급격하게 발달한다. 아이들은 온종일 상상 놀이를 한다.

아이가 공룡을 좋아하면 자신이 티라노사우루스라고 상상하면서 두 손가락을 V 자로 만들고 발을 통통거리며 걷고 온종일 으르렁거린다. 개라고 상상하면 네발로 기어 다니고 음식을 핥아먹는다. 이름을 부르면 "아니야, 나는 개야"라고 한다. 이때는 실감 나게 개로 대해주는 것이 교육이다.

자신이 숲속의 잠자는 공주라고 상상하면 엄마한테 난쟁이를 하라고 한다. 그리고 '이 말 해봐', '이렇게 해봐, 저렇게 해봐' 하면서 온종일 역할 놀이를 하자고 한다. 부모와 상상 놀이를 해본 적이 없는 엄마는 이런 놀이를 힘들어한다.

상상력이 발달하면 창의력도 함께 발달하고 추상적으로 사고하는 힘도 커진다. 이 시기의 아이들은 이상한 말놀이를 좋아한다. 가만히 들어보면 '똥, 방귀' 같은 말을 자주 하고, 남들은 하나도 안 웃긴데 혼자서 좋다고 낄낄거린다. 유머 감각도 발달해서 슬쩍슬쩍 유머를 구사하곤 한다.

상상력이 발달하면서 두려움도 커진다. 특히 죽음에 대한 두려움이 커져 엄마도 죽느냐고 묻고는 눈물을 흘리기도 한다. 엄마와 하나가 되고 싶은 마음에서 그러는 거다. 언젠가 엄마 몸은 너를 떠나지만 지금은 아니라고 말해줘야 한다. "엄마는 언제나 너를 사랑하고, 엄마의 마음은 늘 너와 함께 있어"라고 말해주면 더는 불안해하지 않는다.

이 시기에 엄마의 보호를 받지 못하거나 외로운 아이들은 상상의 친구를 불러온다. 이 상상의 친구를 흔히 귀신이라고 부르지만, 프로이트의 딸이자 정신분석학자인 안나 프로이트는 '방어기제'라고 불렀다.

억압된 두려움이 많은 사람은 종종 귀신을 본다. 코칭 중에 귀신을 본 사람에게는 이렇게 물어보곤 한다.

"너 누구니?"

그러면 예외 없이 이런 대답이 나온다.

"네 어미다."

귀신은 들리는 것이 아니다. 자기가 외로워서 데리고 오는 것이다. 언제 데리고 왔냐고 물으면 "세 살"이라고 말한다.

세 살 때 무슨 일이 있었는지는 그 사람 자신만이 안다. 나중에 스스로 자각한다. 할머니 집에 보내졌을 수도 있고, 동생이 태어났을 수도 있고, 부모가 이혼했을 수도 있다. 부모가 많이 싸워 두려움을 억압한 경우도 있다.

외로운 아이는 자신의 외로움을 달래줄 상상의 친구를 만든다. 그 상상의 친구가 하는 일은 자신을 봐주고, 자신의 말을 들어주고, 공감해주고, 놀아주는 것이다. 정확하게 엄마의 배려 깊은 사랑과 같다. 그래서 "네 어미다"라고 하는 것이다.

상상의 친구가 있으면 두렵기는 하지만 외로움은 안 느껴도 된다. 그만큼 외로움은 견디기 힘든 고통이다. 상상의 친구와 놀면 밤과 낮의 구별이 없다. 무의식의 세계에 있기에 시간과 공간이 없다. 밤에도 스토리는 돌아가고 놀기 바쁘기에 잠들기 어렵고, 잠을 깊이 못 자기에 몸이 늘 피곤하다.

상상의 친구에게 이름을 붙여주라고 하면 '빨강이, 파랑이, 노랑이'라는 식으로 이미지가 떠오르는 대로 붙인다. 뭐 하고 놀았느냐고 물으면 문화권에 따라 다르지만 '쎄쎄쎄'나 '가위바위보' 등 어릴 때 하던 놀이를 하면서 놀았다고 한다. 상상의 친구는 혼자 있는 경우는 없다. 항상 떼거리로 있다. 그래서 귀신 소굴이라고 부르는 것이다.

이제 많이 놀았으니 그만 보내라고 하면, 그 친구에 의지해서 살아왔는데 어떻게 보낼 수 있느냐며 슬퍼한다. 오히려 보내기 싫어한다. 그렇게 좋거든 자식에게 주자고 하면 그것은 싫다고 한다. 그렇게 사는 삶은 무미건조하다. 허상의 세계에는 삶의 생생함이 없다. 엄마는 자식들이 공허한 세상에서 살기를 원하지 않기에 귀신을 떠나보내는 선택을 한다. 귀신을 떠나보내면서 엄청 서럽게 운다. 불편하고 제한되며 무서웠지만, 오랫동안 함께했기에 상실을 애도하는 과정을 충분히 겪어야 한다.

상상의 친구를 떠나보낸다는 건 무의식이 의식으로 올라온 것이다. 따라서 함께 놀던 방이 사라져 다시는 그곳으로 들어갈 수 없다. 상상의 친구를 떠나보내면 정신이 맑아지고 두려움이 줄어들며 몸이 가벼워진다.

책은 아이들의 위대한 힘이
발현되도록 돕는다.
그래서 책육아는 기본 중의 기본이다

5장

한계가 없는 아이로 키우는 책육아

책육아는 기본 중의 기본이다

모든 아이는 태어날 때부터 책을 좋아한다. 아이들이 이 세상에 와서 가장 좋아하는 것은 배우는 것이다.

아이를 키우는 부모는 아이들이 배우면서 어느새 성장하는 것을 보며 깜짝깜짝 놀라곤 한다. 낮에는 교감신경이 우세하니까 돌아다니면서 이것저것 보고 듣고 물고 빨고 만지면서 배우고, 부교감신경이 우세해지는 밤에는 책을 읽어달라고 한다.

그런데 어떤 부모들은 밤에 아이들이 책을 읽어달라고 하면 "저놈 잠 안 자려고 저런다"라고 한다. 정말 잠 안 자려고 그러는 것일까? 아이는 배움이 너무 좋아 잠을 이겨내는 것이다. 졸려하던 아이도 책을 읽어주면 눈이 반짝인다. 정신이 점점 맑아지고 또렷해지는 것을 볼 수 있다. 부모의 의식이 변화하여 아이가 원하는 만큼 읽어주면, 아이는 자신이 가진 에너지를 다 쓰고 푹 잠든다.

책을 읽어주면 아이들은 에너지가 살아나지만, 책만 잡으면 잠이 온다는 엄마들도 있다. 책을 읽어주는 것이 아이 발달에 좋다는 것을 알아 읽어주려고 하지만, 이상하게 집안일을 할 때는 생생한데 책을 잡으면 잠이 온다. 이런 엄마들은 어린 시절에 자신의 부모가 책을 읽어주었는지를 돌아볼 필요가 있다.

엄마 품에 안겨 엄마의 목소리를 들으면서 책이 주는 사실을 받아들이고 상상의 나래를 펼치는 것은 아이에게는 따뜻한 사랑을 받는 경험이다. 이런 사랑을 받은 경험이 없다면 자식에게 책을 읽어주는 것은 자신이 사랑받지 못했다는 것을 떠올리게 하고, 그것이 아프기에 무기력으로 방어하는 것이다.

상처가 많으면 무기력하게 많이 잔다. 잠을 많이 자도 개운하지 않다. 무의식의 상처가 의식으로 올라오지 않도록 방어하는 데 너무 많은 에너지를 쓰기 때문이다.

아이에게 책을 읽어주는 것이 힘들다면 자신의 내면아이에게 책을 읽어주는 마음으로 책을 읽어주면 좋다. 어른인 내가 어린 시절의 나에게 책을 읽어주자. 내 아이에게 책을 읽어줄 때 그 내용을 내 귀로도 듣는다. 이를 '재귀(再歸)'한다고 한다.

한 엄마가 강연을 들으러 왔는데, '건강하게만 자라다오'라는 마음으로 아이를 키웠다고 한다. 물론 아이가 건강하게 자라는 것은 중요하다. 아이는 엄마가 믿는 그대로 큰다. 그래서 엄마가 말하고 행동하는 것뿐만 아니라 엄마의 무의식에 있어 엄마 자신도 알지 못하는 것도 아이에게 영향을 미친다. 마음이 그 방향에 있기에 몸도 그

방향으로 가는 것이다.

몸도 영양을 섭취해야 하지만 마음도 양식을 섭취해야 한다. 어릴 때 부모가 책을 읽어주지 않으면 아이들은 생존에 필요한 사고력, 이해력, 판단력, 언어 전달력, 기억력, 창의력 같은 기본적인 능력을 기르지 못한다. 이런 기초 능력 없이 학교에 들어가면 고통이 시작된다. 학교에 가서 선생님 말씀을 알아듣지 못하면 얼마나 답답하겠는가. 이해하지도 못하고 소통도 안 되는 곳에서 적어도 12년을 앉아 있어야 한다는 것은 끔찍한 일이다.

아이는 이해하지 못하니 재미가 없다. 학교는 늘 성적으로 비교하는 곳이다. 공부를 못하면 주변의 질타와 압력을 받는 것은 물론 자기 스스로도 '나는 공부 못하는 사람'이라는 정체성을 가지고 간다. 이것은 훗날 자식을 키울 때 자식이 자신처럼 공부를 못해 상처받지 않게 하려고 공부에 대한 강박으로 나타나 아이에게 상처를 줄 수 있다.

이 엄마의 아들은 초등 4학년이었는데 집에 오면 매일 컴퓨터 게임만 했다고 한다. 그래서 게임 그만하고 공부하라고 잔소리하고 야단을 쳤더니 집을 나갔단다.

강연 중에 이런 질문을 하곤 한다.

"여기 오신 분들 중에 아직 집 나간 자녀를 둔 분들은 없지요? 아직은 안 나갔지요?"

그러면 많은 분이 웃으면서 "아직 없어요"라고 말한다. 아직은 안 나간 것이다. 그러나 통계를 보면 가출한 아이들이 20만 명이 넘는다.

경험상 어떤 집에서 아이들이 가출을 하는지 살펴보면, 착한 엄마와 엄격한 아빠가 있는 집인 경우가 많다. 착한 엄마는 위험한 엄마라고 했다. 착한 엄마는 늘 자신이 옳다. 손바닥이 늘 바깥으로 향하고 있어서 다른 사람을 탓한다. 남편에게 '당신이 술만 먹지 않았다면, 돈을 많이 벌어왔다면, 일찍 들어왔다면, 조금만 잘해주었다면 아이가 집을 나가지 않았을 것'이라고 남편 탓을 한다.

착한 엄마는 분노를 억압한 엄마라 내면에 두려움과 수치심이 많다. 그래서 고상한 사람으로 보이기 위해 늘 남을 의식한다. 그런 엄마는 자식도 남에게 반듯하게 보이게 하려고 자신의 통제 안에 아이를 가둔다. 아이가 사춘기가 되면서 자신이 누구인지를 알기 위해 엄마의 통제를 벗어나면, 아이를 잡아두기 위해 남편을 조종한다.

엄격한 아빠는 어릴 때 아이와 친밀감이 없는 무서운 아빠다. 이런 아빠들은 어릴 때 아이와 몸을 비비며 놀아주거나 자연에 나가서 함께 뛰어논 경험이 별로 없다. 아내와 함께 아이를 교육하는 장에 들어와 일상을 공유하고, 아이에게 책을 읽어주거나 대화하면서 아이 말을 들어주고 감정에 공감해주면서 사랑을 표현하는 것이 불편하다. 가족을 위해 돈을 벌어다 주지만 아이와의 관계가 없는 아빠들이다. 아이가 문제를 일으키면 그때 나서서 야단을 치거나 엄격하게 통제하려고 하지, 아이의 깊은 내면을 이해하지 못한다. 이런 가정이라면 아이는 엄마나 아빠 누구도 자신을 보호해주지 않아 자신의 자리가 없기에 집을 나간다.

착한 엄마와 엄격한 아빠 조합은 늘 싸운다. 이 엄마도 아이가 집을 나간 다음에 그렇게 싸웠단다.

"도대체 누굴 닮아서 아이가 집을 나갔는지 알고 싶어요."

그것이 알고 싶어서 내 강연을 들으러 왔단다.

처음에는 나에게 심판 역할을 해달라고 왔는데 강연을 듣는 동안 하나의 깨달음을 얻었다고 한다. 자신은 아이에게 잘하려고 했지만, 자신이 알지 못하는 자신의 내면에 어두운 방이 있어 아이가 그 방에 들어오지 않으려고 집을 나간 것이라는 깨달음을 얻은 것이다.

손바닥이 이제 내면을 향한 것이다. 그러면 많이 운다. 이 엄마도 나와 대화를 나눌 때 아이에게 미안해하면서 많이 울었다.

강연을 듣자마자 이 엄마는 담임 선생님을 찾아가 두 시간 동안 울면서 자기 자식 사람 좀 만들어달라며 다음과 같이 요청했다고 한다.

"선생님, 엄마가 읽어주는 책 한 번 듣고 오기를 숙제로 내주세요!"

그 요청을 선생님이 들어주셨다고 한다. 교육과정상 초등 고학년에게 그런 숙제를 내준다는 게 쉬운 일은 아니다. 그 어머니는 아들을 옆에 앉히고 어릴 때 못 해주었던 사랑의 책 읽기를 해주었다고 한다.

책을 고를 때 책 수준은 아이의 나이에 맞추는 것이 아니다. 아이의 정신 연령에 맞추어야 한다. 어린 나이에 책을 많이 읽었다면 정신 연령은 15년에서 20년을 앞서갈 수 있다. 다섯 살 아이라도 자신이 좋아하는 분야라면 어른들이 보는 전문 서적도 읽고 이해할 수 있다. 그러나 책을 안 읽었다면 열 살이어도 다섯 살 수준의 책조차 읽기 어려울 수 있다. 물론 엄마가 읽어주면 혼자 눈으로 보는 것보다 높은 수준의 책을 접할 수 있다.

이 엄마는 아들의 정신 연령에 맞추어 아주 쉽고 재미있는 책을 4년 동안 꾸준히 읽어주었다고 한다. 4년이 지나 중2가 되자 엄마의 사랑을 받으면서 다양한 어휘를 습득한 아이는 학교 성적도 올라갔다고 한다.

이 엄마는 다시 강연장에 찾아와서 이런 말을 했다.

"푸름 아버님, 고맙습니다. 강연 한 번 듣고 우리 가족의 관계가 좋아지고 행복해졌어요. 감사하다는 말씀을 꼭 드리고 싶어서 왔어요."

"그런 이야기를 들으니 기뻐요. 그런데 책 읽어주기가 힘들지 않았어요? 힘든 것은 없었어요?"

"책 읽어주는 것은 나도 받고 싶은 거라 행복했어요. 그런데 책을 읽어주니까 주변 사람들이 그렇게 해서 어떻게 대학을 보내느냐고 말할 때 마음이 흔들렸어요. 그 마음을 유지하기가 어려웠어요."

"남들은 불안해서 다 학원 보내고 과외시킬 때, 어떻게 흔들리지 않고 그 마음을 유지할 수 있었어요?"

"아이에게 책을 읽어주면 아이 눈빛이 반짝이고 기뻐해요. 그 눈빛을 보고 아이를 믿을 수 있었어요."

다른 사람이 아이를 어떻게 키우든, 다른 아이들과 내 아이를 비교하지 않고 내 아이가 가진 내면의 위대한 힘을 믿고 고유하게 아이를 키울 수 있는가? 그럴 수 있다면 아이는 고유한 자신이 되어 무한계 인간으로 성장할 것이다.

13년 전 중국 옌볜에 책 2만 권을 보내 푸름이독서사라는 도서관을 만들어준 적이 있다. 지금은 크게 확장되어 푸름이가정교육관이라는 이름으로 바뀌었고 중국에 푸름이교육을 알리는 데 앞장서고 있다.

당시 옌볜에는 한국어로 된 책이 없었다. 한국에서 정말 좋은 책을 세심히 골라 보내주니 초등학교에 막 입학한 아이들이 도서관에 와서 처음으로 책을 읽기 시작했다.

책이 없어서 읽을 수 없던 아이들이 책을 읽은 후 어떻게 성장했을까? 이것은 오랜 시간에 걸친 실험이었다. 실험을 설계하고자 하는 의도조차 없었지만 자연적으로 이루어진 놀라운 실험이었고, 결과는 더욱 놀라웠다.

12년이 지나 2019년에 푸름이독서사에서 책을 읽으며 놀던 아이들이 대학에 들어갔다. 옌볜 역사상 그렇게 많은 아이가 중국의 명문 대학에 들어간 적이 없다는 말을 들었다. 지린성 수석으로 베이징대학교에 들어간 학생부터 칭화대학교 등 이름만 들어도 알 수 있는 대학에 많은 학생이 들어갔다.

그 학생들이 초등학교 1학년일 때 '이 학생은 책을 많이 읽고 남을 배려하는 마음이 강해 이 상을 준다'라고 푸름아빠 최희수 이름으로 상을 준 기억이 난다. 도서관을 만들기 이전부터 도서관에 와서 책을 정리하고 아이들이 책을 읽도록 도와준 그 부모님들에게도 상을 주었다.

학생들이 대학에 입학한 것을 축하하고 육아 강연을 하려고 2019년에 옌지시에 다시 갔다. 수많은 사람이 참석한 그 강연장에서 그 학생들과 부모님을 만나면서 정말 감동과 기쁨의 눈물을 흘렸다. 아이들은 지성과 감성이 조화로운 인재들로 성장해 있었다. 대화를 몇 마디 나누지 않아도 아이들의 배려와 영혼의 아름다움이 느껴졌다.

그날은 내가 강연할 것이 없었다. 학부모님들이 '내가 베이징대학교에 다니는 학생의 부모가 될 줄은 몰랐다'라며 감사하고 푸름이교육을 증언했다. 책은 아이들의 위대한 힘이 발현되도록 돕는다. 그래서 책육아를 기본 중의 기본이라고 하는 것이다.

아이들이 어떻게 책을 좋아하는 아이로 성장하는지 살펴보면 친숙기, 노는 시기, 바다의 시기, 독립 시기의 네 단계를 거친다는 것을 알 수 있다. 요즘 언론에서는 '읽기 독립'이라는 말을 사용한다. 강연 중에 읽기 독립이라는 말을 들어본 적이 있느냐고 물어보면 많은 엄마가 그렇다고 대답한다.

'읽기 독립'은 내가 만들어낸 용어다. '책육아'라는 단어도 푸름이교육을 통해 퍼져 나간 것이다. 읽기 독립은 일테면 아이가 컴퓨터 게임을 하거나 TV를 보다가 누가 책 읽으라는 말을 한 적도 없는데 너무나 책이 읽고 싶어 스스로 게임이나 TV 시청을 멈추고 책을 읽는 상태를 말한다. 읽기 독립을 이루면 아이는 스스로 성장해가기에 부모가 할 것이 별로 없다.

그렇다고 아이가 게임을 안 하는 것은 아니다. 다만 스스로 조절할 수 있고 게임을 하거나 유튜브를 보다가도 언제든지 책을 펼쳐 본다. 읽을거리가 있으면 그냥 읽는 것이다. 유튜브도 많은 정보를 주지만 영상이 다 재생될 때까지 기다려야 하므로 답답하다. 책을 읽으면 자신이 원하는 속도에 맞춰서 빠르게 정보를 받아들일 수 있기에 책 읽는 것을 더 좋아한다.

읽기 독립은 72개월 전에 마치는 것이 행복하다. 즉, 그 시기에 못 마친다고 해서 문제인 건 아니라는 얘기다. 초등학교 강연을 하러 가서 초등 전에 읽기 독립을 마치는 것이 좋다고 하면 여기저기서 한숨 쉬는 소리가 들린다.

"그러면 우리 아이는 틀렸네요. 벌써 5학년이거든요."

초등학생이든, 중 · 고등학생이든, 어른이든 읽기 독립이 일어날 수 있다. 다만, 초등 전이라면 부모가 책 읽는 모습만 보여주어도 읽기 독립이 가능하지만 초등학교에 들어간 이후라면 적어도 5년 정도 각고의 노력이 필요하다. 안 되지는 않는다. 그러나 결정적 시기와 민감기를 지나가 버리면 배우기가 더 힘들어진다.

결정적 시기란 기회의 창문이 열리고 닫히는 시기를 말한다. 그 시기 이외에는 발달이 이루어지지 않는다. 예를 들어 시각에 관한 결정적 시기는 생후 6개월까지로, 이 시기에 아기가 주위 환경을 제대로 보지 못하면 시각 능력은 영원히 정상적으로 발달하지 못한다. 민감기는 두뇌 발달이 일어날 수 있는 최적의 시기로, 아기의 두뇌가 주위 환경에 잘 반응하고 받아들이는 시기를 말한다. 쇠는 달구어졌을 때 쳐야 하는데 그 달구어진 시기를 말하는 것이다.

예를 들어 언어 학습의 최적기는 출생부터 10세 이전까지다. 10세 이전의 아이는 비교적 쉽게 외국어를 익히고, 모국어의 특이한 발음이나 억양에 구속당하지 않고 외국어를 말할 수 있다. 그러나 어른이 되어 외국어를 배우면 어린 나이에 배우는 것보다 훨씬 더 많은 노력이 필요하다. 게다가 아무리 열심히 노력해도 원어민만큼 유창하게 구사할 수 없을 뿐 아니라, 모국어의 발음이나 억양을 감추기가 어렵다.

초등학교에 들어가기 전에 읽기 독립을 이루지 못했다면 초등 과정 내내 책 읽는 습관을 들이는 것이 좋다. 읽기 독립에 성공하고 졸업하는 것만으로도 아이는 초등 과정을 잘 보낸 것이다.

친숙기
책과 친해지는 단계

모든 아이가 책을 좋아하는 아이로 태어나지만, 모든 아이가 책을 좋아하는 아이로 자라는 것은 아니다.

엄마의 무의식이 책을 좋아하는 아이로 성장하는 것을 막지만 않아도 아이들은 책을 좋아한다. 유전에 따라 책을 좋아하는 아이가 따로 있는 것은 아니다. 유전은 잠재 능력이고 어떤 환경이 주어지느냐에 따라 다르게 발현된다. 아이가 책을 읽을 수 있는 환경이 만들어지면 유전은 책을 더 읽을 힘을 부여한다. 반면 책을 읽을 수 없는 환경이 만들어지면 유전은 책을 더 안 읽는 방향으로 힘을 부여한다.

이를 '마태 효과'라고 한다. 마태복음에 "무릇 있는 자는 받아 넉넉하게 되되, 없는 자는 그 있는 것도 빼앗기리라"라는 비유에서 가져온 말이다. 푸름이교육에서는 마태 효과를 '양이 채워지면 질적인 변화를 일으킨다'라고 표현한다.

친숙기에는 책이 발에 밟히는 환경을 만들어주어야 한다. 우리 부부는 지금까지 푸름이에게 1만 권이 넘는 책을 사주었다. 1만 권이라니까 많아 보이지만 두 아이를 키우면서 교육비로 한 달에 15~20만 원 정도를 쓴 것이다. 한 아이에게 한 달에 10만 원 정도를 책을 사주는 데 쓰면 20년 동안 1만 권 정도가 된다.

푸름엄마는 아이가 어릴 때 책을 사주기 위해 아이들의 머리카락을 직접 잘라주었다. 한 아이의 이발비를 아끼면 책 한 권을 살 수 있었다. 지금은 좋은 책도 많이 나오고 책값도 많이 저렴해졌지만 30년 전에 푸름이를 키울 때는 책값이 만만치 않았고 다양하고 좋은 책도 부족했다. 아주 가난하게 신혼을 시작했고 IMF 경제위기 당시에는 두 개의 사업을 동시에 접었기에 푸름엄마는 모든 것을 절약하면서 아이를 키웠다.

처음부터 머리카락을 잘 자르는 사람이 어디 있겠는가! 푸름엄마가 푸름이 이발을 해주다가 머리 뒤쪽을 밀어버렸다. 푸름엄마는 아이펜슬을 가져와 뒤통수를 검게 칠하기 시작했다. 그러자 푸름이가 물어본다.

"엄마 뭐 하세요?"

"푸름아, 미안하다. 엄마가 지금 네 머리를 밀어놨구나."

"엄마, 시원한데 뭘 그러세요."

그렇게 모아놓은 책이 1만 권이다. 지금도 그때를 생각하면 가슴이 아리다. 우리 부부는 푸름이가 원했던 책의 10분의 1도 사주지 못했다. 푸름이는 학교 공부를 위해 학원에 다니거나 과외를 받거나 외국 연수를 갔다 온 적이 없기에 책을 사주는 게 교육비 전부였다. 부모가 불안하지 않고 교육의 방향이 분명하면 아이 키우는 데 큰돈이 들지 않는다.

아이를 키우면서 처음부터 책이 중요하다는 것을 알지는 못했다. 푸름이가 3개월 무렵 친척 한 분이 전래동화 전집을 팔러 오셨다. 3개월 아이가 어떻게 동화책을 읽겠나 싶었는데, 지금 생각해보면 첫아이를 낳은 새내기 부모가 참 모르는 것이 많았다. 그런데 푸름이가 전래동화를 보고 반응을 했다. 반응을 했는지 발버둥을 쳤는지는 나는 안 보았기에 모르겠다. 그런데 푸름엄마가 분명하게 반응했다고 하니 그런가 보다 한다. 그 반응을 본 푸름엄마는 '이건 영재다. 영재가 아니면 3개월밖에 안 된 아기가 책에 반응하겠는가!' 하고 속으로 생각했다고 한다.

영재라고 하면 공부 잘하는, 그러니까 아이큐가 높은 아이들이라고 일반적으로 생각한다. 그러나 영재는 어떤 분야가 됐든 내면에 가지고 있는 힘이 잘 발현되어 무한계 인간의 특징을 보이는 아이들을 말한다. 푸름이는 언어 분야의 영재다.

"당신의 자녀를 영재라고 믿습니까?"

푸름이교육으로 키운 뛰어난 자녀를 둔 엄마가 호주로 이민을 갔는데, 영재를 연구하는 권위 있는 학자가 그 엄마에게 물었다고 한다.

"예, 그렇습니다."

"그럼 당신의 자녀는 영재입니다."

'당신의 자녀를 영재라고 믿습니까?'라는 질문은 엄마가 무의식에서 자식을 어떤 시각으로 바라보고 있는지를 묻는 것이다. 이 시각은 자녀들에게 운명이 된다. 강연할 때마다 나는 이 질문을 꼭 던진다. 그러면 웃으면서 강연을 듣던 엄마들이 갑자기 조용해진다. '나를 닮은 아이가 어떻게 영재가 되겠어요'라는 분위기다. 엄마가 자신의 아이가 영재라고 믿지 않으니 어떻게 영재가 되는 길을 선택하겠는가. 믿지 않으면 선택할 수 없고, 선택이 없으면 결과도 없다.

푸름이의 반응을 본 푸름엄마는 나에게 말도 안 하고 3개월 치 월세를 털어 친척이 가지고 온 전집 3질을 모두 샀다. 사줄 때는 좋았다. 그러나 저녁이 되어 내가 집에 들어올 때쯤 되니 걱정이 됐다. 가난한 신혼살림에 월세를 내야 하는 돈으로 책을 샀으니 말이다. 자초지종을 듣고 책을 한번 쳐다본 나는 속으로 3개월 아이가 저것을 볼까 하는 마음이 들었다. 그렇지만 썩는 물건도 아니고 미래가 어떻게 될지 알지도 못하는데 뭐라고 말할 것도 없어 그냥 잘했다고만 했다.

지금 생각해보면 아무 말도 하지 않고 그냥 "잘했다"라고 한 것이 얼마나 현명한 행동이었는지 모르겠다. 그때 말 한마디 잘못했으면 푸름엄마에게 두고두고 잔소리를 들었을 것 아닌가!

우리 신혼집은 그 책을 꽂아둘 책꽂이가 들어갈 공간조차 없는 조그만 방이었다. 푸름엄마와 내가 나란히 누우면 푸름이를 옆에 재울 공간이 없어 머리 위쪽에 눕혀야 했다. 책꽂이가 없었기 때문에 책을 방바닥에 쌓아놓거나 깔아놓아야 하는 환경에서 나는 깨달은 것이 있다.

'아, 책이 발에 밟혀야 하는구나!'

푸름이는 걸어 다니면서 밟은 것이 책이었다. 책 한 권 없는 집에서 어떻게 책을 잘 보는 아이가 생겨나겠는가. 그렇다고 단칸방으로 가라는 말은 아니다. 단칸방에 사는 것은 힘들고 고통스럽다.

친숙기 환경에서 엄마가 버려야 할 편견과 주의할 사항이 몇 가지 있다. 먼저, **책을 처음부터 끝까지 읽어주어야 한다는 생각을 버려야 한다.** 책은 대화의 매개물이다. 아이를 잘 키우는 엄마는 아이와 친밀한 공감 대화를 끊임없이 나눈다. 엄마는 아이에게 말이 없으면 안 된다. 엄마가 말이 없으면 아이는 언어를 습득하는 능력이 떨어진다. 듣지 못하면 말하기 어렵다.

책이 없으면 엄마가 아이에게 해줄 수 있는 말이 몇 가지 안 된다. 일상에서 늘 사용하는 '밥 먹어라. 씻어라. 뛰지 마라. 자라'와 같이 생존 언어를 넘어가기 어렵다.

지능 검사는 또래 아이들보다 얼마나 높은 수준의 어휘를 많이 알고 있느냐를 주로 본다. 예를 들어 여섯 살 아이라고 할 때, 또래들이 보편적으로 알고 있는 어휘를 그 아이가 알고 있다면 지능지수는 100이라고 나온다. 그런데 열두 살 아이들이 보편적으로 알고 있는 어휘를 안다면 200이라고 나온다. 말을 유창하게 한다고 해서 지능이 높다고는 하지 않는다. 그보다는 또래보다 고급 어휘를 사용할 때 지능이 높은 것이다. 책을 읽어주면 엄마는 일상의 생존 언어를 넘어서는 고급 어휘를 주게 된다.

엄마보다 아빠가 책을 읽어주면 아이의 지능이 더 높아진다는 연구 결과도 있다. 아빠들이 더 객관적이고 사회적인 언어를 사용하기 때문이다. 아이들은 먼저 재미있는 부분을 보려 한다. 책을 펼치면 좋아하는 부분을 찾으려고 책장을 빨리 넘긴다. 그러면 '책은 처음부터 끝까지 읽어야 한다'라는 믿음이 있는 엄마들은 기분이 나빠져 아이의 손을 붙잡고 책장을 넘기지 못하게 힘을 준다. 아이들은 바로 엄마의 통제를 느낀다. 그런 경험이 있는 아이가 책을 좋아하기는 힘들다.

책이 대화의 매개물이라는 의미는 아이가 좋아하는 페이지에 가서 대화를 나누라는 것이다. 책을 그대로 읽어주는 것도 대화다. 그림을 보고 숨은 그림을 찾고 느낌을 나누는 것도 대화다. 처음부터 끝까지 토씨 하나 틀리지 않게 읽어달라는 것도 대화다. 아이들이 질서에 민감할 때는 엄마가 책을 읽어주다가 조느라 토씨 하나를 틀리면 신경질을 부리기도 한다. 아이에게는 그것이 자신의 질서가 무너지는 것으로 느껴지기 때문이다. 물 흐르듯이 아이에게 반응하면서 따라가라는 메시지다.

두 번째로 **조심할 것은 책을 깨끗하게 간수해야 한다는 편견이다.** 어린아이에게 책을 주면 물고 빨다가 집어 던지기도 한다. 그러면 어떤 엄마는 유리로 된 책장에 책을 넣고 자물쇠로 잠가버린다. 그렇게 고이 모셔둘 거라면 무엇하러 샀는가!

아이들이 책을 집어 던지는 이유는 무엇일까? 엄마를 약올리기 위해서일까? 이 세상에 엄마를 약올리려고 태어난 아이는 없다. 아이들은 지금 중력을 실험하는 것이다. 그래서 탄성계수가 다른 여러 물건을 던져본다. 이것을 아는 엄마는 위험하지 않은 범위에서 해볼 수 있도록 아이에게 기회를 준다.

아이가 물고 빠는 것은 입의 감각을 통해 대상을 알아가는 것이다. 안전한 소재로 만든 책이라면 충분히 탐색할 기회를 주어야 한다. 그래야 아이는 책이 먹는 것이 아니라는 것을 알게 된다. 사실 아직 몰라서 먹는다고 해봤자 몇 권 먹지 못한다.

아이는 휴지를 끝없이 뽑기도 한다. 휴지를 뽑는 것은 눈과 손의 협응력을 기르는 행동이다. 그렇다고 언제까지 뽑겠는가. 협응력이 다 길러져 그 행위가 더는 도전 과제가 안 되면 재미가 없어져서 뽑으라고 해도 안 뽑는다.

아이가 책에 그림을 그리거나 찢으면 기겁을 하는 엄마들이 있다. 아이는 그림을 그리면서 자신을 표현한다. 나는 책을 읽으면서 깊게 생각하고 감동을 주는 문구가 있으면 꼭 줄을 치고 접어놓아 다시 볼 때 찾기 쉽게 해놓는 습관이 있다. 그리고 그 문구를 볼 때마다 깊이가 달라지면 책에 메모를 해놓는다. 그러면 내 의식이 그동안 어떻게 달라졌는지 알 수 있어 좋다. 아이가 책을 찢으면 다시 붙여주자. 찢고 싶은 욕구를 충족하려고 찢는다면 신문지나 찢어도 되는 것을 많이 주어 찢어보게 하면 된다. 책에 관해서는 아이에게 불유쾌한 경험이 없게 해서 책은 재미있고 좋다는 이미지를 주라는 것이다.

세 번째는 **아이가 부정당할 환경을 최소화하라는 것이다.** 푸름이를 낳고 키울 때 우리 집에는 만지면 깨지거나 상처를 입을 위험한 가구나 물건이 별로 없었다. 간혹 집에 손님이 오면 문을 열고 들어와서 맨 처음 하는 말이 "곧 이사하세요?"였다. 집을 부부 위주로 꾸며놓으면 아이가 이것을 만져도 "안 돼", 저것을 만져도 "안 돼"라고 부정할 수 있다. 그런데 우리 부부는 이 부정을 최소화하는 구조로 만들었다.

세 살 이전에는 친정집에 갈 때도 조심하라는 말을 한다. 예를 들어 책에 깊게 들어간 아이가 환경이 바뀌면 다시 집중력을 찾는 데 오랜 시간이 걸린다. 아이들의 시간은 어른의 시간과 다르다. 그만큼 아이들의 변화는 크다. 친정집에 가지 말라는 말이 아니다. 친정이나 시댁에 가면 아이들에게 집중할 수 없는 경우가 많다. 그렇더라도 부부 중 한 사람은 아이를 지켜보면서 부정당하지 않도록 보호해야 한다.

아이를 잘 키운 엄마가 있다. 시댁에 갈 때 책을 많이 가져갔는데, 시댁은 식구들이 모두 일찍 잠자리에 드는 편이었다. 아이가 책을 읽어달라고 하는데 이 엄마는 시댁 식구를 깨울까 봐 조용히 하라는 말을 계속할 수밖에 없었다. 그 말을 들은 시아버지가 불을 활짝 켜면서 아이가 저렇게 원하니 책을 읽어주라고 했다고 한다.

네 번째는 **책을 특별한 것으로 만들지 말라는 것이다.** 자신의 내면에 바보가 있는 엄마들은 아이가 책을 안 읽으면 큰일이 날 것처럼 불안해한다. 아이가 게임을 하면 책을 읽지 않는다고 불안해하고, 아이가 놀고 있으면 그만 놀고 책 좀 읽으라고 성화다.

아이는 무엇을 하든 매 순간 자신의 내면에 있는 빛에 따라 배우고 있다. 그런데 엄마의 마음이 불안하여 책을 특별한 것으로 만들고 만다. 책은 일상이다. 여행을 떠날 때도, 병원에 갈 때도, 친척 집을 방문할 때도 책을 가지고 가 읽어주면 된다.

뇌성마비를 앓아 수술을 여러 차례 받아야 하는 자녀를 둔 엄마가 있었다. 이 엄마는 절망스러웠지만, 신체 성장을 위해 가장 좋은 방법은 책을 읽어 두뇌를 발달시키는 것이라는 내 말을 듣고 희망을 찾았다. 아이가 수술을 받을 때마다 병원에 책을 들고 가 누워 있는 아이에게 읽어주었다. 책을 읽어줄 때는 그게 무슨 소용이냐는 사람들의 눈치도 많이 받았다. 그래도 개의치 않고 엄청나게 많은 책을 읽어주었다. 그것이 엄마가 아이에게 해줄 수 있는 사랑이었기 때문이다.

의사들이 이 아이는 줄넘기를 할 수 없다고 말했다. 아이가 학교에 들어간 뒤 엄마에게 왜 자신은 다른 아이들이 쉽게 할 수 있는 줄넘기를 하기가 어렵냐고 물었다고 한다. 아이는 자신이 뇌성마비를 앓았다는 사실을 모르고 있었다. 엄마가 아이에게 두려움으로 한계를 주지 않았기 때문이다.

아이는 줄넘기를 시작했다. 책에 깊이 몰입했던 것만큼, 줄넘기 역시 일단 시작하자 포기하지 않고 연습하고 연습했다.

푸름이교육을 하는 가족이 모여 자녀들의 장기 자랑을 하는 날, 이 아이는 줄넘기를 했다. 우리는 숨죽이며 지켜보았다. 아이의 줄넘기는 부드러웠고 아름다웠다. 줄넘기를 끝마쳤을 때 참석한 모든 사람이 하나가 되어 환호했고 눈물을 흘렸다. 지금도 그때를 생각하면 눈시울이 촉촉해진다.

이 아이는 뇌성마비를 앓은 또래 아이들 중에서 두뇌가 발달할 수 있는 최고치에 달했다는 평가를 받았다. 뇌성마비를 앓지 않은 아이들을 능가한 것이다.

내면에 바보가 있는 부모들은 자신은 책을 안 보면서 아이들에게는 책을 읽으라는 감정적 압력을 넣는다. 부모가 책을 읽는 것이 환경이다. 어떤 특별함이 없는 일상이다. 나는 책육아를 어머니로부터 배웠다.

지독하게 가난했고 많이 못 배우셨지만 어머니는 평생 책을 읽으셨다. 무더운 7월, 콩밭을 매다가 땀을 식히려 집으로 들어오셨을 때 그 잠깐 사이에도 어머니는 책을 펼치셨다. 돌아가신 지 오래됐지만 어머니를 생각하면 책을 읽는 뒷모습이 제일 먼저 떠오른다.

왜 읽어야 하는지도 모른 채 나도 평생 책을 읽었다. 지금은 중국에 가서 강연하고, 유튜브 방송을 하고, 푸름이교육연구소를 운영하고, 상담을 하면서 무척 바쁘지만 그래도 짬짬이 시간을 내어 책을 읽는다. 아무리 바빠도 1년에 100권 정도는 읽는다. 물론《기적수업》처럼 1,400페이지가 넘는 책을 100권씩 읽는 건 아니지만, 육아나 성장과 관련된 책은 많이 보아서 한 권을 읽는 데 그렇게 많은 시간이 걸리지 않는다.

노는 시기
책과 함께 노는 단계

아이들이 책을 안 보는 데에는 이유가 있다.

아이들이 책을 안 보는 이유는 크게 보면 두 가지다. 첫 번째는 아이가 소유한, 아이가 볼 만한 책이 없는 경우다. 그렇다고 모든 책을 사주어야 한다는 말은 아니다. 도서관에 가서 아이가 좋아하는 책을 빌려서 보아도 좋다. 다만, 아이가 자기 주변에 두고 여러 번 반복해서 보는 책은 사주는 것이 좋다. 도서관에서 빌려 보면 기일 안에 반납해야 하는데, 아이들은 진짜 좋아하는 책은 한 번만 보고 끝내지 않는다.

나는 처음에는 책을 소유하는 것이 아이들에게 필요하다는 걸 몰랐다. 푸름이가 태어나고 30개월 후에 둘째 아들 초록이가 태어났는데 이때는 집에 책이 어느 정도 갖추어져 있었다. 단순하게 초록이가 형 책을 보면 된다는 생각에 초록이에게는 따로 책을 사주지 않았다.

푸름이를 키울 때는 정말 어렵게 책을 사주었기에 책을 사는 날은 기쁨의 날이었다. 책을 사주는 우리 부부도 기뻐했고 푸름이도 새 책이 오면 눈을 반짝거리면서 기쁨으로 몸을 부르르 떨곤 했다. 배고픈 개가 뼈다귀를 주면 덜컥 물듯이 책을 읽으면서 흡수하곤 했다. 푸름이는 아웃풋도 바로바로 나와 새 책을 볼 때마다 가족들에게 강연을 해주었다. 그때 우리 부부가 종종 했던 말이 "최푸름 박사님, 강연 좀 해주시겠어요?"였다.

초록이에게는 이런 기쁨의 이벤트가 없었다. 부모가 기뻐하면 아이도 함께 기뻐한다. 푸름엄마도 초록이가 예뻐 물고 빨면서 사랑은 듬뿍 주는데 푸름이 때처럼 밤을 새워가며 책을 읽어주는 일은 없었다. 첫째를 키울 때는 열정적으로 지성을 주기에 깜빡하면 감성을 놓칠 수 있고, 둘째를 키울 때는 감성은 주지만 지성을 놓칠 수 있기에 주의해야 한다. 푸름이는 책을 주면 바로바로 흡수하고 받아들였는데, 초록이는 꾸준하게 주어야 겨우겨우 책을 읽었다.

어떤 육아서를 읽다가 '아이들에게 자신의 소유를 주라'라는 글귀를 보고 우리 부부가 놓친 것이 무엇인지를 바로 알게 됐다.

형제자매가 싸우지 않으려면 경계를 분명히 해야 한다.

"이것은 형 것이니 형에게 허락을 받고 사용해야 해."

"동생이 집중할 때는 방해하지 말아라."

일상에서 물건뿐만 아니라 공간이나 심리적으로 경계를 주었기에 초록이가 형 책을 자기 마음대로 볼 수가 없었다.

초록이는 만화를 좋아하고 그림 그리기를 좋아했다. 공룡을 그리면 끊기지 않고 한 번에 그려내는데 비례 분배를 잘해서 진짜 공룡처럼 보였다. 푸름이교육은 아이가 좋아하는 것을 더 좋아하게 해주는 것이다. 초록이가 책에 집중하지 않았던 이유를 알고 나서는 초록이를 위해 초록이만의 소유를 주어야겠다고 생각하게 됐다.

초록이가 만화를 좋아하니 초록이를 위해 만화책을 사주기 시작했다. 조금씩 사준 것이 나중에 보니 1,000권도 넘었다. 초록이에게 만화책을 사줄 때는 "푸름아, 이 책은 초록이 것이니 네가 볼 때는 초록이 허락을 받아야 한다"라고 말해주면서 초록이의 소유임을 분명히 해주었다. 그러자 초록이가 "형, 이 책 빌려줄 테니 저 책 좀 빌려줘" 하면서 형과 협상을 하고 그동안 안 보았던 형 책들을 보기 시작했다.

아이들이 다 크고 난 지금 생각해보면 초록이를 위해 아주 쉬운 책을 많이 사주어야 했다. 그런데 그때는 그런 생각을 전혀 하지 못했다. 푸름이가 다양한 분야의 책을 섭렵했다면 초록이는 주로 만화만 보았다. 만화만 보았는데도 학교 공부를 따라가는 데는 아무런 지장이 없었다. 고등학교 때는 8과목 모두 1등급을 받아와 수석으로 졸업했다. 초록이는 학교 공부도 잘했지만 운동, 미술, 음악 등 모든 분야를 골고루 잘했다. 그러지 않고는 전 과목에서 1등급을 받지 못한다. 우리 집에서 수석을 한 사람은 초록이밖에 없다.

책은 아이들에게 학습이 아니라 놀잇거리가 되어야 한다. 책이 재미있으면 아이들은 책을 읽는다. 그런 면에서 재미있는 만화는 책으로 깊게 들어오는 데 도움을 준다. 만화를 주면 글줄로 넘어가지 못하고 단편적인 생각을 하게 된다며 만화를 주지 않는 부모도 많은데, 경험상 그렇지 않았다.

세계적으로 읽기 능력이 가장 탁월한 아이들은 핀란드 아이들이다. 그런데 핀란드 초등 4학년 아이들의 59퍼센트가 매일 읽는 책이 만화다. 이 통계는 팩트다. 그런데 만화책을 읽어선 안 된다고 믿으면 이런 사실도 눈에 보이지 않는다. 푸름이도 한때는 만화에 미쳤던 시기가 있다.

책을 균형 있게 읽히려면 편독(偏讀)을 시켜야 한다. 어릴 때 푸름이는 공룡을 좋아했다. 고등학교 3학년 때는 《공룡박물관》이라는 책을 쓸 정도로 공룡과 고생물학 분야에 관심이 깊었다. 아이를 잘 키우는 집에서는 아이가 공룡을 좋아하면 적어도 200권 정도의 공룡 책을 주고 공룡과 관련하여 다양한 체험을 시켜준다. 200권의 공룡 책을 주지 않으면 아이를 잘못 키우는 거라고 말하는 게 아니다. 아이가 어떤 분야에 관심을 보이면 부모는 절정의 경험을 할 수 있는 환경을 만들어주어야 한다는 뜻이다. 그러면 아이들은 가지를 친다.

예를 들어 공룡을 좋아하는 아이들은 '쥐라기, 백악기' 같은 말을 접하면서 역사로 관심이 옮겨간다. 그러면 부모는 역사 분야에서 최고의 경험을 할 수 있는 환경을 만들어주면 된다. 이렇게 하면 모든 분야에서 깊어지면서 균형 있는 독서에 이른다. 초등 4학년이 읽어야 할 추천 도서를 모두 읽는 것이 균형 있는 독서가 아니다. 그러면 오히려 어느 분야도 깊어질 수 없다.

남자아이들은 좋아하는 분야가 뚜렷한 경향이 있다. 자동차를 좋아할 경우 자동차를 깊이 있게 다루는 책을 주면서 최고의 경험을 할 수 있는 환경을 만들어주면, 기계 분야나 자동차를 만드는 나라의 문화로 관심이 확장된다.

아이들의 관심은 어느 분야로 튈지 모른다. 공주를 좋아하는 아이가 여왕으로 관심이 가면 부모는 여왕이 사는 나라의 문화로 관심이 옮겨가리라고 예측할 것이다. 그러나 아이는 '여왕개미'로 관심이 옮겨갈 수 있다. 그래서 아이의 눈빛을 보며 아이의 관심사를 따라가라고 하는 것이다.

여자아이들은 특정 분야에 관심을 보이기보다는 주면 주는 대로 모든 분야의 책을 골고루 읽는 경향이 있다. 이런 아이들은 분야를 가리지 않고 읽어가면서 점점 깊어지는데, 한계가 없는 무한계 아이인 경우가 많다.

한때 공룡에 깊이 들어갔던 푸름이는 60개월을 지나 관심이 역사로 넘어가면서 《삼국지》 같은 역사 만화책을 보기 시작했다. 60권짜리 《만화 삼국지》를 250번 이상 반복해서 읽었다. 그 책을 내가 읽으려면 잠 안 자고 꼬박 3박 4일을 읽어야 한다. 푸름이는 초등 4학년 때까지 《만화 삼국지》, 《맹꽁이 서당》, '살아남기' 시리즈, 만화 중국 고전, 《먼나라 이웃나라》, 《십팔사략》, 《식객》 같은 당시 아이들이 좋아하는 만화책을 정말 무섭도록 많이 보았다. 한동안 그렇게 만화책만 편독하더니 초등 4학년 때부터 글줄 많은 책으로 관심이 넘어갔다. 이후 만화책은 뜸하지만 아직까지도 꾸준하게 읽고 있다.

아이들이 책을 안 보는 두 번째 이유는 책을 읽으라고 감정적 압력을 준 경우다. 아이가 무엇을 배울 때는 친근한 환경에서 기분 좋은 시간에 하게 하고, 아이가 그만두겠다는 의사 표현을 하기 전에 부모가 먼저 그만두는 것이 중요하다. 책도 부모가 환경을 만들어주어 아이가 먼저 읽겠다고 할 때 주어야지 부모의 마음이 앞서가선 안 된다. **아이를 잘 키우는 부모는 아이를 통제하는 부모가 아니라 반걸음 뒤에서 따라가며 반응하는 부모다.**

아이들은 재미있으면 무조건 한다. 책도 재미있으면 본다. 책을 의무적으로 봐야 하는 학습이 아니라 놀이와 재미로 만들면 책 읽히기가 실패할 일은 없다.

내 아이가 책을 잘 읽었으면 하는 마음은 부모라면 누구나 가지고 있다. 이 마음이 아이에게 감정적 압력을 주는 욕심이 안 되도록 주의하라는 얘기다. 말로는 아이에게 "책 안 읽어도 괜찮아"라고 한다. 그러나 엄마의 눈빛과 표정은 아이가 책을 안 보면 불안하고 불편하다. 욕심이 있는 엄마는 금방 알아볼 수 있다. 아이가 책을 안 보면 가슴이 부글부글 끓는다. 아이가 언제 책을 읽는지 늘 감시한다. 아이가 지금 책을 읽는지, 게임을 하는지, TV를 보는지 엄마는 한눈에 안다. 마찬가지로 아이도 엄마가 자신을 늘 감시한다는 걸 느끼고 있다.

어떤 아이가 책을 잘 본다는 소문을 들으면 내 아이가 보든 안 보든 책부터 사 모으는 엄마들도 있다. 이렇게 엄마가 희생해서 사주었는데 아이가 책을 안 보면 애가 탄다. 내심 인내하고 있는데 이웃집 아이가 책을 잘 보더니 어떤 결과가 있었다는 말을 듣는 순간 폭발한다.

"너는 어떻게 책 한 권 안 보고 게임만 하니?"

아이를 속일 순 없다. 아이는 순수하기에 엄마의 속마음을 안다. 엄마가 성장하지 않으면 이 욕심을 놓아버리기가 어렵다.

아이는 매 순간 무엇을 하든 자신의 발걸음으로 배운다. 이것을 아는 부모는 아이를 믿고 기다린다. 책을 읽는 것이 기쁨이고, 책이 재미있다는 것을 아는 아이들은 자기 마음에 드는 책을 만나면 밥도 잘 안 먹고 잠도 안 자면서 책을 읽는다.

"책을 읽는 기쁨, 그 자체가 목적이 되게 하라."

이는 공자님이 하신 말씀이다. 《논어》 〈학이편〉에 이런 구절이 나온다.

> 배우고 때로 익히면 또한 기쁘지 아니한가.

'무엇을 위하여 배우고 익히면'이 아니다. '무엇'이라는 단어가 없다. '학교 공부를 위하여 책을 읽으면'이 아니라 책을 읽는 자체가 목적인 것이다. 이렇게 책을 읽은 아이들은 취학해서 학교 공부를 할 때도 교과서가 재미있어 읽는다. 수학 문제지를 풀 때도 문제를 해결하는 기쁨이 크기에 풀 뿐 높은 점수를 받기 위해 푸는 게 아니다. 학습지를 푸는 데 재미를 들였다면 아이의 능력에 맞는 도전을 주기 위해 1년 치를 한 번에 주어도 좋다.

푸름이를 키우면서 공자님의 말씀이 어떤 의미인지를 경험으로 알게 됐다. 푸름이가 중학교에 들어가서 과학 시험을 볼 때, 주어진 시험 범위에서 암석이 궁금하면 밤늦게까지 백과사전을 펼쳐가며 암석에 대한 공부를 한다. 그러면 푸름엄마가 지나가면서 한마디 한다.

"푸름아, 박사 학위 논문 쓰니?"

시험 범위를 한 번이라도 읽고 가라는 요청이지만, 푸름이는 자신이 궁금한 암석에 대한 공부를 꿋꿋하게 한다.

다음 날 과학 시험을 보고 와서는 지나가는 말로 툭 던진다.

"엄마, 오늘 암석에서는 한 문제도 안 나왔어."

쿨하다. 나 같았으면 쓸데없이 암석을 공부했다고, 시간만 뺏겼다고 아쉬워하거나 투덜거렸을 텐데 그런 게 없다. 암석에 대하여 알아가는 것 자체가 기뻐서 공부한 것일 뿐이다.

이렇게 공부한 아이들은 학년이 올라갈수록 학교 공부도 잘하게 된다. 고등학교 2학년 정도 되면 두각을 나타나게 된다. 점수에 연연해서 공부한 아이들은 그때쯤이면 지치지만 배움 자체가 즐거운 아이들은 배움의 수준이 높아질수록 도전하는 재미가 있기에 더 생생해진다.

푸름이를 키우면서 우리 부부가 잘한 일은 푸름이가 배움에 대한 즐거움을 잃지 않도록 한 것이다. 푸름이는 정말 원 없이 놀면서 자란 아이다. 푸름이가 나가서 놀고 있으면, 우리 부부 입에서 "그만 놀고 책 좀 읽어라"라는 말이 나올 만도 하다. 영재가 어떻게 자라는지 많은 사람이 보고 있으니 말이다. 하지만 지금까지 우리는 그만 놀고 책 읽으라는 말을 해본 적이 없다.

푸름엄마는 푸름이가 놀고 들어오면 이불을 깔아주고 이렇게 말하곤 했다.

"최푸름 박사님, 노시느라고 수고 많이 하셨어요. 힘드시니까 주무세요."

그러고는 푸름이가 최근에 읽던 책을 가지고 와 옆에 앉아서 "아, 재밌다"라고 말하면서 읽었다. 그러면 이불 속에 있던 푸름이가 기어 나와 함께 읽었다.

"푸름아, 엄마 화장실 갈 건데 그사이에 이 책 읽으면 절대 안 된다."

이런 말을 할 때는 조심해야 한다. 절대로 읽지 말라면 절대로 안 읽는 아이도 있다. 푸름이는 절대로 읽지 말라면 절대로 읽는 아이였다. **교육은 아이마다 달라야 한다.**

아까 깔아놓은 이불은 이제 푸름엄마 차지다. 푸름엄마는 다리 하나를 푸름이에게 주고 대자로 누워 잔다. 푸름이는 읽지 말라는 책을 읽으면서 밤을 새운 적도 많다. 다리 하나를 주는 이유는 혼자서 책을 읽으니 다리로라도 엄마와 연결하는 것이다.

세상에 이렇게 쉬운 교육이 어디 있는가. 엄마는 누워서 자면 되고 아이는 책 읽으면서 스스로 성장하는 교육이다. 푸름이가 글을 읽기 시작한 29개월 이후에는 책을 읽어준 기억도 별로 없다. 엄마보다 책을 빨리 읽으니 엄마가 읽어주려고 하면 "엄마 너무 느려요. 내가 읽을래요" 하면서 혼자 읽었다.

모든 아이는 어느 분야든 영재로 태어난다. 아이들이 가진 위대한 힘을 끌어내고 좋아하는 것을 더 좋아하게 해주면 모두가 영재로 자란다. 그러나 학교에 들어가서도 내 아이의 영재성이 손상당하지 않도록 지켜주기 위해서는 영재의 특성을 이해해야 한다.

영재의 특성 중 하나는 비동시성이다. 스콧 배리 카우프만이 쓴 《불가능을 이겨낸 아이들》이라는 책에 이런 내용이 있다.

> 영재성이란 앞선 인지 능력과 고도의 강렬함이 결합하여, 일반표준과는 질적으로 차이가 나는 내적 경험과 인식들을 만들어내는 비동시적 발달이다. 이 비동시성은 지적 능력이 높아질수록 더불어 증가한다. 영재들은 그들이 지닌 독특함 때문에 유난히 다치기 쉬운 존재이며, 따라서 그들이 최선의 발달을 할 수 있으려면 부모의 양육과 교육, 상담 방식을 수정할 필요가 있다.

이 말은 영재들의 발달이 동시에 일어나는 것이 아니라는 얘기다. 지성은 또래보다 15년에서 20년을 앞서갈 수 있지만, 정서는 제 나이를 먹고 행동은 뒤처질 수 있다는 것이다. 모든 것이 동시에 발달을 이루는 것이 아니기에 사회적으로 오해받을 수 있고, 그로 인해 상처받을 수 있다. 말은 어른처럼 하는데 하는 행동은 아기 같기에 부모나 선생님이 아이를 이해하지 못할 수 있다. 특히 지적 능력이 뛰어난 고도 영재의 경우에는 비동시성이 크기에 조심스럽게 보호받지 못하면 상처가 클 수 있다.

영재의 또 다른 특징은 비순응성이다. 영재들은 자신이 좋아하는 분야는 몰입하지만 싫어하는 분야는 하지 않는다. 부모나 선생님이 뭐라 해도 절대로 굴복하지 않는다. 자신이 합리적이라고 생각하는 것은 자발적으로 하지만 조금이라도 이상하면 아무리 시켜도 하지 않는다.

푸름이는 초등학생 때 교과서는 학교 사물함에 놔두고 매일 빈 가방을 달랑달랑 메고 학교에 갔다.

"빈 가방은 왜 가지고 가니?"

"아빠, 예의상 가지고 가는 거예요."

아주 어릴 때부터 예의는 발랐다. 교과서를 학교에 두고 오니 숙제를 해 간 적이 없었다. 물론 자신이 좋아하는 분야에서 조사하고 발표하는 숙제라면 누구보다 열심히 한다. 그런데 단순히 반복하는 숙제라면 하지 않는다. 어느 날 노트를 보니 '숙제 해 올 것, 숙제 해 올 것'이라는 문구가 몇 페이지에 걸쳐 쓰여 있었다. 그것을 본 푸름 엄마가 "이렇게 쓰고 있느니 차라리 숙제를 해 가는 것이 빠르겠다"

라고 말했지만, 그래도 숙제를 안 해 갔다. 비순응성 아이를 순응성 부모와 선생님이 가르치려니 얼마나 힘들겠는가. 순응성 선생님이 이런 아이를 만나면 어린 시절에 순응했던 과정의 상처가 떠올라 힘들 수 있다.

푸름이가 독서 영재로 널리 알려지면서 우리 부부는 푸름이가 통합을 이루어낼 수 있도록 기다려야 했다. 또 학교에 가서 순응되지 않아 배움에 대한 즐거움을 잃지 않도록 하는 데 많은 심적 에너지를 썼다. 그 과정에서 우리 부부도 성장했다.

바다의 시기
책에 몰입하는 단계

'또'를 허락하고 따라가면 아이는 높은 수준의 책으로 나아가게 된다.

미하이 칙센트미하이는《몰입, FLOW》에서 몰입을 이렇게 정의했다.

> 의식이 질서 있게 구성되고 또한 자아를 방어해야 하는 외적 위협이 없기 때문에 우리의 주의가 목표만을 위해서 자유롭게 사용될 때를 말한다.

몰입은 다른 어떤 일에도 관심이 없을 정도로 지금 하는 일에 푹 빠져 있는 상태를 말한다. 이때의 경험 자체가 매우 즐겁기 때문에 이를 위해서는 어지간한 고생도 감내하면서 그 행위를 하게 된다.

몰입은 '마치 하늘을 자유롭게 날아가는 듯한 느낌' 또는 '물 흐르는 것처럼 편안한 느낌'으로 경험되는데, 이때 행복감을 느끼지는 않지만 몰입이 끝나고 나면 행복감이 물밀듯이 밀려온다. 몰입이 일어나면 시간과 공간도 의식하지 못하고 몰입의 대상과 하나가 되며 최고의 성취가 일어난다.

몰입은 게임이나 운동, 낚시 같은 레저 활동 등 다양한 영역에서 일어날 수 있지만 책을 읽을 때 특히 빈번하게 경험할 수 있다.

책을 읽을 때 바다의 시기는 "또, 또"라는 말과 함께 시작된다. 책 한 권을 읽어주면 아이는 "또 읽어줘"라고 말한다. 다시 한 권 읽어주면, 아이는 "또 읽어줘"라고 한다. 이 '또'를 허락하고 따라가면 아이는 정말 어마어마하게 책을 읽으면서 높은 수준의 책으로 나아가게 된다.

푸름이교육에서는 책을 읽어줄 때 아이의 눈빛을 보라고 강조한다. 아이의 눈빛이 반짝이면서 책을 읽고 싶어 하면 욕구가 충족될 때까지 읽어주라는 의미다. '대바기'라는 닉네임을 가진, 아이를 잘 키운 엄마가 있다. 우리말, 영어, 중국어, 일본어 등 네 개 언어를 사용하는 초등학생 딸을 두었는데 자신은 아무리 해도 아이의 눈빛을 캐치하기 어려워 아이가 엉덩이를 뗄 때까지 책을 읽어주었다고 한다. 아이가 엉덩이를 떼고 다른 곳으로 가면 그만 읽어주고 그 자리에 있으면 계속 읽어주었는데, 어느 날은 하루에 500권을 넘게 읽어주었다고 한다.

우리 부부도 이런 몰입의 경험이 있다. 푸름이는 17개월부터 바다의 시기가 시작됐다. 푸름이를 키울 때는 출판 일을 했기에 온종일 교정을 보다 밤 12시에나 집에 들어왔다. 집에 들어오면 푸름이가 내 바짓가랑이를 잡고 "아빠! 책, 책!" 하면서 책을 읽어달라며 끌고 갔다.

아들이 읽어달라고 하니까 옷도 갈아입지 못하고 밤 12시부터 새벽 2시까지 책을 읽어주었다. 그사이 푸름엄마는 잠깐 자면서 휴식을 취하고, 새벽 2시에 일어나 아침 6시까지 나와 교대해서 책을 읽어주었다. 27개월까지 10개월을 꼬박 그렇게 읽어준 기억이 있다. 나중에는 너무 힘들어 한글을 놀이와 재미로 가르쳐주었고, 스스로 책을 읽게 된 29개월이 지나자 가까스로 해방(?)되었다.

밤을 새워 책을 읽어주어 깊은 몰입을 방해하지 않았다고 하니 어떤 분들은 이런 질문을 한다.

"잠도 안 재우고 책을 읽어줘요?"

잠을 안 재우면 학대다. 어떻게 배려 깊은 사랑을 주는 부모가 아이를 학대하겠는가. 아이가 최초의 깊은 몰입으로 간 것에 반응하고 따라간 것이다. **깊은 몰입을 하면서 절정의 경험을 한 아이들은 어느 분야를 가도 같은 절정의 경험을 하기 원한다.** 아이가 몰입할 때 부모가 몰입할 수 있는 환경을 만들어주고 도와주면, 아이들은 몰입을 통해 스스로 확장한다.

푸름이교육연구소 강사 중에 '끼돌엄마'가 있다. 끼돌이는 80개월 동안 기차에 몰입했으며 끼돌이 부모는 3만 권이 넘는 책을 읽어주었다. 끼돌이 부모는 기차를 좋아하는 끼돌이가 자기부상열차를 타보고 싶어 해서 중국 상하이에도 갔다 왔다. 철도박물관을 보여주려고 일본을, 트램이라는 노면전차를 보여주려고 홍콩을 다녀왔다. 끼돌이는 기차를 통해 한글을 떼고 수 개념을 익혔으며, 세계사에 관심을 갖는 등 다양한 분야로 확장했다.

이렇게 깊이 몰입한 사례를 접하면 나도 밤을 새워 책을 읽어주어야 하는 건가 싶어 걱정하는 부모들이 많다. 직장도 다녀야 하고 할 일도 많은데 그렇게 많은 책을 읽어주라고 하면 시작도 하기 전에 지레 지칠 수 있다.

그렇더라도 내 아이를 위해 매일 꾸준히 15분 정도는 책을 읽어줄 수 있지 않을까? 15분씩 5년만 읽어주어도 아이는 3,200만 단어를 더 듣게 된다. 이를 공교육으로 해내려면 선생님이 1초에 10단어씩 900시간을 말해주어야 한다. 그렇지만 한 아이를 두고 900시간을 쉬지 않고 말해줄 수 있는 선생님은 어디에도 없다. 다시 말하면 불가능하다는 의미다.

교육은 먼 곳에 있는 게 아니다. 교육은 부모의 무릎 위에 있으며, 부모가 위대한 스승이다. 당신의 자녀를 세계 어느 대학에 가서 공부해도 충분히 두각을 나타낼 지성과 감성이 조화로운 인재로 키우고 싶은가?

그러고 싶은 마음이 있다면 책을 읽혀라. 아이가 책에 몰입하거든, 충분히 몰입할 수 있도록 기다려주어라. 초등학교를 졸업하기 전에 1만 권 정도만 읽으면 세계 어느 대학에 가도 뒤처지지 않을 것이다.

1만 권이 많은가? 인간의 두뇌는 쓰면 쓸수록 용량이 커지는 특징을 가지고 있다. 책은 읽을수록 읽는 속도가 빨라진다. 책을 읽는 속도가 이해의 속도다. 이해하지 못하면 절대 빨리 읽지 못한다.

정보처리 이론에 따르면 인간은 약 일곱 가지 정보를 동시에 처리할 수 있다고 한다. 그 일곱 가지에는 청각이나 시각 자극, 눈에 띌 정도의 생각이나 감정의 변화도 포함된다. 푸름이가 어릴 때 자기 머릿속에는 일곱 개의 방이 있다고 말하곤 했는데 그때는 무슨 의미인지 알 수 없었다. 나중에 정보처리 이론을 공부하고 나서야 무슨 말인지 이해하게 됐다. 요즘 푸름이교육을 한 아이 중에는 일곱 대의 게임기를 동시에 틀어놓고 보고 듣는 아이도 있지만, 일곱 대 이상을 동시에 처리하는 경우는 아직 본 적이 없다.

아울러 하나의 정보와 다른 정보를 구별할 수 있는 가장 짧은 시간은 18분의 1초다. 1초에 126개의 정보를 처리할 수 있고, 세 명의 말을 동시에 이해할 수 있다는 의미다. 어릴 때 책을 많이 읽어 두뇌의 효율이 높은 아이들은 책을 읽을 때 일곱 권을 동시에 놓고 각각을 한 페이지, 한 페이지씩 따로 읽어도 이해할 수 있다는 의미다.

어떤 엄마들은 아이에게 책을 읽어주면 아이가 딴짓을 해서 읽어주기 싫다고 말하기도 한다. 그런데 딴짓을 해서 책 읽기를 그만두면, 계속 읽어달라고 한다는 것이다. 내용을 물어보면 안다고 답한다. 아이는 귀를 열어서 엄마가 읽어주는 내용을 들으면서 다른 곳에도 주의를 기울여 동시에 여러 정보를 처리하는 것이다. 이를 모르면 아이가 엄마를 놀리거나 무시한다고 생각해서 야단칠 수 있다.

푸름이는 언론에 의해 책을 빨리 읽는 '영재 독서왕'으로 알려졌다. 푸름이가 어려서 쉬운 책을 읽을 때는 1분당 50페이지 정도를 읽었다. 속독을 배운 적은 없지만, 이 정도 속도는 속독 분야에서 경지에 오른 수준이라는 말을 들은 적이 있다. 책을 한 줄 한 줄 읽는 것이 아니라 책을 펼치면 사진 찍듯이 보는 것이다. 아래에서 위로도 읽고, 뒤에서 앞으로도 읽고, 가운데서 옆으로도 읽는 등 자유자재로 읽는다. 푸름이와 같은 책을 읽고 있으면 인간으로서는 도저히 따라갈 수 없는 속도라는 느낌이 든다.

1만 권의 책을 읽히라는 조언은 경험에서 나온 것이다. 꼭 그런 기준에 내 아이를 맞출 필요는 없다. 참고하고 교육의 방향을 정하는데 도움이 됐으면 하는 마음에서 말한 것이다. 양이 채워졌을 때 질이 어떻게 변화하는지는 직접 경험해보면 안다.

푸름이는 경기도 파주시에 있는 금촌초등학교, 문산중학교, 금촌고등학교를 졸업했다. 강남의 학원에서 공부하지도 않았고 특목고를 다닌 것도 아니다. 해외 연수를 다녀오거나 스펙을 쌓은 것도 없다. 그냥 조그만 도시에서 책 읽으며 공교육을 따라갔을 뿐이다.

고등학교 2학년 때 인간의 마음에 대한 공부를 하겠다고 결심한 후에 일본어를 배워 바로 일본 대학으로 가는 진로를 선택했다. 일본에 있는 대학에 가려면 일본유학시험(EJU)을 보아야 하는데 1급 만점이 180점이다. 푸름이는 180점을 받았다. 일본 정부에서 주는 장학금을 받고, 임상심리 분야에서 일본에서도 알아주는 오사카의 간

사이대학교에 입학했다.

대학에 들어가 수강 신청을 하는데 푸름이는 1년에 50학점을 신청했다. 유학 가서 일본어로 배워야 하는데, 그것도 까다로운 심리 분야인데 50학점을 신청하다니….

"우아, 푸름아. 뭘 이렇게 많이 신청하니?"

물론 속으로는 '뽕(?)은 뽑아 오는구나' 하는 마음도 있었다.

"아빠, 이 과목도 재미있을 것 같고 저 과목도 재미있을 것 같아요."

푸름이는 그 50학점을 다 따고 학교 성적 장학금까지 받았다. 무슨 재주가 있는지 면접도 잘 봐 오사카에 있는 사학재단에서 주는 장학금도 받았다. 정부 장학금, 사학재단 장학금, 성적 장학금을 받으니 한국에서 대학 다니는 것보다 돈이 덜 들었다. 간사이대학교 임상심리 대학원을 졸업할 때는 두 개의 논문을 썼는데, 그중 하나는 학술지에 실렸다.

푸름이는 대학원을 마친 후 자신에게 학자적인 재능이 있다는 것을 알았다고 한다. 군대에 가기 위해 귀국해서 어학병 시험을 쳤다. 귀국한 후 내내 게임하고 책 읽으면서 놀다가 시험 보기 사흘 전에 한자 몇 개 공부하는 것 같더니 합격해서 군 복무를 마쳤다. 나는 다 그렇게 시험에 합격하는 줄 알았다. 나중에 들어보니 어학병 합격자의 70퍼센트가 서울대 출신이고, 30퍼센트는 이름만 들어도 알 만한 세계 유수의 대학 출신들이라는 것이다. 그것도 그냥 한 번에 합격하는 것이 아니라 재수하거나 삼수해서 들어간다고 한다. 파주 출신 합격자는 푸름이밖에 없었다.

푸름이는 군대에 가서 처음으로 비교가 있는 환경에 들어갔다. 학교에 다니면서 성적에 큰 문제없이 자신이 하고 싶은 공부만 해왔다. 그런데 군대에 가서 쟁쟁한 인재들과 경쟁하면서 자연스럽게 비교가 됐다. 하지만 '누구와도 비교하며 평가할 수 없는 수준이다'라는 이야기를 들었다. 빡빡한 군 생활을 하면서도 화를 내본 적이 별로 없다고 한다.

이제 제대해서 자신의 전공인 포커싱 트레이닝 코치 훈련을 받거나 박사 과정을 밟으려고 준비 중이다. 포커싱은 시카고대학의 유진 T. 젠들린 교수에 의해 창시된 학문으로, 느껴진 감각에 초점을 맞추어 언어 등으로 표현해서 치유하는 과정을 말한다. 푸름이는 자신이 무엇을 공부하고 싶은지 분명하게 알고 있다.

푸름이교육이 푸름이 하나로 끝났다면 이 교육이 그렇게 널리 퍼져 나가진 않았을 것이다. 이제는 우리 부부가 푸름이교육을 말하는 것보다 푸름이교육을 실천해온 엄마들이 사회적으로 유명해져 푸름이교육의 증인으로 활동하고 전파한다.

《지랄발랄 하은맘의 불량육아》를 출간해 전국적인 스타강사가 됐고, 《십팔년 책육아》로 베스트셀러 작가가 된 하은맘도 푸름이교육으로 아이를 키운 엄마다. 하은이는 학교에서는 별로 배울 것이 없어 중학교 1학년 말에 학교를 그만두고 검정고시를 봐 중고등 과정을 마쳤다. 그리고 만 16세에 오로지 수능 성적만으로 연세대 철학과에

입학했다.

어릴 때 참으로 책을 많이 읽은 하은이를 최근에 다시 만났는데, 어떤 분야도 두려움 없이 도전하면서 생을 즐기는 활기 넘치고 배려 깊은 무한계 인간으로 성장해 있었다. 학교 공부도, 동아리 활동도 하면서 대학교 1학년 학생이 동대문에 가서 옷을 직접 골라 와 쇼핑몰을 운영한다는 말을 들으니 정말 한계 없이 잘 자랐다는 생각이 들었다.

하은맘이 나에게 이런 말을 해주었다.

"어머님, 아버님의 말씀과 정신을 따라 살려고 열심히 노력했을 뿐인데 이렇게 빛나는 눈빛과 강하고 보드라운 내면을 지닌 하은이와 제가 됐습니다. 너무너무 감사합니다. 눈물 나게 고맙습니다."

그리고 이런 말도 했다.

"아버님, 어릴 때 읽은 책의 힘이 이렇게 강할 줄 몰랐어요."

독립의 시기
읽기 독립의 단계

아이가 그만 읽어달라는 요청을 할 때까지 읽어주면 딱 맞다.

책은 언제까지 읽어주는 것이 좋을까? 이는 레프 비고츠키(Lev Vygotsky)의 '근접 발달기'라는 개념을 이해하면 알 수 있다. 아이는 지식을 갖춘 성인의 도움을 받으면서 편안한 상태에서 학습에 임할 때 성취도가 가장 높다고 한다. 근접 발달기는 어른의 도움을 받으면서 학습 과제를 완수할 수 있는 범위를 뜻한다. 아이가 글을 몰라 스스로 책을 읽을 수 없을 때는 아이가 읽어달라는 만큼 읽어주어야 한다. 그러나 아이가 글을 알고 엄마보다 빨리 읽게 되면 엄마가 읽어주는 것보다는 자신이 읽으려 한다. 그때는 아이가 스스로 읽도록 엄마가 빠져주어야 한다.

퍼즐을 맞출 때도 처음에는 위치를 지정해주고 모델을 보여주면서 부모가 도와주어야 한다. 점점 아이의 능력이 발달하면 부모는 뒤에서 아이가 물어볼 때만 대답을 해준다. 어느 정도 지나면 아이가 혼자

퍼즐을 척척 맞추면서 부모를 넘어서게 된다. 그러면 아이 스스로 하게 하고 부모는 뒤에서 손뼉을 쳐주면서 격려한다. 교육을 하면서 들어갈 때가 있고 나올 때가 있다는 것이 근접 발달기의 개념이다.

아이가 한글을 안다고 해서 혼자 읽는 것은 아니다. 한글을 알아도 책을 읽으면서 엄마와 정서적으로 연결되고 싶어 하는 아이들은 책을 읽어달라고 한다. 엄마가 아이에게 사랑을 표현하기 위해 책을 읽어주는 것이라면 아이가 읽어달라고 요청할 때는 언제까지나 그냥 읽어주면 된다.

그런데 아이의 책 읽는 속도가 빨라지면 엄마가 읽어주는 것을 답답해할 수 있다. 유튜브에서 누가 책을 읽어주는데 듣고 있으려니 답답했던 경험을 한 사람이라면 이해하기 쉬울 것이다. 나도 그중 한 명이다. 책이 있다면 혼자서 반나절이면 다 읽을 텐데 열흘 동안 들어야 해서 힘들었던 적이 있다.

책은 아이가 그만 읽어달라는 요청을 할 때까지 읽어주면 딱 맞다. 아이에 대한 사랑은 여러 가지 방식으로 표현할 수 있다. 아이가 그만 읽어달라고 요청하면 이제 그만 읽어주고 엄마가 좋아하는 일을 하는 것도 아이를 사랑하는 방식이다.

엄마가 책을 많이 읽어주면 귀로 듣는 책의 수준은 높을 수 있다. 그러나 처음에 아이가 자신의 눈으로 읽는 책의 수준은 귀로 듣는 수준보다는 낮다. 읽기 독립은 아이가 눈으로 보는 수준을 끌어올려서 귀로 듣는 수준을 넘어서게 하는 것이다. 정보의 70~80퍼센트는 눈으로 들어오기에 독서의 목표는 말없이 눈으로 보는 것이 될 수밖에 없다.

독립의 시기는 책의 수준을 높이는 시기가 아니다. 아이가 스스로 읽으려면 만만한 책이 있어야 한다. 아이의 현재 읽기 능력보다 책의 수준이 높으면 아이는 버겁고 불안해서 혼자 안 읽으려 한다. 그렇다고 수준이 너무 낮으면 도전이 주어지지 않으니 지루해한다. 만만하다는 것은 아이가 혼자서도 충분히 읽을 수 있는 수준을 말한다.

푸름이는 29개월에 한글을 완전하게 깨우쳐 스스로 책을 읽으려 했다. 푸름엄마는 경제적으로는 힘들었지만 한 줄 두 줄짜리 쉽고 재미있는 창작동화를 500권 넘게 사주었다. 똑같은 책을 반복해서 읽으면 지루해하기에 읽기 독립용으로 비슷비슷한 수준의 책을 준 것이다. 사실 한 번 읽고 말 책을 500권 넘게 사줄 때는 아까운 마음도 있었다. 그러나 푸름이는 쉽고 만만한 책을 읽으면서 점점 책의 수준을 높여갔고, 어느 임계점을 넘어가니 수준에 제약을 받지 않게 됐다.

창작동화는 불쏘시개와 같다. 사실을 알려주는 과학책이나 백과, 역사, 위인, 인문, 전문 분야 등 화력이 센 통나무와 같은 책으로 들어가기 이전에 충분히 주는 것이 좋다.

만화도 읽기 독립용으로 주면 도움이 된다.《하루 15분 책읽어주기의 힘》이란 책에 이런 구절이 있다.

개인적인 경험과 확인 가능한 연구 결과에 따라서, 나는 책을 잘 읽지 않는 아이에게 만화책을 읽히라고 권한다.

쉽고 재미있는 만화책을 보면서 아이들은 책 읽는 즐거움을 알게 되고, 책 읽기에 자신감이 생기면 수준 높은 전문 분야의 책을 두려움 없이 선택해서 읽는다.

이 시기에 부모가 조심할 것이 한 가지 있다. 아이가 스스로 읽을 수 있다는 자신감을 가지게 하려면, 아이가 충분히 이길 수 있는 경험을 하게 해주어야 한다는 것이다. 예를 들어 아이가 한글을 알면 엄마가 한 줄 읽고 아이가 한 줄 읽으면서 아이 스스로 읽도록 유도할 수 있다. 이렇게 말하면 어떤 엄마는 예시를 보여준다고 빨리 읽는다. 아이가 아무리 똘똘해도 처음 책을 읽을 때는 엄마를 따라갈 수 없다.

현명한 엄마는 그렇게 하지 않는다. 글을 처음 배운 초보처럼 한 글자 한 글자를 떠듬떠듬 읽는다. 아이는 아무리 봐도 자기가 엄마보다 잘 읽을 것 같다는 생각이 든다. 그러면 자신감이 생겨 한 줄을 쓱 읽는다. 이때 폭풍 칭찬을 해준다. 바르게 읽고 틀리게 읽고, 잘 읽고 못 읽고의 문제가 아니다. 아이가 자신의 힘으로 위대한 성취의 한 걸음을 내디딘 용기를 인정하고, 아이의 기쁨을 공감하는 칭찬이다.

우리 부부는 푸름이를 키울 때 아이가 이룬 성취의 기쁨을 함께 나눴다. 칭찬을 통해 아이를 조종하거나 아이가 부모를 빛내도록 하기 위한 칭찬이 아니다. 결과를 칭찬하면 결과를 내지 못했을 때 두려워할 수 있다. 선택하고 이루기 위한 과정을 칭찬하면 아이는 자신을 믿고 어떤 것이든 시도한다.

푸름이가 한글을 배울 때도 가족이나 친척이 모이면 아이의 자신감을 키워줄 기회로 삼았다. 푸름이가 어떤 글자를 읽으면 내가 항상 이렇게 외치곤 했다.

"여러분 손뼉을 치세요. 자, 박수!"

박수를 얼마나 요청했던지, 30년 가까이 지난 오늘날에도 친척들이 모이면 공산당 전당대회도 너희 집만큼은 박수가 많지 않았을 거라는 이야기를 추억 삼아 하곤 한다.

독립 과정에서 몇 가지 주의할 사항이 있다.

첫째, **책을 읽을 때 소리 내어 읽도록 강요하지 말아야 한다.** 독서의 궁극적인 목표는 말없이 눈으로 읽는 것이다. 아이가 지금 소리 내어 읽는 것은 어쩔 수 없지만 엄마가 아이에게 소리 내어 읽으라고 하면 눈으로 보는 감각의 영역과 소리 내어 읽는 운동의 영역이 동시에 작동해야 한다. 그러면 감각으로 받아들이는 것에 집중하기 어렵고, 책을 읽는 속도도 말하는 속도에 제한을 받는다. 말하면서 읽으면 힘이 들어 오랫동안 책에 집중하기도 어렵다.

둘째, **아이를 믿고 바라봐 주어야 한다.** 아이들은 책을 읽을 때 명사만 읽고 조사는 빼먹는 경우가 많다. 이는 속독으로 가는 과정에서 나오는 자연스러운 현상이다. 이를 모르면 잘 읽고 있는 아이에게

"처음부터 다시 읽어"라고 말해 책을 싫어하게 할 수 있다. 그냥 믿고 봐주면 된다.

셋째, **아는지 모르는지 의심하지 말아야 한다.** 아이가 책을 점점 빠르게 읽으면 엄마의 속마음에는 의심이 든다.

'알고 읽는 걸까, 모르고 읽는 걸까? 대충대충 읽는 거 아냐?'

결국 아이를 붙잡고 물어본다.

"주인공이 누구니? 주인공이 빨간 옷 입었니, 파란 옷 입었니?"

그러면 아이들 입에선 "몰라" 소리가 나온다. 아이들은 그 책 내용의 70퍼센트를 이해하지 못하면 애초에 책을 잡지 못한다. 이해하니 책을 읽는 것이고, 더 이해하고 싶으니까 반복해서 읽는 것이다. 아이들이 '몰라'라고 대답하는 것은 엄마가 자신을 의심하고 확인하려는 의도를 알기 때문이다. 아이가 잘 읽었는지 알고 싶으면 엄마도 함께 읽고 대화를 나누면 되는데, 의심하고 확인하려 하니 모른다고 대답하는 것이다. 모른다고 해야 엄마가 더는 물어보지 않을 것이고, 아이는 엄마의 계속되는 의심에서 자신을 보호할 수 있다.

나는 단권짜리 책을 권하지도, 전집을 권하지도 않는다. 예를 들어 아이에게 자연관찰 60권짜리 전집을 주면 그중에서 어느 분야의 책에 관심이 있는지를 살펴본다. 아이가 우주에 관심이 있으면, 전집에 없는 우주와 관련된 책을 다양한 수준으로 사서 씨줄과 날줄 엮듯이 빽빽하게 채워준다.

이를 '징검다리 이론'이라고 한다. 아이가 어떤 분야를 좋아하고 읽기 능력이 어느 수준인지 모르기 때문에 부모가 징검다리를 촘촘히 구성해서 스스로 찾아갈 기회를 주는 것이다. 단행본만 주어 징검다리가 듬성듬성하면 아이는 스스로 찾아가지를 못한다. 그러면 일일이 가르쳐야 하고 아이를 끌고 가는 교육이 된다. 이 과정에서 통제가 나타날 수 있다.

나는 푸름이를 키울 때 자연관찰 전집을 10질이나 사주었다. 삼국지도 만화부터 수준 높은 전집까지 10종을 주었다. 같은 주제의 책도 출판사가 다르거나 표현 양식이 다르면 몇 권이고 사주었다. 물론 그렇게 다 사주어야 한다는 말은 아니다. 다만 나는 같은 주제의 책을 다양한 깊이로 읽으면서 아이가 이설과 정설을 구별하고 배경지식을 습득하기를 바랐다. 똑같은 주제의 영화를 보고 책을 읽으면, 이 내용을 영화에서는 어떻게 표현했던가 하고 회상하게 되기에 책이 더 재미있어지는 것과 같은 이치다.

전집 60권을 주었는데 아이는 그중에서 10권도 안 볼 수 있다. 어떤 전집은 나머지 50권을 2년이 지나도 안 보기도 했지만 책을 잘못 사주었다고 실망하거나 실패했다고 생각한 적이 없다. 오히려 비슷한 전집을 또 한 질 사주었다. 새 전집에서 10권을 읽어 책 읽는 수준이 올라가면 그 힘으로 2년 동안 안 보았던 50권의 책을 읽기 시작한다. 그 50권이 집에 없었다면 아이가 그 책을 읽을 기회도 없었을 것이다.

아이의 책 읽기 수준은 계단식으로 높아진다. 한동안 같은 수준에 머물다가 높은 수준으로 갑자기 껑충 뛰어 올라간다. 높은 수준으로 올라가기 전에는 이전에 충분히 보았던 낮은 수준으로 내려가서 놀다가 높은 수준으로 올라가는 패턴을 보인다.

아이가 관심을 보이는 분야를 따라가면서 책을 주다 보면 어느새 온 집이 책으로 덮이게 된다. 아이가 책을 싫어한다면 부모의 욕심만으로는 절대 그렇게 많은 책을 사줄 수 없다. 책이 많아지면 지금은 아이가 커서 안 보는 책은 치우고 깨끗한 집에서 살고 싶어질 것이다. 그래서 아이의 추억이 담긴 책을 아이에게 허락도 받지 않고 남에게 주기도 한다. 하지만 아이는 당장은 안 읽지만 추억이 떠오르거나 쉬고 싶으면, 또는 책 읽기 수준이 한 단계 높아질 때는 그 책을 찾는다. 아이에게 사준 책의 소유는 아이에게 있다. 부모라도 그 경계를 함부로 넘으면 안 된다.

우리 집도 책이 1만 권이 넘어가니 사람 사는 집이 아니었다. 그래서 푸름이가 아기 때 보았던 책을 고등학교 2학년 때 푸름이에게 허락을 받고 정리했다. 아이가 책 독립을 이루려면, 그 이전에 배려 깊은 사랑을 받으면서 정서적인 독립이 이루어져야 한다.

아이의 위대한 힘을 깨우는 책육아 10

1. 하루에 적어도 15분은 읽어주자.
2. 책 읽기는 즐거워야 한다.
3. 좋아하는 책을 더 좋아하게 하자.
4. 무엇을 위한 책 읽기가 아니라 책 읽기 자체가 목적이 되게 하자.
5. 깊은 몰입을 허용하자.
6. 책 내용이 무엇인지 묻지 말고 책을 매개로 대화하자.
7. 넓게 확장하려면 좁게 편독시키자.
8. 아이들에게 맞는 각자의 책을 소유하게 하자.
9. 한글은 놀이와 재미로 일찍 가르쳐주자.
10. 영어는 그림책으로 시작하자.

배려 깊은 사랑은
어떤 조건도 없는 사랑이다.
배려 깊은 사랑 안에서는
분리나 비교가 없고 모두가
행복하고 기쁘며 자유롭고 평온하다

6장

배려 깊은 사랑으로 아이를 키운다는 것

모든 아이는 위대한 힘을 타고난다

아이들은 무엇이든 될 수 있는 가능성을 내재하고 태어난다. 교육은 이 위대한 힘을 끌어내는 것이다.

아이들의 내면에는 위대한 힘이 있다. 우리는 이 힘을 '신성'이라고 표현하기도 한다. 인류 역사가 시작된 이래 지금까지 누구 하나 같은 사람이 없었다. 각자는 자신의 삶으로 신성을 표현한다. 우리만이 표현할 수 있는 신이 있고, 우리가 없으면 신도 존재하지 않으며, 우리가 빠지면 하나가 될 수 없다.

아이들의 내면에 위대한 힘이 존재한다는 사실은 아이가 3년 안에 언어를 배우는 것을 보면 알 수 있다. 누가 가르쳐주지 않아도 지나가는 소리를 듣고 그 억양, 리듬, 발음을 습득해서 대화를 나눈다. 어른은 자국어 외의 언어를 아무리 열심히 오랫동안 배워도, 원어민 아이가 사용하는 것처럼 완벽하게 구사하는 것은 불가능하다. 아이들이 언어를 배우는 것은, 평범한 사람이 짧은 시간에 아인슈타인 같은 위대한 과학자가 되는 것보다 큰 변화를 이루어내는 것이다.

교육은 아이들이 가지고 태어난 이 위대한 힘을 손상시키지 않고 발현하도록 돕는 것이다. **교육이 아이들에게 무엇을 가르치면서 집어넣는 것이 아니라 끌어내는 것이라고 관점을 바꾸면, 교육은 자연스럽고 쉽게 이루어진다.**

아이가 잉태되는 순간부터 두려움을 주지 않고, 배려 깊은 사랑으로 자신을 있는 그대로 비추어주는 부모에게서 자랐다면 아이는 자신을 어떻다고 믿을까? 자신을 고귀하고 장엄하며, 빛이고 사랑이라고 믿을 것이다. 그렇게 믿고 있다면 그렇게 말하고 행동할 것이고, 두려움이 없으니 자신이 관심 있는 분야에서 끝없이 도전하고 배우면서 최고의 성취를 이루어내는 유능한 인재로 자랄 것이다.

아이들은 좋아하고 재미있으면 무엇이든 몰입한다. 아이들이 좋아하는 것을 더 좋아하도록 환경을 만들어주면, 어떤 분야든 한계를 가지지 않고 도전하며 갈수록 깊어진다.

불가능이 없다는 것은 한계가 없다는 것이다. 한계는 두려움이다. 두려움에는 정도와 차이가 있다. 의식 수준에 따라 한계가 다르고 두려움의 정도가 다르다. 한계 없이 성장한 사람을 '무한계 인간'이라고 부른다. 무한계 인간은 학교 공부를 잘하는 사람을 말하지 않는다. 물론 학교 공부를 잘하는 사람 중에도 무한계 인간이 있을 수는 있다.

웨인 다이어는 《아이의 행복을 위해 부모는 무엇을 해야 할까》에서 무한계 인간을 이렇게 묘사했다.

창조적인 생활 특성을 모두 언제나 보여주는 사람이다. 그들은 자신에게 제한을 가하지 않는다. 어떤 상황에서도 높은 차원의 향상심과 자신감을 가지고 있다. 진심으로 자신을 사랑하고, 세상에 애정을 품고, 인생을 귀찮고 성가신 것으로 보지 않고 기적처럼 훌륭한 것으로 받아들이고, 미지의 것을 추구하고, 신비의 세계에 발을 들여놓으려 한다.

그들은 대개 자신을 믿고, 모험하는 것을 두려워하지 않으며, 마음의 신호에 바탕을 두고 행동한다. 때로는 분노를 경험하지만, 그 때문에 꼼짝 못 하게 되는 일은 없고, 어떤 경우에도 자신을 조절할 수 있다. 불평가가 아니며 행동가이고, 자신의 불운을 남에게 푸념하거나 불평하는 일은 절대 하지 않는다. 아직 일어나지 않은 미래의 일을 염려하며 시간을 낭비하지 않고, 문제를 해결하기 위해 무엇을 할 수 있을까에 초점을 맞춘다. 또한 지나간 것에 대한 죄책감에 마음을 빼앗기지 않는다. 끝난 일 때문에 심란하거나 의기소침하는 일 없이 과거에서 배우는 법을 알고 있다.

삶을 사는 강한 목적의식과 사명감을 느끼고 있는 사람들이며, 그들 내면에 있는 이 불요불굴의 정신은 누구도 빼앗아 갈 수 없다. 그들은 자신의 사명을 끝까지 지켜가며, 어떤 장애물도 그들을 막지 못한다.

결국 무한계 인간은 두려움 없이 현재를 사랑으로 살아가는 사람을 말한다. 자신을 사랑하는 만큼 타인을 사랑하고 배려하며, 세상을 이롭게 한다는 사명을 가지고 행동하는 사람이다. 이를 로저스는 '완전히 기능하는 사람'이라고 불렀으며, 사람에 따라 '자신의 능력을 완전히 발휘하는 사람', '자립적 목적의 소유자', '의식이 높은 사람', '깨달은 사람' 등으로 표현한다.

푸름이교육은 배려 깊은 사랑을 통해 우리 아이들을 무한계 인간으로 성장하도록 돕는 교육이다. 무한계 인간은 지성과 감성이 조화로운 인재다. 시인의 감성과 과학자의 두뇌를 가진, 심신이 건강한 사람이다. 푸름이교육은 지성을 길러주기 위해 책과 대화를 중요시하고 감성을 길러주기 위해 놀이와 스킨십을 중요시한다. 푸름이교육에서 지성과 감성을 기르는 무대는 자연이다. 그리고 푸름이교육의 근본적인 정신은 배려 깊은 사랑이다.

무한계 인간으로 성장하는 아이들의 특징

배려 깊은 사랑으로 자라 무한계 인간으로 성장하는 아이들은 다음과 같이 창의적인 열네 가지 특성을 보인다.

- **무엇이든 놀이로 만들어버리는 발명 박사다**

창의력이 넘쳐흐르는 아이는 놀기를 좋아하고, 늘 새로운 게임을 생각해낸다. 새로운 규칙을 즐거워하며 만들어내거나, 사람마다 역할을 부여한다. 엄마에게 '이렇게 말해봐', '저렇게 말해봐' 하며 역할을 주고는 지치지도 않고 끝없이 반복하게 한다. 이런 역할 놀이를 해본 적이 없는 엄마는 창의적인 아이를 키울 때 힘들 수 있다.

호기심이 많고, 궁금하면 무엇이든 질문한다. 이미 만들어진 완성된 장난감보다는 자신이 스스로 조립하고 만들 수 있는 장난감을 좋아하며, 집 안의 모든 것을 장난감으로 만든다.

- **어른을 조마조마하게 만드는 장난꾸러기다**

창의적인 아이들은 자신에 대한 믿음이 있기에 무엇을 하든 결과가 좋으리라는 자신감을 가지고 있다. 그래서 실패를 두려워하지 않고 기꺼이 위험을 무릅쓴다. 이웃 도시까지 자전거를 타고 갈 수 있냐고 물으면 "물론 할 수 있어요. 해도 좋다면 해보고 싶어요"라고 말할 것이다.

푸름이도 초등 시절, 비 오는 날 친구와 함께 금촌에서 일산까지 자전거로 간 적이 있다. 푸름이 친구 아버지가 그 모습을 보고는 "너희들 참 용감하다"라고 했다고 한다. 이런 아이들은 머릿속에 떠오르는 것이 있으면 무엇이든 해보려 한다.

● 언제나 움직이고 싶어 한다

창의적인 아이들은 일단 나가면 안 들어오려 하고, 집에 있으면 안 나가려 한다. 어디에 있든 간에 모든 것이 새롭고 흥미로운 것이라 깊게 몰입한다. 차를 타고 가는 도중에도 말놀이 게임이나 재미있는 것을 생각해내기에 심심해하지 않는다.

적극적으로 행동하는 아이들이어서 언제나 두뇌를 사용하고, 가만히 바라보기보다는 직접 참여하길 원한다.

● TV 광고에 열중한다

창의적인 아이들은 다양한 곳에서 정보를 받아들인다. 책을 무척 좋아하고 글자가 있으면 자동으로 읽는다. TV나 유튜브를 보는 것뿐만 아니라 광고도 좋아한다. '이것은 좋고 저것은 나쁘다' 식으로 비교와 판단을 하지 않고 무엇이든 관심을 가진다.

자연에 있는 것은 무엇이든 눈에 들어온다. 작은 새, 오리, 곤충, 개미, 고양이, 개, 물고기, 꽃, 풀, 바람, 눈, 비 등 이 모든 것이 아이의 마음을 사로잡는다. 이런 아이들의 손톱 밑은 언제나 새까맣고 깨끗하기가 어렵다. 무엇이든 실험해보려는 의욕이 왕성하기 때문이다.

● 남과 똑같이 하려 하지 않는다

퍼즐, 블록, 미로찾기, 보드게임, 마인크래프트 등과 같이 오랫동안 자기 방식대로 두뇌를 활용하는 것을 좋아한다. 독특한 그림을 그리거나, 이야기를 만들어내거나, 주변에 있는 종이나 이쑤시개, 버려진 번쩍거리는 물건 등을 이용하여 뭔가 만들어내기를 좋아한다. 흥미 있는 주제에 관해서는 깊이 있는 전문 서적까지 읽고 잡지나 방송 등 다양한 정보원으로부터 정보를 습득한다.

교과서 뒤에 있는 문제를 풀기만 할 뿐 단순 반복을 요구하는 학교 숙제는 해 가지 않는다. 자신의 흥미를 끄는 주제의 숙제는 열심히 해 간다. 이런 아이들에게는 마음대로 실험하게 해주고, 스스로 해결책을 찾도록 해주어야 한다. 다른 사람과 똑같이 하라고 압력을 주면 본의 아니게 문제아를 만들 수 있다.

● 자신의 감정을 숨기지 못해 곧바로 얼굴에 나타난다

창의적인 아이는 방어기제인 '척'이 없기에 감정이 얼굴에 그대로 표현된다. 경계를 침입당해 화가 나면 화를 내기에 아이의 감정이 어떤지를 누구나 알 수 있다. 무슨 일이든 섬세하게 반응하고 자신의 감정을 속이지 않는다. 기쁠 때는 춤추고 좋아하며 부모에게 한없이 부드럽게 애정을 표현하지만, 마음에 안 들면 큰 소리로 울거나 자기 방으로 뛰어 들어간다. 부모를 믿는 마음이 강하기에 감정의 표현이 자유롭다. 창의적인 아이는 내면에 독창성을 가지고 있기에 독특한 생각을 하고, 독특한 감정을 지니고, 독특한 행동을 한다. 이 독특한 감정과 감각이 창의력을 낳는다.

- **공상가다**

지도를 보길 좋아하고, 먼 곳을 가보길 원한다. 말을 어른처럼 사용하고 또래보다는 어른과 대화하기를 좋아한다.
요리할 수 있는 주방을 자유롭게 쓰게 하면 흥분하고 가슴을 두근거리며, 깜짝 놀랄 만큼 새로운 맛의 독창적인 요리를 만든다. 깊이 있는 요리책을 찾으면 감탄하고, 음식을 직접 만들면서 화학의 원리를 배운다.
동화책을 읽어주면 끝없이 새로운 이야기를 만들어달라고 요청하고, 때로는 스스로 이야기를 지어내 들려준다. 아이의 이야기를 손뼉을 치면서 흥미 있게 들어주면, 풍부한 상상력을 발휘하여 공상으로 가득 찬 동화 걸작을 만든다.

- **누구와도 잘 논다**

상황이 변화하는 것을 좋아하고, 시행착오를 해도 싫증을 내지 않는다. 하나하나의 시행착오가 배움의 기쁨을 주기 때문이다.

아기뿐만 아니라 아저씨 · 아주머니, 할머니 · 할아버지 등 모든 세대와 잘 어울린다. 편견이나 판단이 없기에 호기심에서 누구든, 무엇이든 기꺼이 알려고 한다. 어른 같은 생각을 하고, 어떤 사람도 받아들이며, 자신의 인생을 사랑한다.

- **부모가 선뜻 찬성하기 어려워하는 것도 해보려 한다**

판단 기준은 부모의 정보나 권유가 바탕이 되지만, 자기 나름의 판단 기준을 만들어내고 싶다는 욕구가 강하다. 그러므로 아이가 하고 싶은 대로 하도록 놔두는 것이 좋다. 아이는 자신이 직접 경험하고 자기 나름대로 판단하기를 원한다.

- **부모가 보고 있지 않을 때도 나쁜 짓을 하지 않는다**

아이는 스스로 성장하고자 하는 욕구가 강해서 범죄에 가담하거나 그 밖의 수치스러운 행동을 하지 않는다. 말뿐이고 행동이 일치하지 않는 사람을 그 자리에서 알아보는 눈이 있다.

세상 속의 다양한 차이를 인식하고 '절대 옳다, 절대 그르다' 같은 이분법적이고 독단적인 분류에는 찬성하지 않는다. 또한 남들과 달라도 불안을 느끼지 않는다. 남과 다름을 스스로 인정하기 때문이다.

- **힘 앞에 굴복하지 않는 '고집쟁이'다**

일단 흥미를 느끼면 시도하고, 멈출 줄 모른다. 예를 들어 줄넘기가 흥미로우면 기술이 능숙해질 때까지 토하면서도 끈질기게 한다. 어떤 스포츠든 흥미 있으면 시도하고 연습하며, 자신의 말을 들어줄 사람이 있으면 누구에게나 말을 건다.

복장에 신경을 쓰지는 않기에 기분에 따라 칠칠치 못한 차림을 하거나 깨끗한 차림을 하거나 한다. 부모나 선생님의 합리적인 말은 잘 따르지만, 권위를 내세운 명령이나 강요에는 저항하고 만족스러운 답이 나올 때까지 물러서지 않는다.

- **자발적으로 공부하는 '자기 방식대로의 인간'이다**

창의력이 풍부한 아이는 지식 자체를 습득하거나 문제를 해결하려는 즐거움에서 공부한다. 남에게 인정받거나 상을 받는 것이 목표가 아니다. 어떤 문제에 대해 해답을 찾고 싶은 욕구가 강해 공부하는 것이지, 외부에서 주어지는 보상을 받기 위해서 하는 것은 아니다. 그래서 선생님이 판에 박은 방식으로 가르쳐 수업이 재미없으면, 스스로 도서관에 가서 책을 찾아보며 공부한다. 다른 사람에게 묻지 않고 자기 나름의 속도로 앞으로 나간다.

학교 공부도 좋아하는 과목은 좋아하고 잘하지만, 싫어하면 하지 않는다. 스스로 하겠다는 마음을 먹기 전에는 누구도 강제로 시킬 수 없다.

- **남을 배려하는 마음씨 고운 연예인이다**

  유머 감각이 넘쳐흐르기에 부모를 잘 웃기고, 웃을 수 있는 분위기를 잘 만든다. 자신의 수치심을 감추기 위해 억지로 웃음을 만들지 않는다. 다른 사람에게 배척당하지 않으려고 그 자리에 없는 사람을 욕하거나 깎아내리는 데 동조하지 않으며, 다른 사람에게 상처 주는 말을 하지 않는다. 자신이 어떤 존재가 되고 싶으면 참고 견디는 인내력을 발휘한다.

- **혼자 노는 것을 즐기는 조숙한 '도전자'다**

  집 잃은 강아지를 도와주며, 다른 사람의 결점을 찾지 않고 장점을 보려 한다. 경쟁을 좋아하지만 상대를 이기겠다는 마음보다는 자신이 얼마나 성장했는지에 관심이 많다. 독서나 게임, 걷기, 악기 연습 등 혼자서 노는 것을 즐긴다. 여러 사람과 함께 있을 때도 마음속에서 창의성의 불꽃이 불타오른다.

이런 아이들은 부모나 선생님의 눈에는 순종하지 않는 아이로 비쳐 불편할 수 있다. 하지만 아이는 어른이 어떻게 보든 자신의 내면에 타오르는 불빛에 따라 삶을 선택한다. 부모가 창의성이 뛰어난 무한계 아이를 이해하지 못하면 큰 두통거리가 되지만, 이해하고 배려 깊은 사랑으로 키우면 평생에 걸쳐 깊은 만족을 주는 부모의 기쁨이 된다.

한글 떼기

한글을 일찍 배우면 창의성이 사라질까? 한글을 알게 되면 그림을 보지 않고 글만 읽을까?

한글을 일찍 안다고 해서 왜 창의성이 없어지겠는가. 창의성은 확산적 사고에서 나온다. 확산적 사고는 이미 알고 있는 사실 사이에서 미처 알지 못했던 새로운 관계를 찾아내는 능력이다. 창의성은 공상과는 다르다. 무언가를 터무니없이 상상하는 것이 아니라 그 분야에 정통한 지식 기반이 있어야 한다. 창의성은 다양한 어휘를 유창하게 구사하는 유창성, 두려움 없이 자유롭게 사고하는 사고의 융통성, 다른 사람들이 생각하기 힘든 아이디어를 생각해내는 독창성, 내용을 아주 세밀하게 표현하는 정교성을 포함한다.

한글은 지식을 거두어들이는 수단이다. 한글을 알면 언제 어디서나 지식을 받아들일 수 있다. 책만 펼치면 인류의 위대한 선인들이 말을 걸어온다. 문자로 표현된 지식의 보고가 열리는 경이로운 세계가 펼쳐지는데 무엇이 두려워 한글 가르치길 주저하는지 모르겠다.

아이가 한글을 알면 스스로 성장한다. 링컨 대통령이 정규 교육을 받지 않았어도 책을 읽으면서 인류의 역사에 남는 위인이 됐듯이, 아이들은 스스로 배우면서 성장하고 싶다는 내면의 욕구를 가지고 있다.

아이가 한글을 알면 외로움을 느끼거나 심심해하지 않는다. 한글을 알기 전에는 부모가 책을 많이 읽어주고 사물을 인지하는 과정이 필수이지만, 글을 알면 그럴 필요가 없다. 오히려 부모가 아무리 많이 읽어주어도 아이가 스스로 읽는 속도를 따라가기 어렵다.

아이들은 누구나 일곱 가지 정보를 동시에 처리하는 능력을 갖추고 태어난다. 한글을 읽는다고 해서 그림을 안 보는 것이 아니다. 도리어 한글을 알아 배경지식을 풍부하게 갖추고 있는 아이들이 그림을 훨씬 더 섬세하게 볼 줄 안다. 한글을 놀이와 재미로 깨우친 아이들이 영어나 중국어, 일본어, 그 외 문자로 흥미를 가지고 확장해가는 것은 흔히 볼 수 있다.

문자를 알면 창의성이 떨어진다는 말은 영어의 알파벳을 배울 때는 어느 정도 일리가 있다. 알파벳에는 소문자 b와 d, p와 q처럼 옆으로 뒤집으면, 즉 반전하면 동일한 음소가 있다. 단어 중에서도 was와 saw처럼 옆으로 뒤집으면 동일해지는 것이 있어 처음 문자를 배우는 아이들은 혼동할 수 있다.

'방향'도 태어난 후 배우는 프로그램이다. 아이들은 좌에서 우로

가는 것과 우에서 좌로 가는 것을 동일한 것으로 인지한다. 그래서 서구 사회에서는 난독증이 문제가 된다. 우리 사회에서는 거의 찾아볼 수 없지만, 서구에서는 국민의 20퍼센트 정도가 난독증이라는 통계가 있다.

어린 시절에 문자를 잘못 배우면 음소와 문자가 혼동돼 문자에 집착하느라 그림을 보지 못한다. 그러면 확산적 사고가 어렵기 때문에 창의성이 떨어질 수 있다. 그래서 서구에는 다섯 살 이전에 문자를 가르치는 것을 법으로 금지한 나라도 있다.

그런데 한글에는 그렇게 혼동되는 음소나 단어가 없다. 영어에는 받침이 없어 옆으로 뒤집으면 같아지는 단어가 있지만, 한글은 받침이 있어 옆으로 뒤집어도 같은 단어가 없다. 우리는 세계에서 가장 과학적이고 위대한 문자인 한글을 보유한 민족이다. 그런데 이 위대한 문자를 아이들의 교육에 어떻게 적용할지를 연구하는 사람이 없다.

아이들에게 한글을 가르쳐줘라. 18개월 이전에도 아이들은 글을 읽을 수 있다. 강연에서 이런 말을 하면 어떤 엄마들은 말도 제대로 못 하는 아이들에게 어떻게 한글을 가르칠 수 있느냐고 묻는다.

말을 하는 것은 운동의 영역이다. 말을 할 수 있는 근육이 발달해야 하고, 이는 유전의 영향을 많이 받는다. 글을 읽는 것은 감각의 영역이다. 이는 환경에 따라 달라진다.

아이가 말을 못 해도 "냉장고가 어디에 있니?" 하고 물으면 "우, 우" 하면서 손가락으로 냉장고가 있는 방향을 가리킨다. 마찬가지로

"냉장고 글자 가져와 봐" 하면 '냉장고'라고 쓰여 있는 카드를 집어 온다. 냉장고라는 물건을 보면서 "이것은 냉장고야"라고 말해주고, 냉장고라고 쓰여 있는 글자를 보면서 "이것도 냉장고야"라고 말해주면 말을 못 하는 아이도 사물과 단어를 연결한다.

그래서 한글을 가르칠 때는 아이들이 주변에서 흔히 보면서 인지할 수 있는 물건의 이름이나 '엄마, 아빠'처럼 친근한 대상부터 시작한다. **교육은 언제나 가까운 것에서 시작하여 먼 곳으로, 구체적인 것에서 추상적인 방향으로 나아간다.**

두 돌 전후에 글을 읽을 수 있는 우리 아이들과 다섯 살이 되어야 문자를 배우는 서구 아이들의 격차는 보통 큰 것이 아니다. 예전에 해외 토픽에서 세 살 아이가 영어로 책을 읽는다는 기사가 떴는데, 그걸 보고 '우리 아이들은 모두가 해외 토픽감이네'라고 생각한 적이 있다. 아이들은 6개월만 빨라도 성인 기준으로 10년보다 차이가 크다. 그만큼 어린 시절의 변화가 급격하고 기초가 중요하다는 의미다.

아이와 엄마가 행복하게 한글을 떼기 위한 책으로《놀다 보니 한글이 똑!》이 있다. 저자는 푸름이교육연구소에서 '깡총'이라는 닉네임을 사용하는 이정민이다. 그동안 푸름이교육을 해온 수십만 선배 엄마들의 지혜를 저자가 체계적으로 정리한 것이다. 이 책을 읽고 저자의 강연을 듣는다면 '세상에 저렇게 아이를 키우는 방식도 있구나' 하면서 놀랄 것이다.

저자는 초등학교 2학년인 아들 예준이와 여섯 살짜리 딸 예슬이를 두었는데, 예준이는 17개월 때 엄마에게 책을 읽어준 아이다. 지난 24년간 강연을 하면서 18개월 이전에 글을 깨우친 여자아이들은 많이 듣고 보았지만, 남자아이는 예준이가 처음이다. 경험상 언어 방면에서는 여자아이들이 빠른 것 같다. 예준이는 영어와 중국어를 우리말처럼 구사하며, 일본어 · 스페인어 · 이탈리아어로 확장 중이다. 또 큐브도 능수능란하게 다루는데, 이걸 보면서 수학적 능력도 뛰어나다는 것을 짐작할 수 있었다.

저자는 푸름이교육의 배려 깊은 사랑을 일상에서 그대로 실천한 사람이다. 아이들에게 한글을 가르칠 때도 아이들이 좋아하는 다양한 놀이로 재미있게 만들어주었다. 아이들은 단지 엄마와 재미있게 놀았을 뿐인데 자신도 모르는 사이에 한글을 다 깨우쳤다.

물놀이가 한 예다. 아이들은 물놀이를 좋아한다. 물놀이를 하면서 물총을 쏘는 것도 좋아한다. 물총을 쏘면서 한글 카드를 맞추어 떨어뜨리는 것은 신나는 놀이다. 엄마가 말해주는 한글 카드를 맞추어 떨어뜨리려면 그 글자를 알아야 하고 집중해야 한다. 이렇게 놀면서 예준이와 예슬이는 한글을 뗐다. 한글을 알려줄 수 있는 놀이에는 수천 가지가 있다. 이 놀이 저 놀이로 아이에 맞춰 바꾸어가면서 재미와 함께 배움의 기쁨을 줄 수 있다.

아이가 원하면 한글을 가르쳐주겠다고 말하는 엄마가 있다. 물론 아이가 원할 때 가르쳐주면 더 빠르게 받아들인다. 그런데 엄마의 내면에 바보가 있거나 한글을 가르치는 데 두려움이 있다면, 아이는 한글을 배우겠다는 말을 먼저 하지 않는다.

엄마의 내면에 바보가 있다는 것은 어린 시절이 외로웠다는 의미다. 그런 엄마는 아이가 자신이 모르는 세계로 가는 것을 은연중에 막는다. 아이가 한글을 알면 날개를 달고 날아갈 수 있기 때문에 한글을 가르치길 주저한다. 의식에서는 한글을 가르치는 방법을 부지런히 찾을 수 있으나 무의식에서는 '네가 날아가면 엄마는 다시 외로워질 거야'라는 마음이 있다. 그래서 한글을 가르치다가도 조금만 어려우면 '역시 그러면 그렇지' 하면서 금방 포기해버릴 뿐 아이에게 맞는 새로운 방법을 모색하지 않는다. 엄마의 마음을 읽은 아이는 엄마를 위로하기 위해 한글을 가르쳐달라고 하지 않는다.

한글을 배우지 못하고 초등학교에 들어가더라도 이전에 엄마가 책을 많이 읽어주었다면 괜찮다. 학교에 들어가서 배워도 충분하다. 나도 초등학교 2학년 때 글을 깨우쳤지만 평생 책을 읽는 데 아무런 지장이 없다.

그런데 초등학교 들어갈 때도 아이가 한글을 모르면 엄마 마음이 다급해진다. 그래서 한글을 가르치기 시작하는데, 잘 못 따라온다고 야단을 치면 아이 역시 자신이 바보라는 믿음을 갖게 할 수 있으니 조심해야 한다.

한글은 어리면 어릴수록 쉽게 흡수할 수 있다. 더욱이 세계를 무대로 하는 우리 아이들에게는 한글이 가진 경쟁력이 교육에서의 경쟁력이 될 수 있다.

영어 공부

푸름이를 키울 때는 영어로 된 그림책을 주면 원어민처럼 영어를 구사할 수 있을 거란 생각을 하지 못했다. 당시는 학자들도 영어를 일찍 알려주면 우리말과 혼동할 수 있다고 했다. 그로부터 30년이 지나, 푸름이교육을 받은 아이들이 적어도 네 개의 언어를 자유롭게 구사하는 것을 보게 됐다.

어릴 때 아이들에게 자연스럽게 열 개의 언어를 준다면 아이들은 모두 흡수할 것이다. 아이들의 내면에는 신성이 있기에 어디까지 발달을 이룰지 모른다. **부모의 한계에 아이들을 가두지만 않는다면 아이들은 무한계 인간으로 성장한다.**

우리 세대에는 영어를 공부할 만한 책도 많지 않았고, 유능한 강사들이 야단도 안 치면서 언제든지 클릭하면 영어를 보고 듣게 해주는 유튜브 강좌 같은 것도 없었다. 중학교에 들어가서야 영어를 배우기 시작했고, 언어 학습의 적기인 열 살 이전에는 노출이 없었다. 참으로 이상한 교육이다. 쉽게 흡수할 수 있는 시기는 그냥 놔두고 어렵게 배워야 하는 시기부터 시작했으니 말이다.

영어를 우리말과 동시에 가르쳐주어도 상관없다. 아이는 우리말을 배우는 방식으로 영어를 배운다. 우리말을 배울 때 부모가 많은 말을 하면서 말에 충분히 노출되게 해주면, 아이는 음가를 흡수하다가 어느 시점이 되면 자연스럽게 말을 한다. 마찬가지로, 영어를 사용하는 나라에서 태어난 아이들은 부모의 말을 들으면서 자연스럽게 영어를 사용한다.

여기에서 중요한 것은 얼마만큼 자연스럽게 노출해주느냐다. 아이에게 영어를 배우라고 말할 필요가 없다. 그 환경만 만들어주면 아이들은 스스로 배운다.

아이들은 영어를 들으면 두뇌에 영어 회로를 만들고 우리말을 들으면 우리말 회로를 만든다. 처음에는 혼동하지만 자연스럽게 분화되면 혼동하지 않는다. 그렇게 모국어와 다른 언어에 대한 두뇌 회로를 만들어본 아이들은 또 다른 언어로도 쉽게 확장한다.

우리 세대가 영어를 배운 방식은 먼저 알파벳을 뗀 다음 교과서에 나온 단어를 외우고 문법을 공부하는 방식이었다. 예를 들어 'apple'을 '애플'이라고 읽는다는 사실과 '애플'이 우리말의 '사과'에 해당한다는 것을 순서대로 익혔다. 그래서 외국인이 '애플'이라고 말하면 그에 해당하는 빨갛고 둥근 '사과' 이미지가 떠오르는 것이 아니라 'apple'이라는 영어 단어가 떠오른다. 그다음에 '사과'라는 우리말 단어가 떠오르면서 사과의 이미지가 연상된다.

결국 영어 단어 하나를 이해하려면 '소리 → 영어 단어 → 한글 단어 → 단어의 이미지'라는 네 단계를 거쳐야 한다. 영어로 말을 하려면 반대로 '단어의 이미지 → 한글 단어 → 영어 단어 → 소리'의 네 단계가 필요하다. 결국 영어로 대화하려면 총 8단계를 거쳐야 하는데, 이런 방식으로는 너무 복잡해서 대화를 이어가기 어렵다.

아이들이 영어를 원어민처럼 유창하게 구사하려면 우리말을 배우는 것과 같은 방식으로 배워야 한다. 아이들이 우리말을 어떻게 배우는지 그 과정을 떠올려보자.

일단 듣는 것부터 시작한다. 엄마가 시장에서 사과를 살 때 사과를 가리키며 "이 사과 얼마예요?"라고 말하면 아이들은 '사과'라는 말이 실물인 '동그랗고 빨간 그 과일'을 말한다는 것을 알고 말과 사물의 이미지를 연결한다. 그림책을 보면서 엄마가 사과 이미지의 그림을 보면서 "사과"라고 말하면 아이들은 그다음에 '사과'라는 소리를 들을 때 자연스럽게 동그랗고 빨간 사과의 이미지를 떠올린다. 이처럼 아이들은 소리와 이미지를 1대1로 연결하는 방식으로 언어를 받아들인다. 그래서 많이 보고 많이 들은 아이들이 말도 유창하게 잘 한다.

영어도 마찬가지로 소리와 이미지를 1대1로 연결하는 방식으로 가르쳐주면 된다. 아주 쉬운 단계의 영어 그림책을 반복해서 읽어주면 아이들은 그림과 소리를 연결한다. 엄마가 영어 그림책을 읽어주면서 발음이 틀릴 것을 걱정할 필요가 없다. 아이들은 본능적으로 외국인의 발음이 우성이라는 것을 알고 있어 엄마의 발음을 따라가지 않는다. 유튜브나 영어 그림책에 딸린 CD 등을 통해 수없이 반복해서 들으며 스스로 발음을 교정해나간다.

처음으로 우리 책을 읽어주듯이 영어 그림책을 읽어준 엄마가 있었다. 이 엄마는 영어를 못한다. 한번은 이 엄마가 영어 그림책에다 뭔가를 적고 있었다. 지금 뭐 하느냐고 물어보니 "언제 발음 공부해서 아이에게 알려주겠어요. 소리 나는 대로 우리말로 적고 있어요"라고 했다. 그때는 아이가 어떻게 성장할지 몰랐다. 그 아이는 10년이 지나자 원어민보다 뛰어난 영어를 구사하는 아이가 됐다. 그 엄마 말이 옳았던 것이다.

엄마가 영어를 잘해야 아이가 영어를 잘하는 것은 아니다. 오히려 아이들을 보고 발음이 틀렸네, 문법이 안 맞네 하며 비교 평가하면 아이들은 영어를 싫어하게 된다.

영어를 못하는 엄마들은 애초에 비교하거나 평가할 능력이 없다. 그래서 선생님처럼 가르치려는 마음을 내려놓고 아이가 영어 단어 하나만 말해도 칭찬하고 반응해준다. 그렇게 영어를 흡수할 환경을 만들어주면 아이들은 누구나 외국인과 의사소통을 할 수 있다. 물론 학원을 보내서 영어를 배우게 할 수도 있지만, 부모에게 보여주기 위해 레벨을 높이는 학원에 다닌다면 우리말을 배우듯이 충분히 다지는 시간을 갖지 못한다.

영어를 잘하려면 자신이 좋아하는 분야에서 쉬운 영어 그림책을 반복해서 보아야 한다. 어떤 아이가 어렸을 때부터 공주를 무척 좋아했다. 매일 공주 같은 드레스를 입고, 공주가 나오는 책을 읽으려 했다. 그래서 그 아이 부모는 공주가 나오는 영어 그림책을 600권도 넘게 사주었다. 디즈니 만화영화부터 공주와 관련된 그 외 자료도 충분히 주었다. 아이는 자신이 좋아하는 분야이기에 공주가 나오는 영어 그림책이나 영상은 수준이 높은 것도 닳고 닳을 때까지 읽고 보았다. 이 아이는 공주가 나오는 영어 그림책과 영상 덕분에 영어를 자유롭게 구사하는 아이로 성장했다.

앞서 소개한 예준이, 예슬이 얘기를 다시 해보겠다. 예준이는 우리말은 기본이고 영어 · 중국어 · 일본어 · 스페인어 · 이탈리아어까지 여섯 개 언어를 한다. 중국에서 중국어 · 영어 · 한국어 · 일본어 등 네 개 언어를 구사하는 아이는 보았지만, 예준이처럼 여섯 개 언어를 구사하는 아이는 지금까지 본 적이 없다. 중국에는 유튜브가 안 되기에 아이가 자연스럽게 확장해나갈 환경을 만들어주기에는 제한이 있다.

예준이 엄마도 예준이에게 영어 그림책을 많이 읽어주었다. 엄마가 예준이에게 영어로 질문할 정도로 영어를 잘하는 수준은 아니기에 예준이는 영어 표현을 잘 하지 않았다. 동생 예슬이는 엄마 배 속에서부터 엄마가 영어 그림책을 읽어주는 소리를 들었다. 그래서 오빠보다 빠르게 영어를 원어민처럼 구사하기 시작했다. 둘이서 영어로 재미있게 대화를 나누면서 노니 무슨 말인지 못 알아듣는 엄마는 통역을 해달라고 한다.

푸름이교육을 그대로 따라온 아이 중에 원어민보다 더 뛰어난 영어를 구사하는 아이가 있다. 어릴 때 원어민 아이가 영어로 공룡을 말하면 이 아이는 공룡의 학명까지 영어로 말하기에 외국인이 자기 자식과 놀아달라는 요청을 한 적도 있다.

그 아이 집에 우연히 갔다가 놀란 적이 있다. 집 전체에 1만 권의 영어 그림책이 있었다. 하나같이 정성 들여 고른 영어 그림책이었는데, 원어민보다 뛰어난 영어를 구사하게 된 이유가 이것이었구나 하는 생각을 했다. 아이가 좋아하지 않는다면 어떤 부모가 1만 권의 영어 그림책을 사줄 수 있겠는가. 아이의 눈빛을 따라갔더니 그런 결과가 나온 것이다.

게임, 유튜브

게임이나 유튜브도 아이와의 관계를 좋게 하는 소통의 도구가 될 수 있다. 책에 깊이 몰입한 아이들은 다른 것에도 같은 깊이로 몰입한다.

부모들은 아이가 게임 중독으로 가는 것이 아닌가를 걱정한다. 중독이란 감정을 느끼지 못하기에 중독 대상을 통해 감정을 느끼지만, 결국에는 자기 삶을 파괴하는 것이다. 중독은 어릴 때 부모와의 관계에서 받은 상처받은 내면아이에서 기인한다. 상처로 인해 자신의 존재가 수치스러워지면, 수치심 안에 모든 감정이 갇히기 때문에 감정을 느끼지 못한다.

배려 깊은 사랑을 받은 아이들은 엄마와의 관계가 좋다. 세상 사람들과의 관계는 엄마와의 관계가 확장된 것이다. 사회성이 좋다는 것은 독립된 존재가 어린 시절 엄마와의 관계에서 배운 배려를 모든 사람에게 적용하는 것이다.

사회성을 길러준다고 어린 시절에 세심한 보호 없이 다른 아이들과 어울리게 하면, 사회성을 기르기보다는 상처받으면서 상호 의존성이 증가할 수 있다. 상호 의존성은 알코올 중독 가정에서 흔히 볼 수 있다. 예를 들어 남편이 알코올 중독이면 아내는 상호 의존증일 수 있다. 남편이 술을 먹고 들어오면 온 가족이 위험에 처할 수 있고 두려움이 가득해지며 가정은 엉망진창이 된다. 아내는 남편에게 온 신경을 쓰면서 술 먹는 남편을 비난하고 아이들을 자기편으로 만든다.

그런데 희한하게도 이혼은 안 하고 술값도 아내가 대준다. 아내는 혼자 살 자신이 없기에 독립하지 못하고, 무의식에서 남편이 비참할수록 자신은 고상해지기에 상호 의존 관계를 이어간다.

아이는 엄마의 경계에 의해 섬세하게 보호받아야 한다. 예를 들어 학교에서 아이가 누구랑 다투고 왔다고 하자. 그런데 엄마가 이렇게 묻는다.

"네가 잘못한 거 아니야?"

이런 말을 들으면 아이는 누구를 믿겠는가. 엄마조차 자기를 믿어주지 않고 자기편이 아니라는 생각에 다음부터는 엄마에게 말을 하지 않는다.

게임을 하거나 유튜브를 볼 때도 엄마가 아이를 보호하면서 관계를 좋게 하는 소통의 도구로 사용할 수 있다. 어릴 때 TV나 유튜브, 게임이 문제가 되는 것은 이런 매체들을 애 보는 도구로 사용하기 때문이다. 엄마의 내면에 있는 상처받은 내면아이로 인해 친밀감이 두려워서, 정보를 일방으로 전하면서 상호 교류를 방해하는 매체에 방치해버리는 것이다. 그러면 아이는 다른 사람과 함께하는 것을 배우지 못하고 고립될 수 있다.

책을 읽어주면 엄마와의 상호 교류가 가능하다. 그래서 책을 많이 읽어주라고 하는 것이다. TV나 유튜브, 게임 역시 어떻게 활용하느냐에 따라 유용한 교육 도구가 될 수 있다.

우리 부부는 푸름이와 TV를 많이 보았다. 푸름이가 공룡을 좋아하면 공룡 발자국이 있는 곳에 데려가 직접 체험하게 했다. 동시에 공룡 책도 많이 사주고, 공룡이 나오는 TV 프로그램도 함께 보았다. 특히 자연에 관한 다큐멘터리를 많이 보았다. 푸름이가 아주 어릴 때 〈아프리카의 철새들〉이라는 프로그램이 방송됐다. 철새들이 아프리카 남단인 케이프타운에서 유럽까지 여행하는 과정을 찍은 것인데, 다양한 새와 동식물이 나오면서 장면 전개가 빠르고 무척 재미있었다. 우리 부부는 푸름이와 함께 몇십 번을 반복해서 보며 대화를 나누곤 했다.

지금은 유튜브가 있어서 그런 프로그램을 쉽게 찾아볼 수 있으니 교육 환경이 매우 좋아졌다. 책에 깊이 몰입하는 아이들은 유튜브를 볼 때도 같은 깊이로 몰입한다. 호기심이 왕성하기에 궁금한 것을 스스로 알아서 찾아간다. 유튜브에 깊이 몰입한 아이들은 자신이 유튜브 크리에이터가 되어 직접 만들고 싶어 한다. 자신을 표현하는 기쁨이 크기에 창조하려는 것이다.

푸름이가 게임을 하고 싶어 하면 우리 부부는 하고 싶은 만큼 하라고 했다. 막아서 될 문제도 아니고 스스로 자신을 조절할 수 있는 능력이 있다는 것을 알기에 걱정하지 않았다. 몰입하는 아이는 나오고 싶으면 스스로 나올 수 있지만, 중독에 빠지면 스스로 나오지 못한다.

나는 게임을 할 줄 몰라서 어떤 사양의 컴퓨터를 사주어야 하는지 알지 못한다. 그래서 낮은 사양의 컴퓨터를 사주었는데, 게임을 하고 싶은 푸름이는 이렇게 저렇게 업그레이드를 하면서 컴퓨터에 대해서도 잘 알게 됐다.

게임을 많이 하고 유튜브를 많이 본다고 해서 게임만 하는 것은 아니다. 책을 많이 읽은 아이들은 정보가 필요할 때는 다시 책을 본다. 책을 읽으면서 직접 정보를 얻는 것이 속도가 빠르기 때문이다.

내가 어릴 때는 나가서 노는 것에 익숙했기에 컴퓨터 게임을 할 줄 모른다. 그래서 아이들과 컴퓨터 게임을 하면서 소통하기는 어렵다. 다만 나는 아이들이 게임을 하면서 컴퓨터에 익숙해지고 여러 능력을 스스로 발달시킨다는 사실은 잘 알고 있다. 이렇게 그냥 믿어주면 문제 될 것이 없다.

게임으로 아이와 싸우지 않는 법

푸름이교육연구소에서 '유진에미'라는 닉네임을 사용하는 엄마의 글이다. 게임을 어떤 시각으로 바라보면 좋은지를 알려주기에 인용한다.

요즘 게임 때문에 고민이신 부모님들을 많이 뵙습니다. '우리 집에는 아예 게임이 없다'라고 하시는 분도 더러 계시더라고요. 그런 분들에게 저희 가족 이야기를 해드릴까 합니다.

푸름 아버님이 그러셨어요. '푸름이교육의 핵심은 관계다. 책도 부모와 자식이 소통하는 수단으로 활용하라'라고요. 그런데 요즘에는 게임이 부모 · 자식 관계를 해치는 주범이 된 것 같아요. 요즘 같은 세상에 아이를 게임과 완전히 단절시켜 키우기는 쉽지 않죠. 사실 놀잇거리가 될 수 있는 모든 것이 게임이 될 수 있답니다. 비디오 게임은 언제든지 쉽게 더 다양하게 즐길 수 있도록 매체만 바뀐 것일 뿐이지요.

저희는 게임도 부모와 자식이 소통하는 수단으로 활용했습니다(게임을 일부러 틀어준 건 아니에요. 그저 관심을 보일 때 같이 재미있게 플레이해주었습니다. 오히려 아주 어렸을 적에는 게임보다 책을 많이 보여주는 환경을 만들어줬어요).

지금 저희 집에는 컴퓨터가 세 대 있어요. 아빠 것, 엄마 것, 아이 것. 일곱 살 때부터 그렇게 해주었답니다. 그리고 셋이 다 같이 게임을 했어요. 핸드폰 게임을 좋아하면 셋이 같이 그 게임을 깔아 핸드폰 게임을 했지요. 멀티플레이가 되지 않는 게임이어도 한 명이 하고 있으면 옆에서 구경이라도 했어요. 자꾸 죽어서 엄마한테 깨달라고 하면 저는 깨주느라 진땀을 빼곤 했어요.

저희 아이는 마인크래프트를 참 좋아했어요. 저는 처음에는 마인크래프트라는 게임이 생소하고 두려웠어요. 젊었을 적에 게임 좀 해봤다는 저인데도 마인크래프트는 제가 해오던 게임과는 참 많이 다른 느낌이었어요. 그래도 아이가 좋아하니 일단 깔아놓고 아이에게 배워가며 해보았지요. 어느 정도 적응이 된 후 아이와 같이 플레이했는데 재미가 붙더라고요. 아이가 어떻게 마인크래프트를 즐기는지도 알게 됐어요. 블록을 쌓아가며 구조를 만들고 탐험하며 이야기를 만들어가는 것이 레고 놀이와 인형 놀이를 합쳐놓은 것 같더라고요. 나중에는 명령어와 레드스톤을 사용해서 스팸 공장이라는 자동화 기계를 만들었어요. 돼지가 자동으로 태어나 자동으로 돼지고기가 되어 나오는 구조물을 만든 거죠. 그걸 보며 제가 얼마나 감탄했는지요. 아이는 점점 더 복잡하고 신기한 구조물들을 만들어내고 저에게 자랑처럼 보여주곤 했습니다.

인형 놀이를 좋아하는 저희 아이는 마인크래프트도 인형 놀이처럼 스토리를 만들어 상황극을 하길 좋아해요. 그 이야기를 주의 깊게 살펴보면 아이가 지금 어떤 고민을 하는지, 어떤 것에 관심이 있는지 알 수 있답니다.

예를 들어 저희 아이가 유치원에 안 다닌다고 해서 많이 힘들 때는 착한 주인공이 친구들의 오해를 받아 누명을 쓴다는 내용이 대부분이었어요. 스토리 후반에 못된 친구들에게 호되게 벌을 주고 누명을 다 벗겨주고 하면서 아이 마음이 많이 치유되는 것 같았어요.

요즘 저희 아이 상황극에서는 짓궂은 장난을 치고, 최신 유행 개그를 날리면서 친구를 사귀고 인기를 끌게 되는 주인공 이야기가 많아요. 제가 주인공에게 멋지다고 하고, 절친 하고 싶다면서 따라다니는 역할을 열심히 하면 아이가 아주 만족스러워합니다.

셋이 같이 핸드폰 게임을 할 때는 아이 아빠는 전사, 저는 궁수, 아이는 치유사로 직업을 정해 셋이 같이 던전에 들어가 '보스몹'을 잡곤 했어요. 그때 저희 아이가 치유를 잘 안 해주고 수다만 떠는 통에 얼마나 애가 탔던지요. 그래도 마침내 같이 보스몹을 잡고 엄청 뿌듯해했답니다. 필드에서 요리해 나눠 먹었던 기억, 엄마 · 아빠 다 나가떨어졌는데 끝까지 남아 기다리다가 보스몹을 혼자 처치하고 유진이 혼자 레어템을 먹었던 기억…. 모두 소중한 추억으로 남아 있답니다.

하지만 어떤 게임을 어떻게 즐기느냐는 아이마다 다 다를 거예요.

어떤 아이에겐 이기는 경험이 필요할 것이고, 어떤 아이는 소속감과 연대감을 느끼고 싶어 할 것이고, 또 어떤 아이는 구조 만드는 것을 좋아할 것이고, 어떤 아이는 정교한 조작에 성공해서 성취감을 느끼고 싶어 할 것입니다. 부모님들이 게임을 소통의 도구로 활용하면서 아이가 어떤 것을 좋아하는지 또 어떨 때 환호하는지, 어떻게 깊게 파고들어 가 몰입하는지 지켜보며 함께하시면 아이와의 관계를 더욱 돈독히 하는 계기가 될 거라고 생각해요.

저희는 게임을 하는 요일이나 시간도 정해놓지 않았습니다. 그런 것을 정하는 순간 '게임'이라는 것이 '특별'해지지요. 못 하게 할수록 대단한 존재가 되는 것이죠. 초콜릿을 못 먹게 한 사람에게 초콜릿이 아주 대단한 것이 되는 것처럼요. 인형 놀이나 보드게임처럼 언제든지 할 수 있는 놀이의 한 종류일 때, 게임도 평범한 위치에 서게 됩니다.

거의 늘 같이 해왔기에 "엄마는 멀미 나서 이제 더는 못 하겠다"라고 하면 본인도 그만할 때가 많습니다. 혼자 하면 재미없거든요. 저도 제가 재미있는 만큼만 하고 멀미 나거나 지겨우면 그만한다고 합니다. 눈싸움도 온종일 못 하잖아요. "엄마 추워서 이제 못 하겠다. 들어가자"라고 하면 아이도 따라 들어오지요. 너무 차별을 두지 말고 편하게 바라보셨으면 해요.

유진이 친구들이 가끔 놀러 오면 컴퓨터 게임만 하자고 합니다. 유진이는 인형 놀이나 레고 놀이도 하고 싶은데 친구는 게임만 하고 싫어 해요. 집에서는 못 하게 하니까요. 하지만 그 아이 부모님이 친구 집에서도 하면 안 된다고 하셔서 결국 그마저도 못 하게 됩니다. 그 친구에게 이제 게임은 얼마나 더 특별해졌을까요.

유진이는 언제든지 게임을 할 수 있지만 오늘은 게임을 전혀 하지 않았습니다. 저와 인형 놀이를 30분 정도 했고요. 슬라임을 좀 가지고 놀다가 집 안 불을 다 끄고 담력시험 놀이를 한 시간 정도 했어요(이 놀이를 하다가 제가 어둠을 극복하는 경험을 했네요). 어떤 날은 또 저와 게임을 한두 시간 하는 날도 있습니다. 게임을 하느냐 안 하느냐를 문제 삼지 말고, 그것을 즐기고 활용해서 자유로워지시라고 말씀드리고 싶습니다.

부모와 같이 즐기는 놀이보다 더 재미있는 것은 없지요. 모든 게임은 현실에 있는 놀이를 가상현실로 복제한 것에 불과합니다. 브롤스타즈는 눈싸움을 생각해보세요. 마인크래프트는 레고를 생각해보세요. 스타크래프트는 장기나 체스를 생각해보시면 됩니다. 모두 고유의 재미를 가진 놀이들입니다. 전략을 세우는 재미, 섬세한 컨트롤을 겨루는 재미, 구조를 만드는 재미, 상황극을 하는 재미, 퍼즐을 푸는 재미, 무궁무진한 재미를 구현해놓은 것이 게임입니다.

그 도구를 통해 아이를 관찰하고 이해하며 다정하고 따뜻한 시간을 보낼 수 있습니다.

배려 깊게 사랑하라

교육의 근본은 배려 깊은 사랑이다. 배려 깊은 사랑은 아이를 있는 그대로, 존재 자체로 사랑하라는 의미다.

나는 이 '배려 깊은 사랑'이라는 말을 '교육의 아버지'로 불리는 페스탈로치로부터 30년 전에 배웠다.

> 하나님은 어머니에게 모성애를 주었고 교육의 근본은 배려 깊은 사랑입니다.

이 한 구절이 나의 삶을 바꾸었다. 나무를 심는 사람처럼 30년 동안 배려 깊은 사랑을 실천하고 전파하며 보냈다.

'아이를 있는 그대로 사랑하라.'

배려 깊은 사랑은 조건이 걸리지 않은 사랑이다. 배려에는 수직적 경계인 존중이 있고, 사랑에는 수평적인 관계가 있다. 배려 깊은 사

랑을 받은 아이들은 자신이 누구인지를 안다. 자신이 받은 그대로 다른 사람을 배려 깊게 사랑한다.

배려 깊은 사랑은 어떤 조건도 걸려 있지 않은 사랑이다. 어린아이가 부모를 사랑하는 경우에서 찾을 수 있는 사랑이다. 반면 부모는 아이를 있는 그대로 사랑한다고 하지만, 자각하지 못하면 의식적이든 무의식적이든 매 순간 조건을 건다.

"내가 이것을 주면 너는 나에게 무엇을 줄 거니?"

"내가 밥은 먹여줄 테니 너는 말 잘 들어야지(공부 잘해야지, 남들에게 나를 빛내주어야지)."

아이들은 엄마가 서울대 안 나왔다고 "아, 실망이네. 우리 엄마 아니야"라고 말하지 않는다. 아이들의 눈에 자신의 엄마보다 예쁜 사람은 없다.

배려 깊은 사랑은 현실적으로 인간의 의식이 도달할 수 있는 최고의 사랑이다. 예수님의 말씀 중에 '네 이웃을 네 몸처럼 사랑하라'가 배려 깊은 사랑을 말하는 것이다. 배려 깊은 사랑을 한다면 누군가를 조금 사랑하면서 조금 미워할 수는 없다. 모든 사람을 사랑하거나 그렇지 않거나 둘 중 하나다.

배려 깊은 사랑에는 분리나 비교가 없다. 모두가 하나이고 존재로서 동등한 가치를 갖는다. 이기고 지는 마음도 없다. 특별함도 없다. 죄도 없으며 두려움도 없다. 평가와 판단도 없다.

배려 깊은 사랑 안에서는 모든 것이 아름답다. 꽃은 피기 전에도,

피었을 때도, 피고 난 후에도 아름답다. 모두가 부족한 것 없이 완벽하다. 우리는 완벽에서 완벽으로 갈 뿐이다. 코모도 도마뱀이 걷는 모습도 그 존재가 표현하는 완벽한 아름다움이다. 그래서 모든 것이 괜찮다. 실수해도 괜찮다. 우리는 지금 우리가 완벽하다는 것을 알아가는 과정이기 때문이다.

아름답지 않은 사람이 어디 있는가! 배려 깊은 사랑 안에서는 모두가 행복하고 기쁘며 자유롭고 평온하다.

부모는 누구나 자식을 있는 그대로 사랑하고 싶어 한다. 그러나 내 아이를 있는 그대로 사랑하겠다는 선택을 하고 일상에서 실천하려고 하면 어렵다는 것을 바로 알게 된다. 배려 깊은 사랑이 배려 깊은 사랑을 막는 모든 반대 쌍을 무의식으로부터 의식으로 끌어올리기 때문이다. 배려 깊은 사랑은 본성이며 고향이기에 이미 우리의 내면에 존재한다. 그래서 배려 깊은 사랑을 알지 못하게 하는 방해물만 사라지면 저절로 드러난다.

"아이를 있는 그대로 사랑하는 것이 왜 그렇게 어려울까요?"

강연 중에 이렇게 물어보면, 대부분의 엄마는 욕심이 있어서 그렇다고 말한다. 그럴 수도 있다. 욕심도 의식의 한 단계이며 방해물인 것은 맞다. 그러나 근본적인 이유는 우리가 어린 시절에 그런 사랑을 받아본 기억이 없기 때문이다. 배려 깊은 사랑을 받고 성장했다면 우리 몸이 그 사랑을 기억했을 것이고, 자연스럽게 아이들에게 주었을 것이다.

질문을 다시 한다.

"어린 시절에 사랑을 많이 받았어요?"

그러면 대부분 사람이 "네"라고 대답한다. 물론 그렇게 대답한 사람들 중에는 있는 그대로 사랑받은 사람도 간혹 있다. 그런 사람이 전혀 없지는 않다.

질문을 이어간다.

"그럼 구체적으로 어떻게 사랑을 받았고, 기억은 어디까지 내려가세요?"

그러면 한동안 대답이 없다. 그러다가 "맛있는 것 많이 사주었어요"라고 말한다.

물론 맛있는 것을 사주는 것도 부모의 사랑이다. 부모가 돈을 벌어 아이들에게 맛있는 것을 사주려면 많은 수고를 해야 한다. 그런데 사랑은 주는 사람이 사랑이라고 느끼기보다는 받는 사람이 사랑이라고 느낄 때 사랑이 된다.

어릴 때 부모가 차려주는 밥을 먹어본 적이 없어 내 자식에게는 맛있는 밥을 차려주는 엄마는 아이에게 사랑을 주는 것이다. 그러나 엄마가 정성껏 차려주었는데 아이가 배가 고프지 않다며 안 먹으려 하면, 분노가 올라올 수 있다. 이때 먹으라는 감정적인 압력을 주면 이 또한 아이에게 고통이 될 수 있다.

아이들은 사랑을 이미 알고 태어난다. 부모가 아이를 배려 깊은 사랑으로 비추어주면 아이는 이미 알고 있는 것을 다시 찾게 된다.

사랑은 모든 사람이 똑같이 정의하지 못한다. 언어로 정의하는 순간 이미 달라지기 때문이다. 그러나 모든 인류가 사랑이 무엇인지를 안다. 그래서 우리는 사랑에 관해서 말한다.

사랑은 눈에 보이지 않는 추상이다. 이 땅에 온 아이들은 추상적인 사고를 하려면 적어도 5년은 성장해야 하기에 아주 어린 시절에는 감각을 통해 자신의 내면에 이미 존재하는 사랑을 찾게 된다.

구체적으로 아이들은 어떤 경험을 사랑으로 느낄까? 아이들은 다음의 네 가지 경험을 통해 자신이 배려 깊은 사랑을 받았다고 느낀다.

첫 번째는 눈빛을 보는 것이다. 아이가 부모를 쳐다보았을 때 부모가 아이의 눈을 보았다면 아이는 이렇게 표현할 것이다.

"엄마 눈동자 안에 내가 있어."

강연 초기에는 어떤 질문을 받든 아이의 눈빛을 보라고 답했다. 예를 들어 누가 "아이에게 어떤 책을 주면 좋을까요?"라고 질문하면 "아이의 눈빛을 보세요"라고 대답했다.

아이가 좋아하는 책과 눈빛이 무슨 관련이 있을까? 아이가 그 책을 다 보았다면 눈빛이 더는 머물지 않을 것이고, 덜 보았다면 머물고 있을 것이다. 아이의 눈빛을 보면 욕구가 무엇이며 어떤 것을 좋아하는지 바로 알 수 있다. 아이는 좋아하는 책을 볼 때 눈빛이 반짝반짝 빛난다. 누구에게 물어볼 것도 없다. 아이의 눈빛이 반짝이는 책과 비슷한 종류의 책을 더 주어 아이가 좋아하는 것을 더 좋아하게 해주면 된다.

부모가 자신을 수치스러워하면 아이의 눈빛을 쳐다보지 못한다. 아이의 눈은 맑고 순수하기에 부모의 무의식에 있는 믿음을 거울처럼 비추어준다.

부모의 무의식에 수치심이 있거나 죄책감 · 무기력 · 슬픔 · 두려움 · 욕망 · 분노 · 자부심이 있다면, 아이는 부모의 무의식을 부모보다 먼저 읽는다. 그리고 부모가 그곳에서 나올 기회를 만든다.

어린 시절에 정말 배려 깊은 사랑을 받았는가? 아니면 사랑받았다는 환상을 가지고 있는가?

환상은 거짓을 진실이라고 믿은 것이다. 특히 어릴 때 물리적으로는 한 공간에 있었을지 모르지만 정서적으로는 연결이 끊어져 방치당한 사람들은 환상을 믿는 힘이 강하다. 어린 시절에 방치당한 사람은 커서 부모를 모시려 한다. 어린 시절에 방치당했던 아빠가 있다면, 형제가 여럿이라도 꼭 자기가 부모를 모시겠다고 한다. 그것도 자신이 모시는 것이 아니라 아내에게 시켜서 갈등을 만들곤 한다.

부모를 모시지 말고 불효하라는 말이 아니다. 부모를 진정으로 사랑하기에 함께하는 것이 아니라 어린 시절에 받지 못한 것을 커서 받으려고 하는 마음에서 출발한 것이기에 내면에는 깊은 분노가 있는 것이다. 내면아이가 채우지 못한 것을 받으려는 갈망이 크기 때문에 외부에서 아무리 채워도 채워지지 않는다.

진실을 알기 위해 나는 강한 상상으로 어린 시절의 어머니를 모시고 오라고 말한다. 이렇게 하면 이미지를 하나씩 떠올리는데, 이 이미지는 그 사람의 어린 시절 전체가 어떠했는지를 한 번에 알려준다. 이미지는 진실이기에 속이지 못한다. 우리는 자신이 자신을 속이고 있다는 것을 의식에서는 전혀 모른다. 처음에는 이미지가 안 떠오를 수도 있다 이미지는 늘 떠오르지만, 감정이 억압되어 있으면 지나가는 이미지를 잡기 어렵다.

어머니를 모시고 오라는 말을 듣는 순간 몸이 울기 시작한다. 왜 우는지 이유는 모른다. 많은 사람 앞에서 울면 창피하니까 울음을 참지만, 의식에서는 모르는 것을 무의식은 정확하게 알고 있기에 억압된 감정이 건드려져 우는 것이다.

"어떤 어머니의 모습이 보이나요? 어머니의 눈빛이 보이세요? 어머니가 당신을 보고 미소 짓고 있습니까?"

그런 이미지가 보이면 당신은 어린 시절에 사랑받은 것이다. 그런데 어머니의 뒷모습이 보이거나 멀리 떨어져 다가갈 수 없거나 어머니를 모셔 올 수 없다면, 그 거리만큼 심리적으로 억압된 분노가 있는 것이다. 많이 울고 분노하면서 상실을 애도하고, 과거를 놓아버리면서 치유하고 성장하면 어머니의 이미지는 달라진다.

두 번째는 경청이다. 부모가 아이 말을 귀 기울여 들어주면 아이는 자신이 소중한 존재이며 사랑받았다고 느낀다.

아이 말을 그대로 들어주려면 판단이 없어야 한다. 우리는 평소 상대의 말을 듣고 있는 것 같지만, 깊게 들어가면 상대의 말이 아니라 자신의 과거 경험으로 판단하는 경우가 많다. 이 판단 없이 들을 수 있는 능력을 '지성'이라고 한다.

아이들은 판단 없이 듣는다. 아이들이 그렇게 빨리 모국어를 배울 수 있는 것도 어떤 음가든 그대로 듣고 흡수할 수 있기 때문이다. 우리말을 알고 있는 어른들은 영어를 배울 때 이미 알고 있는 우리말의 음가를 기초로 하기에 원어민 수준까지 가긴 어렵다.

어린 시절에 부모가 자기 말을 들어주지 않았다면, 그래서 외로웠다면 부모가 되었을 때 자기 말을 하려고 한다. 지시하고 훈계하고 잔소리하고 싶어 하기에 아이 말이 귀에 들어오지 않는다.

특히 역기능 가정에서 자란 사람들은 어디 가서 말하지 말라는 규칙을 들으면서 자랐기에 자기 말을 하는 것이 어색하다. 그러면 수치심 안에서 고립된다. 치유자는 들어주는 자다. 누군가에게 자신의 속마음을 털어놓았을 때 아무런 판단 없이 들어주는 사람이 있으면 가슴이 시원해진다. 이것저것 충고를 받고 싶어 말하는 것이 아니다. 그냥 말하면서 자신을 표현하기만 해도 수치심에서 빠져나온다.

아이들은 어른보다 귀가 섬세해서 적어도 다섯 배는 더 잘 듣는다. 아이를 키우는 부모는 작은 발소리에도 아이가 깜짝깜짝 놀라는 것을 볼 수 있다. 귀가 밝은 아이들은 엄마의 목소리 안에 억압된 분노가 있는지를 바로 안다. 말은 참으면서 부드럽게 하지만, 그 안에 억압된 분노가 있으면 아이는 귀를 닫고 선별해서 듣는다. 그러면 다른 사람의 말을 들을 때도 자기 나름대로 자기가 듣고 싶은 것만 듣게 된다.

아이의 말을 듣기 위해서는 자신이 듣고 있지 않다는 것을 자각하고 훈련해야 한다. 아이가 어떤 말을 하면 자신도 모르는 사이에 다른 생각을 하는 자신을 지켜보아야 한다. 그리고 "네가 한 말을 엄마는 이렇게 들었는데, 이게 맞아?"라고 물어보면서 반영적 경청을 해주면 아이는 자신이 배려 깊은 사랑을 받았다고 느낀다.

세 번째는 공감이다. 공감은 아이의 감정과 함께하는 것이다. 함께하는 것과 휩싸이는 것은 다르다. 아이가 슬퍼하는 것을 보고 엄마가 슬픔에 휩싸여 아이보다 더 통곡한다면, 아이는 엄마를 위로하느라 자신의 슬픔을 느끼지 못하고 슬픔에 머물러야 한다. 감정은 느껴야만 몸을 통과해 사라진다.

감정은 우리를 움직이게 하는 에너지다. 모든 감정에는 저마다의 기능이 있다. 수치심은 우리가 신과 권능의 다툼을 하지 않게 해주어 우리의 내면에서 쉴 수 있게 하고 실수해도 용서하게 해준다. 건강한 죄의식은 행동을 바르게 한다. 무기력은 위기 상황에서 지쳐 쓰러지지 않도록 보호하며, 슬픔은 치유한다. 두려움은 신중하게 결정할 힘을 주고, 욕구는 어떤 것을 할 수 있게 한다. 화는 자신의 욕구가 채워졌는지 알려주고 경계를 지켜준다. 자부심은 돈과 명예, 학벌 같은 외부에 자신의 존재 근거를 둠으로써 수치심의 나락으로 떨어지는 것을 일시적으로 막아준다. 기쁨은 우리가 하나라는 것을 알게 해준다. 그래서 기쁨은 함께할수록 커진다고 말한다. 행복은 나누는 것이 무엇인지를 알게 해준다.

이처럼 다양한 기능을 하기에 감정은 부정적인 것도 없고 긍정적인 것도 없다고 한다. 부정적인 감정이라기보다는 방어 감정이라고 표현하는 것이 정확하다. 감정이 왔다 갔다 하면 살아 있는 것이다. 엄마의 내면에 억압된 감정이 있다면 아이의 감정에 공감해주기보다는 자신도 모르는 1만 분의 1초 사이에 감정에 휩싸이게 된다. 엄마가 감정에 휩싸이지 않으려면 상처받은 내면아이를 치유해야 한다. 따라서 아이의 감정에 공감해주려면 엄마의 내면에 상처가 없어야 한다.

모든 아이는 울기 마련이다. 운다는 것은 아이에게는 소통하는 방법이다. 아이가 울면 배가 고파서 우는지, 졸려서 우는지, 불편해서 우는지 그 울음을 잘 구별해서 엄마가 공감해주고 욕구를 채워주어야 한다. 그러면 아이는 울음을 빨리 그치고 그렇게 많이 울지도 않는다.

아이가 울면 빨리 울음을 그치게 하려고 위로해주는 엄마가 있다. 그러면 아이는 "엄마 나가!"라고 소리친다. 엄마가 나가려 하면 아이는 다시 "엄마 나가지 마"라고 울면서 말한다. 엄마는 이러지도 저러지도 못한다. 울음을 빨리 그치라고 위로하는 엄마는 아이에게 감정을 느끼지 말라는 메시지를 보내는 것이다. 그러면 아이는 불편하니까 나가라고 말하는 것이고, 엄마가 나가면 버림받는 느낌이 드니 나가지 말라고 하는 것이다. 아이가 엄마에게 듣고 싶은 말은 이것이다.

"마음껏 울어. 엄마가 옆에 있어 줄게. 울면 마음이 편해져. 다 울고 나서 엄마의 위로를 받고 싶다면 안아줄게."

아이가 울면 자신이 무엇을 잘못한 것 같아 죄책감이 들고 아이의 울음이 불편해서 "뚝! 그만 울어"라고 다그치는 엄마도 있다. 나도 어린 시절에 울면 엄마가 "뚝!"이라고 했던 기억이 있다. 어떻게 해서든지 울음을 그치려 하다 기침을 하거나 토할 뻔한 적도 있다.

그때 울지 못했던 울음이 어디에 가 있겠는가. 그 울음은 무의식에 억압되어 있다가 결혼을 하고 아이를 낳게 되면 자신과 다시 만나게 된다.

아이는 엄마가 다 울지 못했던 울음을 다 울어낼 때까지 울면서 엄마의 울음을 끌어낸다. 엄마가 자신의 상처를 치유하고 진정으로 공감해주면, 아이는 비로소 울음을 그친다.

감정은 아이가 무엇을 좋아하고 싫어하는지, 자신의 욕구가 무엇이며 지금 어떻게 하고 싶은지를 알려주는 존재의 표현이다. 그러므로 위험한 행동이나 남에게 피해를 주는 행동은 경계하고 제한해야 하지만, 감정은 마음껏 표현하도록 허용해야 한다.

"엄마, 나 지금 슬퍼."

"엄마 화나요."

이렇게 아이가 자신의 감정을 표현할 줄 알면 다른 사람을 공격하지 않는다.

누구 때문에 화가 난다는 것은 사실 있을 수 없는 것이다. 그 사람의 말과 행동이 내 안에 있는 감정을 건드려 내가 화라는 감정을 표현하겠다는 선택을 한 것뿐이다.

'누구 때문에 화가 난다'라는 건 자신에게는 자유 의지가 없으며 상대에게 모든 책임을 지우겠다는 것이다. 즉, 투사를 통해 공격하는 것이다. '꺼져'는 내 감정을 표현하는 것이 아니라 상대에게 '이렇게 해라, 저렇게 해라' 하고 행동을 지시하는 공격이기에 상처를 주게 된다.

우리 사회는 아직도 감정을 표현하지 못하게 한다. 울지 못하게 막는다. 심지어 노래에서도 아이들에게 울지 말라고 한다.

'울면 안 돼. 울면 안 돼. 산타 할아버지는 우는 아이에겐 선물을 안 주신대.'

왜 울면 안 되는가. 선물을 받기 위해서 울지 말아야 하는가? 울지 못하면 우울증이 오고 일찍 죽는다.

여자들이 우는 것은 어느 정도 허용된다. 그러나 남자들에게는 울지 말라는 감정적 압력이 훨씬 크다.

'남자는 계집애처럼 질질 짜는 것 아니다.'

'남자는 부모가 돌아가셔야 우는 거다.'

심지어는 화장실에도 이런 문구가 붙어 있다.

'남자가 흘리지 말아야 할 것은 눈물만이 아니다.'

건강한 남자가 갑자기 팍 쓰러질 때는 울지 못한 것이 원인이 될 수 있다. 울기만 해도 감정적 압력이 떨어지고 무기력에서 빠져나올 수 있다.

화도 내지 말라고 한다. 화는 사실 건강한 경계를 주기 때문에 화를 내는 사람은 믿을 만한 사람이다. 화는 '내 경계를 넘지 마세요. 나는 당신과 좋은 관계를 맺고 싶어요'라는 표현이다. 그래서 화는 길어야 1분을 넘지 않는다. 화가 1분을 넘어가면 그때는 억압된 화인 분노가 된다. 분노는 일시에 터져 나오기에 에너지가 세며 상대를 공격한다.

분노는 열여섯 가지의 다양한 얼굴을 가지고 있다. 짜증을 많이 내는 것도 분노다. 짜증이 많다는 것은 부모님 중 한 분이 무서워서 화를 내지 못했기에 자신을 보호하면서 상대를 공격하는 것이다.

아이를 위해 희생하는 것도 분노다. 희생은 조금 주고 많이 받으려는 것을 말한다. 희생에는 내가 준 것을 반드시 알아달라는 기대가 있다. 그래서 희생하는 부모는 늘 잔소리가 많다. 희생과 헌신은 다르다. 헌신은 줌으로써 자신이 가졌다는 것을 깨닫기에 받으려는 마음이 없다. 희생으로 아이에게 영어 동화책을 사주었다고 하자. 아이가 읽지 않으면 본전 생각이 나고, 다른 아이는 잘 보더라는 말을 들으면 참다 참다 한순간에 분노가 터져 나온다.

죄책감도 위장된 분노다. 원래 부모에게 화를 냈다면 없었겠지만, 화가 허용되지 않는 환경에서 화를 억압하면 분노가 된다. 그 분노를 자신에게 돌린 것이 죄책감이다. 그래서 분노를 풀고 나면 죄책감도 가벼워진다.

자신이 너무 고상해서 화를 내지 못하면 상대를 자극해서 대신 화를 내게 하는 분노도 있다. 이전에 푸름엄마가 성장하기 전에 나에게 표출했던 분노 유형이다. 그때는 나도 감정에 대해서 몰랐기 때문에 무엇인지도 모르고 뺑뺑 당하곤 했다.

예를 들어 기분 좋게 집에 들어오면 푸름엄마가 이렇게 묻는다.

"당신 화났어?"

"아니야, 나 화 안 났어."

"내가 보기엔 화난 것 같은데?"

"아니라고 했잖아. 화 안 났어."

"화난 것 같은데, 뭐."

"몇 번이나 말해. 화 안 났다고!"

그렇게 말하고 나면 분노가 나서 씩씩거리게 된다. 그러면 푸름엄마는 기분이 좋아진다. 나만 분노하는 이상한 사람이 되고, 자신은 분노하지 않는 고상한 사람이 된다. 아마 어느 집이건 이런 사람이 꼭 한 명은 있을 것이다. 지금은 이런 분노에 끌려 들어가지 않는다.

가슴이 차가운 것도 분노다. 예를 들어 남편과 싸웠다고 하자. 이때 아이들이 무엇을 해달라고 하면 해주고 싶은 마음이 안 든다. 가슴이 싸늘하고 차가워진다.

울고 싶을 때 울고, 분노가 나올 때 남을 공격하지 않고 안전한 환경에서 풀어내기만 해도 삶은 가벼워진다. 그런데 여자들은 분노가 허용되지 않으니까 울음으로 바꾸고, 남자들은 울음이 허용되지 않으니까 분노로 바꾼다. 그처럼 감정을 표출하기 때문에 억압된 감정이 해소되지 않는다. 감정은 표현해야 한다. 표현은 그 감정을 몸으로 다 겪는 것이다. 표현하고 나면 남는 감정이 없다. 표출은 감정을 다 겪는 것이 아니라 불편한 감정을 일시적으로 배출해버리는 것이다. 핵심 감정이 그대로 남아 있기에 똑같은 행위를 반복하곤 한다.

감정을 느끼는가, 아니면 감정에 대하여 생각하는가?

마셜 B. 로젠버그가 지은 《비폭력대화》에 따르면, 감정의 농도를 표현하는 단어로는 200여 가지가 있다. 감정에 이름을 붙인다고 해서 감각을 통해 느끼는 것은 아니다. 물론 처음에는 부모가 아이들이 느끼는 감각이 어떤 감정인지는 말해주어야 한다.

수치심이 들면 얼굴이 붉어지고 벌레가 기어가는 듯한 감각이 느껴진다. 눈앞이 하얘지거나 어지럽고 손발이 저릴 때도 있다. 숨고 싶고, 갑자기 화장실 문이 열리는 꿈을 꾸거나, 모든 사람이 보는 가운데 발가벗고 있는 것 같기도 하다. 죄책감은 심장을 찌르듯이 오며, 두려움은 몸이 벌벌 떨린다. 분노는 배 속에서 불기둥이 치솟는 감각으로 느껴진다.

아이들의 감정은 부모가 비추어주면 섬세하게 분화된다. 교향곡을 지휘하는 지휘자가 음 하나 틀려도 찾아내는 것처럼, 그렇게 섬세하게 발달하는 것이 감정이다. 감정을 느낀다면 100미터 앞에서 오는 사람의 어깨 위에 있는 분노가 느껴질 것이다. 머리로 알기 전에 몸이 먼저 반응한다. 감정을 느끼는 사람 옆에 있으면 자신도 모르게 평온을 느끼기에 모두가 그 사람 옆에 있고 싶어 한다.

네 번째는 몸 비비며 놀아준 경험이다. 아이는 부모가 따뜻한 체온으로 안아주면 잘 자란다. 안아주는 것은 생존과 깊은 관계가 있다.

제2차 세계대전 때 런던이 독일의 폭격을 받자 아이들을 안전한 곳으로 옮기고 먹을 것과 위생을 세심하게 신경 쓰면서 키웠다. 그런데 아이들이 시름시름 앓다가 죽었다. 이유를 알기 위해 여러 연구가 진행된 끝에, 보모가 안아주면서 분유를 주었더니 사망률이 떨어졌다.

어린 시절에 업어주고 안아주면서 부모와 아이가 밀착하고 하나가 되는 것은 아이들의 정서에도 좋다. 푸름이가 어릴 때 나는 윗옷을 벗고 안아준 적이 많다. 푸름엄마도 화장을 하면 아이를 얼굴로 부비기가 불편하기에 푸름이가 어릴 때는 화장을 한 적이 거의 없다.

아이들은 놀면서 배운다. 어릴 때 부모와 놀아본 경험이 있으면 부모가 됐을 때 아이들과 자연스럽게 놀게 된다. 아이들과 노는 것을 힘들어하는 아빠들이 드물지 않다. 아이와 놀다가 5분만 지나도 차라리 나가서 돈을 버는 것이 낫다고 생각하고 놀이를 포기해버린다. 만약 남편이 그렇거든 아이와 놀지도 못한다고 뭐라고 하지 마라. 어린 시절에 부모와 놀아본 경험이 없어서 그러는 것이다.

이런 사람은 아이와 노는 것이 지루하고 피곤해서 돈을 벌어 가족을 먹여 살리는 것으로 아빠의 의무는 다했다고 생각한다. 노는 방법이야 배울 수도 있지만, 놀이 과정에서 자신이 어린 시절에 사랑받지 못했다는 사실이 무의식에서 의식으로 올라오기에 지루하거나 피곤하다는 핑계로 방어하는 것이다.

물론 생계를 책임지는 것만으로도 잘하는 것이다. 그런데 어떤 아빠든 내면에는 돈을 벌어서 처자식과 함께 알콩달콩 친밀하고 행복하게 살고 싶은 마음이 있다.

아이들은 아빠를 기다려주지 않는다. 어릴 때 친밀감을 형성하지 못하면 성인이 되어 친밀감을 형성하는 데는 각고의 노력을 기울여야 한다. 안 되는 것은 아니지만 적어도 10년은 노력해야 얻을 수 있는 것이 친밀감이다. 그러니 어릴 때 놀아줘야 한다. 어릴 때는 단지 비벼주고 안아주고 놀아주기만 해도 친밀감이 자연스럽게 형성된다. 아내와 함께 교육의 주체가 되어 아이를 기르는 경험은 아빠에게도 깊은 만족과 행복을 준다.

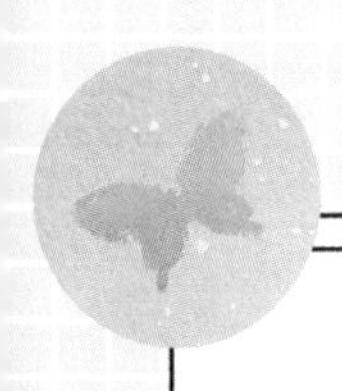

배려 깊은 사랑으로 키우기 위해 꼭 기억해야 할 마음 10

1. 신을 대하듯 아이를 대하라.
2. 부모가 사랑의 눈빛으로 아이를 비추어
   아이 자신이 고귀하고 장엄한 존재임을 알게 하라.
3. 경청하라.
4. 공감하라.
5. 따뜻하게 안아주라.
6. 자연에서 아이와 함께 마음껏 뛰어놀라.
7. 공감 대화를 하라.
8. 행동에는 경계를 주어 아이를 보호하라.
9. 비교 없이 고유한 아이로 키워라.
10. 아이를 독립된 인격체로 길러 떠나보내라.

에필로그

우리의 본성은 사랑 자체입니다

《사랑하는 아이에게 화를 내지 않으려면》을 펴낸 후 8년 만에 《거울육아》를 썼습니다. 1999년에 《푸름이 이렇게 영재로 키웠다》를 저술한 이후에 우리 부부가 쓴 일곱 번째 책입니다.

저는 지난 24년 동안 5,000번이 넘는 강연을 했고 수십만 명의 부모님과 상담을 했습니다. 이 책의 내용은 그분들이 제게 나누어준 경험을 기록한 것입니다. 그 모든 분께 감사드립니다.

처음에 푸름이교육은 어떻게 책을 잘 읽는 아이로 키울 것인가에서 출발했습니다. 이제 책을 잘 읽는 방법은 '책육아'라는 이름으로 사회에 보편화됐지요. 아이들은 책을 읽으면서 지성과 감성이 조화로운 인재들로 성장했습니다. 저는 그런 아이들이 우리 사회 미래의 주역으로 성장해가는 것을 지켜보는 행복을 누렸습니다. 그리고 자녀들이 잘 자라는 것을 본 부모님들로부터도 늘 감사를 받았습니다.

이제 푸름이교육은 더는 제가 전파하지 않아도 이 교육의 원리에 내재된 힘에 의해 스스로 퍼져 나가고 있습니다.

푸름이교육의 근본원리는 배려 깊은 사랑입니다. 배려 깊은 사랑은 아이를 아무런 조건 없이 있는 그대로 사랑하는 것입니다. 배려 깊은 사랑으로 키우면 아이들은 자신이 원래부터 가지고 태어난 내면의 신성을 발현하면서 눈부시게 성장합니다. 이렇게 자란 아이들을 '무한계 인간'이라고 부릅니다. 그런 아이들은 자신이 고귀하고 장엄하며 빛이고 사랑임을 알지요.

아이들의 빛은, 한때는 자신도 빛이었고 지금도 사랑이고 빛이지만, 그런 진실을 잊어버린 부모의 내면에 있는 그림자를 거울처럼 비추어줍니다. 자신의 그림자를 대면한 부모는 아이를 사랑하기에 자신이 누구인지 찾게 되고, 아이를 키우면서 스스로 성장합니다.

배려 깊은 사랑이라는 높은 의식은, 배려 깊은 사랑으로 가는 것을 막는 의식의 모든 단계를 만나게 해주지요. 처음에는 이 방해물이 무엇인지 몰라서 혼란스럽습니다. 그런데 시간이 지나면서 우리 안에 내적 불행과 상처받은 내면아이가 있다는 것을 알게 됩니다.

내적 불행은 부모가 주는 모든 것은 자신을 행복하게 해주기 위해서라는 아이들의 순수한 믿음에서 시작되지요. 예를 들어 부모가 야단치고 매를 들고 비난하고 비교해도, 아이들은 다 자신을 위해 해준 거라고 믿습니다. 그때 느끼는 불행을 아이들은 행복이라고 착각하고, 나중에 진짜 행복이 와도 행복을 밀어내며 불행을 추구합니다. 이것이 내적 불행입니다.

이 불행 성향은 상처받은 내면아이로 인해 더 강화됩니다. 아이를 키우면서 상처받은 내면아이를 치유하지 않으면 내적 불행이 적어도 이후 5세대까지 증폭되어 전해진다는 것을 알게 됐지요. 10년 전에 상처받은 내면아이라는 개념을 처음 이야기했을 때는 이해받지 못했습니다. 지난 10년 동안 〈상처받은 내면아이 치유〉 강연을 100회

가까이 진행했습니다. 그 과정에서 다양한 사례를 접했고, 구체적으로 어떤 과정을 거쳐 치유되는지에 대한 경험을 축적했습니다. 기적이라 부를 수밖에 없는 치유 경험도 많이 보았지요.

지금은 우리 사회가 상처받은 내면아이에 대하여 잘 알고 있습니다. 그러나 어떻게 치유해서 내 세대에서 내적 불행을 끊어내고, 내 자식을 상처 없이 지성과 감성이 조화로운 인재로 키울 수 있는지 그 구체적인 방법은 잘 모릅니다.

이 책에서는 육아를 통한 성장이라는 과정을 다뤘습니다. 육아를 통해 상처받은 내면아이를 어떻게 치유하고 인간의 의식이 평온과 기쁨, 자유와 행복에 이를 수 있는지에 대한 경험을 기술했습니다. 단지 희망 사항이 아니라 실제로 그렇게 하면 도달할 수 있는 경험입니다.

푸름이, 초록이라는 두 아들을 낳고 키우면서 아내와 함께 행복한 육아를 했습니다. 지난 30년 동안 영재를 키우고 책육아를 하는 푸름아빠에서, 상처받은 내면아이 치유 전문가 최희수라는 길고도 먼 과정을 거쳐 왔네요.

우리는 지질하고 하찮고 쓸모없지 않습니다. 지질하고 하찮고 쓸모없다는 말은 다 거짓입니다. 거짓은 대면하면 바로 사라지지요. 우리의 본성은 사랑 자체입니다. 우리는 세상의 빛이고 우리의 정체는 고귀하고 장엄합니다. 이는 진실입니다. 대면하면 진실은 확장되고 커지며 퍼져 나갑니다. 이것을 깨닫게 되는 전 과정을 정리해서 책으로 엮어 이 사회를 조금이라도 이롭게 하고 싶었습니다.

배려 깊은 사랑을 실천하면 가정이 화목해집니다. 더 좋은 소식은 돈도 많이 번다는 것입니다. 배려 깊은 사랑으로 자란 아이들은 자신이 받은 그대로 다른 사람을 사랑하고 배려합니다. 이렇게 자란 아이들이 사회의 주역이 된다면 이 사회와 민족, 국가, 전 세계는 얼마나 좋아질까요. 모두가 배려 깊은 사랑으로 친구가 될 테니까요.

이 책이 그런 사회를 만드는 데 기여하기 바라며, 책을 읽는 모든 분이 행복하기를 축복합니다.

푸름이교육연구소 소장

푸름아빠 최희수

자신의 그림자를 대면한 부모는
아이를 사랑하기에 자신이 누구인지 찾게 되고
아이를 키우면서 스스로 성장합니다

아이를 있는 그대로의 사랑으로 비추어주면
아이는 자신이 사랑 자체라고 믿습니다

엄마의 감정을 거울처럼 비추는 아이

푸름아빠 거울육아

제1판 1쇄 발행 | 2020년 6월 3일
제1판 15쇄 발행 | 2024년 7월 25일

지은이 | 최희수
그린이 | 이은미
펴낸이 | 김수언
펴낸곳 | 한국경제신문 한경BP
책임편집 | 마현숙
저작권 | 박정현
홍보 | 서은실 · 이여진 · 박도현
마케팅 | 김규형 · 정우연
디자인 | 장주원 · 권석중
본문디자인 | 디자인 현

주소 | 서울특별시 중구 청파로 463
기획출판팀 | 02-3604-590, 584
영업마케팅팀 | 02-3604-595, 583 FAX | 02-3604-599
H | http://bp.hankyung.com E | bp@hankyung.com
F | www.facebook.com/hankyungbp
등록 | 제 2-315(1967. 5. 15)

ISBN 978-89-475-4594-5 03590